普通高等教育"十三五"规划教材

AutoCAD 2018应用教程

主编 成彬 张淑艳 赵珺

U0303780

西安交通大学出版社
XI'AN JIAOTONG UNIVERSITY PRESS

图书在版编目(CIP)数据

AutoCAD 2018 应用教程/成彬,张淑艳,赵珺主编.
—西安:西安交通大学出版社,2018.9(2022.12 重印)
ISBN 978 - 7 - 5693 - 0822 - 8

Ⅰ.①A…　Ⅱ.①成…　②张…　③赵…　Ⅲ.①AutoCAD
软件-教材　Ⅳ.①TP391.72

中国版本图书馆 CIP 数据核字(2018)第 194619 号

书　　名	AutoCAD 2018 应用教程
主　　编	成　彬　张淑艳　赵　珺
责任编辑	郭鹏飞　荣　西

出版发行	西安交通大学出版社
	(西安市兴庆南路 1 号　邮政编码 710048)
网　　址	http://www.xjtupress.com
电　　话	(029)82668357　82667874(市场营销中心)
	(029)82668315(总编办)
传　　真	(029)82668280
印　　刷	西安五星印刷有限公司

开　　本	889mm×1194mm　1/16　**印张** 20.5　**字数** 620 千字
版次印次	2018 年 8 月第 1 版　　2022 年 12 月第 5 次印刷
书　　号	ISBN 978 - 7 - 5693 - 0822 - 8
定　　价	45.00 元

前　言

随着科学技术的不断进步和人民生活水平的逐步提高,人们对产品对象的设计效果表达与呈现的水平也向更高的审美和科技层面发展,这使计算机辅助设计软件得以迅速发展,其中 AutoCAD 软件正是这些软件中的先驱与引领者。

AutoCAD 软件作为专业的面向二维工程图设计、三维产品建模设计、草图约束设计等工程设计的计算机辅助绘图与设计软件,一直深受广大建筑设计、机械设计等工程设计人员的青睐,是设计工作者首选的进行工程设计的软件。

本书基于初学者的视角和适应度,着眼于提高初学者的绘图和基础应用能力,对各相近命令集进行归类,合理排布命令讲述和呈现方式,使书面简洁,论述如真实的屏显操作,让读者如沉浸在操作真实的CAD 交互系统之中,能提高学习积极性和学习效率。

本书共分 8 章,具体主要内容如下:第 1 章主要讲述计算机绘图基础,包括 2018 的新增功能、系统人机交互规则、工作空间及工作界面、绘图系统参数的设置等内容;第 2 章主要讲述辅助绘图功能的常用命令及基本操作等;第 3 章主要讲述绘制基本二维图形的常用命令及基本操作等;第 4 章主要讲述平面图形编辑的命令及基本操作;第 5 章主要讲述尺寸标注的类型、常用命令及操作模式等;第 6 章主要讲述文本、表格和图块的应用等;第 7 章主要讲述三维建模的常用命令及操作方法等;第 8 章主要讲述设计中心的主要功能。

本书由成彬定稿。成彬、张淑艳、赵珺任主编。其中,第 1 章、第 2 章、第 5 章及附录由成彬编写;第 3章由张婕编写;第 4 章、第 8 章由赵珺、杨楠编写;第 6 章由王晓明编写;第 7 章由张淑艳编写。虽然本书基于最新版本 AutoCAD 2018 软件(中文版)进行基础命令应用讲解,但是其中的知识点和操作方法同样适用于 AutoCAD 2014、2015、2016 和 2017 等早期版本软件。

本书内容详尽、逻辑严密、思路清晰、图文并茂、简易上手,适合以下读者学习使用:对 AutoCAD 零基础的初学者;从事初级 AutoCAD 绘图的从业人员;从事建筑工程、机械工程等工程设计的初级从业人员;高等院校工科相关专业的低年级学生。

本书在编写过程中,参阅了许多兄弟院校的同类教材、著作,从中汲取了许多有益、有价值的实例、方法、思路和经验,在此谨表谢忱。由于统计整理的疏忽等原因,参考文献中所列文献可能有所遗漏,望同行专家和各位读者见谅。

鉴于编者水平和能力的限制,疏漏错误之处、考虑不周之处难以尽免,一定存在许多纰漏、不足和缺点,欢迎同行专家和广大读者予以批评、指正。

编　者

2018 年 8 月

目 录

3

第1章 计算机绘图基础

1.1 计算机辅助设计

设计是人类社会最基本的一项生产实践活动,是将预定的需求变成所希望的功能及性能指标,并应用科学与技术知识将其转换成有经济性的设计结果的过程。

如机械设计是根据使用要求确定产品应具备的功能,构想出产品的工作原理、运动转换、结构形状、装配形式等内容,并转化为具体的数字化模型、图纸和设计文件等,为后续的加工制造提供依据。

而作为产品设计成果表现的工程图,最初沿用手工绘图模式进行工程图的绘制,自 20 世纪 80 年代国家提出"甩图板"变革以来,工程图的绘制主流模式进入了二维电子图的绘制模式。因此,主要功能为绘制二维图的计算机辅助设计(CAD-Computget Aided Design)软件得到了极大的发展。

CAD 技术的发展起步于 20 世纪 50 年代后期,从 60 年代至 70 年代是 CAD 技术的初级发展时期,CAD 技术的研究最初基于计算机图形显示硬件和交互式计算机图形学的诞生和发展。

1960 年,Ivan Sutherland 基于麻省理工学院(MIT)林肯实验室制造的 TX2 计算机,开发了 Sketch-Pad,被认为是迈出 CAD 工业的第一步;1962 年,他完成的博士论文被认为开创了交互式计算机图形学的研究先河;其后,美国的部分大公司和科研机构相继开展了计算机图形学的大规模研究与开发。

从 CAD 技术表现产品模型的展现模式来看,先后经历了二维绘图、三维线框模型、三维实体造型、自由曲面造型、参数化模型、特征造型等阶段。随后,又出现了许多先进技术,如变量化技术、虚拟产品建模技术及基于草图约束的建模技术等。经过几十年发展,传统的 CAD 技术已经渐趋成熟,并且在制造业和其他行业获得了广泛的应用。随着计算环境和计算技术的不断变革,CAD 技术也会不断地出现新的研究领域和研究课题。

而在所有的主要功能为绘图二维工程图的软件中,应用最广泛、最流行的软件为美国 Autodesk 公司研制的 AutoCAD 软件。

AutoCAD 是美国 Autodesk 公司于 1982 年开发的自动计算机辅助设计软件,主要用于二维绘图、详细绘制、设计文档和基本三维设计等。该软件自首次问世以来,至今已相继推出 32 个版本,被翻译成 18 种语言。

经过了逐步的完善和更新,Autodesk 公司推出了目前最新版本的软件——AutoCAD 2018。本书以 AutoCAD 2018 中文版为例介绍其应用。

1.2 AutoCAD 软件系统

1.2.1 AutoCAD 版本演化

1. AutoCAD 2004 及其以前的版本

AutoCAD 2004 及其以前的版本的主要界面模式为应用下拉式菜单和图标工具栏,系统用 C 语言开发,主要适用于 Windows XP 操作系统。其安装包容量小,占用内存小,打开速度较快,此系统功能相对比较完善和全面。AutoCAD 2004 以前最经典的界面是 R14 版本和 AutoCAD 2004 版本。如图 1-1 所示为 AutoCAD 2004 版本界面。

2. AutoCAD 2005 至 AutoCAD 2009 版本

AutoCAD 2005 至 AutoCAD 2009 版本都使用编程语言 C♯编写。其安装包都要附带.NET 运行

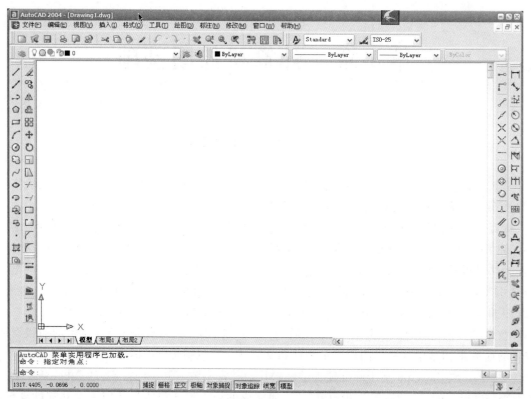

图 1-1　AutoCAD 2004 绘图界面

库,而且是必须强制安装,容量较大。其中 2008 版本开始有 64 位英文专用版本,2005—2009 版本增强了三维绘图功能,二维绘图功能没有大的升级。2004—2008 版本与之前的版本界面没有本质的变化,但2009 版本的界面进行了大的改观,由原来的下拉式菜单和工具栏模式升级为选项卡面板主打和下拉式菜单辅助的界面模式。如图 1-2 所示为 AutoCAD 2008 版本界面。

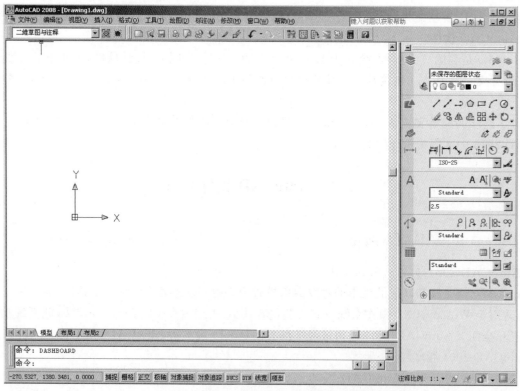

图 1-2　AutoCAD 2008 绘图界面

3．AutoCAD 2010 至 AutoCAD 2018 版本

AutoCAD 从 2010 版本加入了参数化功能等；2013 版本增加了 Autodesk 360 和 BIM 360 功能等；2014 版本增加了从三维立体模型转化二维投影图的功能等；2016 版本增加了智能标注功能、可捕捉图形的几何中心等；2017 版本增加了 PDF 文件输入转化功能等；2018 版本增加了提供 SHX 文本识别工具等。AutoCAD 2010—2018 版本的界面没有大的变化，与 AutoCAD 2009 版本的界面相似。AutoCAD 2018 版本的界面如图 1-3 所示。

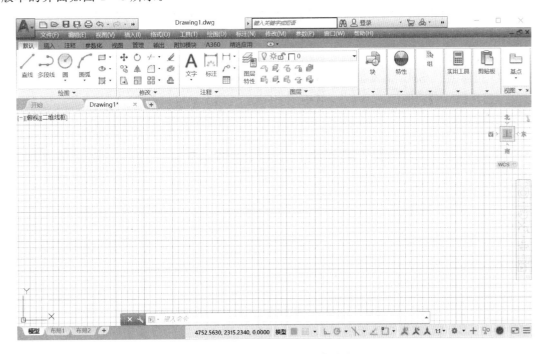

图 1-3　AutoCAD 2018 绘图界面

1.2.2　AutoCAD 启动与退出

1．AutoCAD 2018 启动

AutoCAD 2018 启动有以下几种方式。

⊙ 单击【开始】菜单按钮，用鼠标在【程序】列表中选择相应的命令："程序/AutoCAD 2018/AutoCAD 2018"，单击"AutoCAD 2018"，AutoCAD 2018 系统即可启动。

⊙ 双击 AutoCAD 2018 应用程序快捷图标，可以快速启动 AutoCAD 2018 应用程序。

⊙ 双击已有的 AutoCAD 2018 DWG 文件，即可启动 AutoCAD 2018 应用程序，并打开已有文件。

2．AutoCAD 2018 退出

AutoCAD 2018 退出有以下几种方式。

⊙ 单击【应用程序菜单】图标，然后在弹出的菜单中选择【退出 AutoCAD】，可退出 AutoCAD。

⊙ 双击【应用程序菜单】按钮，可退出 AutoCAD。

⊙ 单击 AutoCAD 应用程序窗口右上角标题栏的【关闭】按钮，可退出 AutoCAD。

⊙ 在命令行输入【Quit】命令，按【Enter】键确定，可退出 AutoCAD。

⊙ 使用组合键【ALT＋F4】，可退出 AutoCAD。

1.2.3 新增功能

AutoCAD 2018 的主要新增功能如下。

1. 高分辨率(4K)监视器支持

光标、导航栏和 UCS 图标等用户界面元素可正确显示在高分辨率(4K)显示器上。对大多数对话框、选项板和工具栏进行了适当调整,以适应 Windows 显示比例设置,可用于高分辨率监视器。因此,当在 Windows 显示特性中增加文字大小时,对话框(如【样式管理器】和【显示管理器】对话框)和选项板(如【工具】选项板和【样式浏览器】)将相应缩放。

2. PDF 文件增强导入

AutoCAD 2018 提供 SHX 文本识别工具,用于表示 SHX 文字的已输入 PDF 几何图形,并将其转换为文字对象。通过【插入】功能区选项卡上的【识别 SHX 文字】工具可以将 SHX 文字的几何对象转换成文字对象。

3. 屏幕外选择

在 AutoCAD 2018 中,可在图形的一部分中打开选择窗口,然后平移并缩放到其他部分,同时保留屏幕外对象选择。在任何情况下,屏幕外选择都可按预期运作,相比以前版本屏幕外对象无法选择是一个很大的进步。

4. 合并文字

【合并文字】工具支持将多个单独的文字对象合并为一个多行文字对象,这个功能在识别并从输入的 PDF 文件转换 SHX 文字后特别有用。

5. 外部对照功能增强

将外部文件附着到 AutoCAD 图形时,默认路径类型现在将设为"相对路径",而非"完整路径"。在先前版本的 AutoCAD 中,如果宿主图形未命名(未保存),则无法指定参照文件的相对路径。在 AutoCAD 2018 中,可指定文件的相对路径,即使宿主图形未命名也可以指定。

1.2.4 系统人机交互规则

AutoCAD 绘图软件是一个半智能化的人机交互系统。其人机交互通过绘图区域和命令行形成交互通道,并以文字形式、实时的交互方式进行。交互过程中,在命令窗口中用到的符号及其意义主要有:

⊙【［ ］】 其内为多重选项内容。

⊙【 / 】 其为多重选项的分隔符号。

⊙【( )】 其内为多重选项中各具体选项的"简写代号",用"简写代号"来选择某一选项,其值一般为数字和字母、纯字母内容,且不可改变。

⊙【< >】 其内为默认值或当前值,对提示用回车响应表示采用默认值。同时,其内的数值可改变。

下面利用三点画圆命令的执行过程,说明信息提示中各符号的含义。

【操作简述】:如图 1-4(a)所示为执行画圆命令【Circle】后的信息提示,"指定圆的圆心或［三点(3P)/两点(2P)/切点、切点、半径(T)］:"。

其中"［ ］"内部的信息提示为"三点(3P)/两点(2P)/切点、切点、半径(T)"表示其中有三个可选项,每个可选项之间用"/"隔开;要执行某一选项则在提示信息后面输入该项的"简写代号",并按【Enter】键即可;如其中第一个选项"三点(3P)"中,"( )"中的"3P"表示该选项的"简写代号",输入"3P"并按【Enter】键,则启动三点画圆,如图 1-4(b)所示。

依次拾取第一个点、第二个点及第三个点(使用捕捉拾取点),分别如图 1-4(c)、(d)、(e)所示;最后完成画圆,如图 1-4(f)所示。

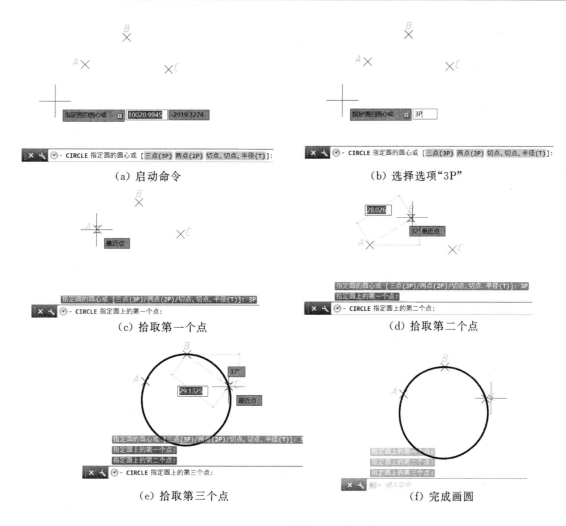

（a）启动命令　　　　　　　　（b）选择选项"3P"

（c）拾取第一个点　　　　　　（d）拾取第二个点

（e）拾取第三个点　　　　　　（f）完成画圆

图 1-4　AutoCAD 命令提示行符号意义

1.2.5　工作空间

1.选择工作空间

AutoCAD 2018 提供了【草图与注释】空间、【三维基础】空间及【三维建模】空间三种工作模式，以方便用户根据绘图需要进行工作模式的转换和选择。

在【快速访问工具栏】右侧单击 ▾ 按钮，弹出下拉式列表菜单，选择【工作空间】菜单，如图 1-5 所示。此时，工作空间下拉列表显示在【快速访问工具栏】的右侧，如图 1-6所示，单击【工作空间】下拉按钮，用户可以选择相应的工作空间。亦可在状态栏中单击【切换工作空间】按钮，在弹出的菜单中选择相应的工作空间即可，如图 1-7 所示。

2.草图与注释空间

在默认状态下，AutoCAD 2018 打开【草图与注释】空间，其界面主要由【应用程序菜单】【快速访问工具栏】【标题栏】【菜单栏】【选项卡面板】【绘图区域】【命令窗口】及【状态栏】等组成，其工作空间如图 1-8 所示。

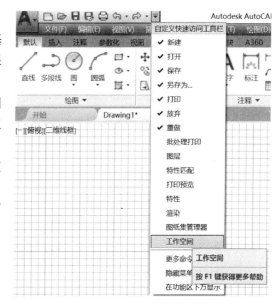

图 1-5　【工作空间】显示菜单

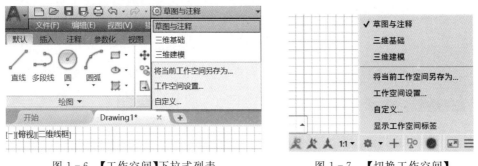

图 1-6 【工作空间】下拉式列表　　　　　　图 1-7 【切换工作空间】

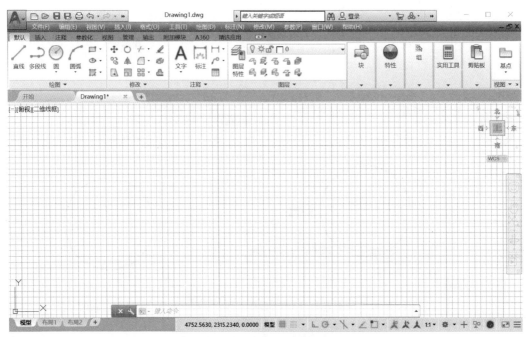

图 1-8 草图与注释空间

在【草图与注释】空间中,包括了【默认】等选项卡中如【绘图】【修改】【注释】【图层】【标注】及【块】等面板,【选项卡面板】如图 1-9 所示。

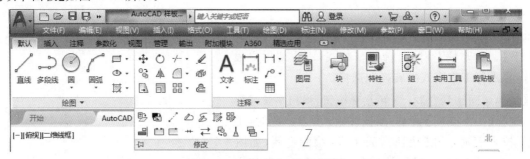

图 1-9 【选项卡面板】菜单

3. 三维基础和三维建模空间

使用【三维基础】空间或【三维建模】空间,可以方便地在三维空间中建模。在【选项卡面板】中组合了【建模】【实体】【曲面】【网格】【渲染】等面板,从而为绘制三维图形、观察图形、重建动画、观察光源,为三维对象附加材质等操作提供了非常便利的环境,如图 1-10 所示为【三维基础】空间,图 1-11 所示为【三维建模】空间。

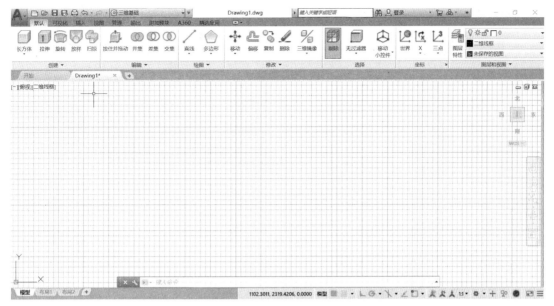

图 1-10　【三维基础】空间

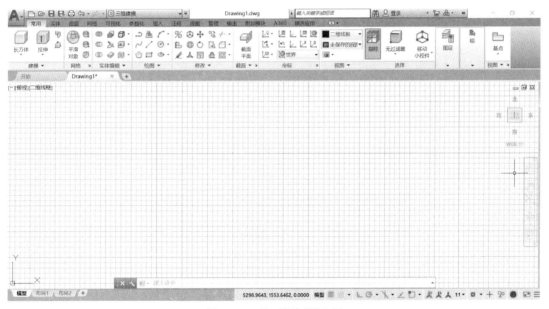

图 1-11　【三维建模】空间

1.2.6　工作界面

AutoCAD 2018 提供了【草图与注释】【三维基础】及【三维建模】三种工作空间,每个工作空间有不同的工作界面。以下主要介绍常用的【草图与注释】空间的工作界面。

1. 工作界面

AutoCAD 2018 的工作界面由【应用程序菜单】【快速访问工具栏】【标题栏】【菜单栏】【选项卡面板】【绘图区域】【命令窗口】和【状态栏】等组成。如图 1-12 所示为 AutoCAD 2018【草图与注释】空间的工作界面布局。如图 1-13 所示为 AutoCAD 2018 的【菜单栏】、【选项卡面板】布局图。

2. 应用程序菜单

单击标题栏最左边的【应用程序菜单】按钮 ,可弹出【应用程序菜单】。在此菜单界面中,可进行命令、信息等搜索,访问常用工具及浏览文件等操作。如图 1-14 所示为【应用程序菜单】。

3. 快速访问工具栏

AutoCAD 2018 的【快速访问工具栏】中包含常用操作的快捷按钮,以方便用户使用。在默认状态

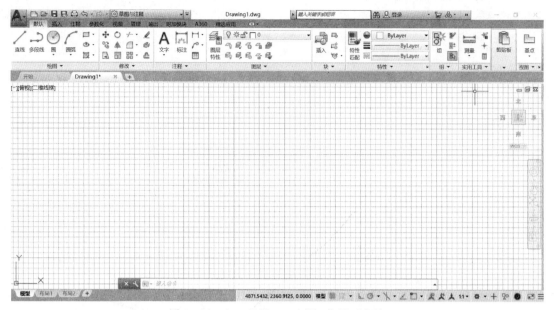

图 1-12 AutoCAD 2018 的工作界面布局

图 1-13 AutoCAD 2018 的【菜单栏】【选项卡面板】布局

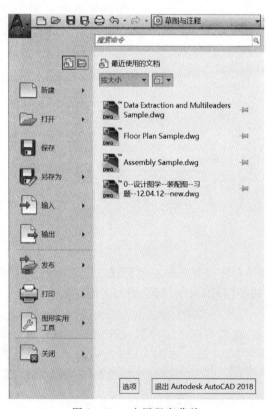

图 1-14 应用程序菜单

下,在【快速访问工具栏】中包含 7 个快捷按钮,分别为【新建】【打开】【保存】【另存为】【打印】【放弃】【重做】等,如图 1-15 所示。

图1-15　快速访问工具栏

4. 标题栏

【标题栏】用于显示正在运行的程序名和文件名等信息,位于应用程序窗口的最上方。AutoCAD 2018默认的图形文件名称为DrawingN. dwg(N为1、2、3…)。如图1-16所示为标题栏信息。从左向右依次为系统【应用程序菜单】【快速访问工具栏】【工作空间选择】下拉列表框、图名等。

图1-16　标题栏信息

5. 菜单栏

AutoCAD 2018在默认情况下不显示菜单栏。单击【快速访问工具栏】右侧的下拉按钮 ▼,在弹出的下拉列表中选择【显示菜单栏】选项,如图1-17(a)所示。即在【标题栏】下方显示菜单栏组,如图1-17(b)所示;重复执行此操作并选择【隐藏菜单栏】选项,则隐藏菜单组,如图1-17(a)所示。

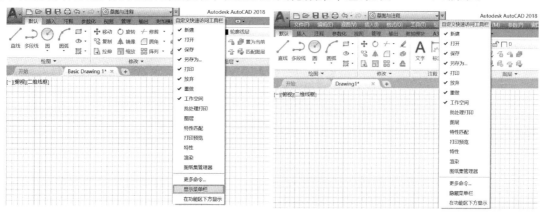

　　（a）默认隐藏菜单栏　　　　　　　　　　　　　　　（b）显示菜单栏

图1-17　隐藏/显示菜单栏

如图1-18(a)所示为AutoCAD展开的【绘图】下拉菜单。如图1-18(b)所示为AutoCAD展开的【修改】下拉菜单。

AutoCAD中,标准的下拉式菜单栏中包括12个主菜单,它们分别对应了12个下拉菜单。这些菜单包含了通常情况下常用的功能和命令。例如,单击【绘图】菜单,会弹出下拉菜单项,可以选择【直线】【圆

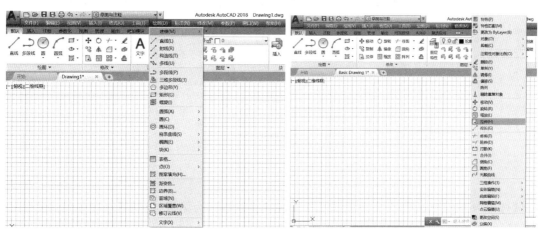

　　（a）【绘图】下拉菜单　　　　　　　　　　　　　　　（b）【修改】下拉菜单

图1-18　下拉菜单示例

弧】及【边界(B)…】等项。按照系统约定,若某个选项右侧有小黑三角,表示该菜单下存在下一级子菜单;若某个选项右侧有【…】,表示单击该菜单会弹出对话框。

6.选项卡与面板

【选项卡与面板】(后续简称选项板)是启动命令的快捷方式,用户可以利用这些显式化的方式完成部分命令的启动。根据任务的类型,将许多功能相近的命令组合成面板,并将功能相近的面板又组到选项卡中。【选项卡与面板】包含的若干工具和控件与菜单栏、工具栏中的功能相同。如图 1-19 所示,单击【选项卡与面板】标题最右侧的 按钮,展开下拉列表菜单,呈现【选项卡与面板】的显示方式。【选项卡与面板】的显示有三种方式:【最小化为选项卡】【最小化为面板标题】及【最小化为面板按钮】。

在【草图和注释】空间中,默认状态下,【选项卡与面板】中有 10 个选项卡,包括【默认】【插入】【注释】【参数化】【视图】【管理】【输出】【附加模块】【A360】及【精选应用】等。每个选项卡包含若干个面板,每个面板又包括若干图标命令按钮。图 1-20 中列出所有选项卡面板。

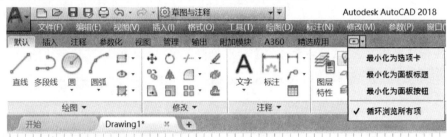

图 1-19 【选项卡与面板】三种显示方式

图 1-20 选项卡面板

如果在某个面板中没有足够的显示空间呈现所有的工具图标按钮,系统自动对各面板进行收缩,只显示各面板的图标。如果要显示各面板中的命令,则单击该面板图标下方的三角按钮 ,此时可展开折叠区域,显示其包含的相关具体命令按钮。如图 1-21 所示为单击【图层】面板下方的三角按钮后的各具体命令显示效果。

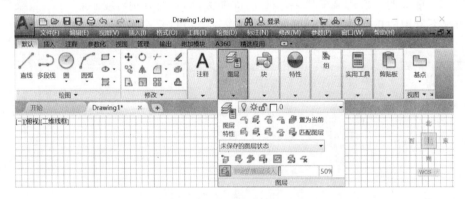

图 1-21 【图层】面板图标展开

展开【选项卡与面板】标题最右侧 按钮,单击【最小化为面板按钮】,【选项卡与面板】区域将只显示面板按钮,如图 1-22 所示。

同理,单击【最小化为面板标题】按钮,将只显示面板的标题,如图 1-23 所示。

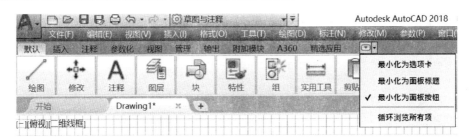

图 1-22　【最小化为面板按钮】及面板按钮显示

图 1-23　【最小化为面板标题】及面板标题

7. 绘图区域

绘图区域是显示、绘制、修改图形的工作区域,绘图区域也称视图窗口。所有绘制的图形结果都呈现在此区域。如图 1-24 所示为绘图区域。绘图区域被设置为无限大,可以利用视窗缩放功能,将绘图区进行无限增大或缩小。在绘图区的左下角,有两个互相垂直的箭头组成的图形,默认情况下,这是 Auto-CAD 的世界坐标系(WCS)的图标。其显示当前使用的坐标系类型和坐标原点,以及 X、Y 轴。

绘图区域的下方还有【模型】和【布局】选项卡,单击相应选项卡,可以在模型(图形)空间或布局(图纸)空间之间进行切换,实现建模和布局结果的显示。一般情况下,先在模型空间创建设计,然后创建布局来绘制或打印布局空间中的图形。

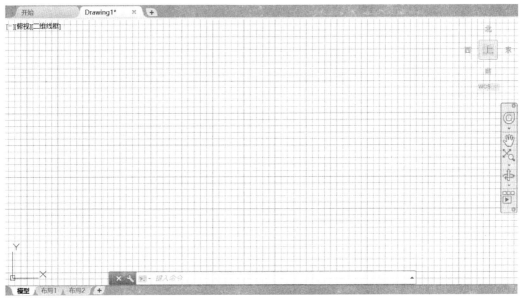

图 1-24　绘图区域

8. 命令窗口

【命令】窗口是用户和 AutoCAD 系统进行人机交互的信息呈现与输入窗口。绘图区域下方即为命令窗口。在 AutoCAD 2018 中,【命令行】窗口可以拖放为浮动窗口。在此窗口启动的绘图命令,与菜单、选项板和图标操作等效,如图 1-25 所示。

在命令行右击鼠标,弹出快捷菜单,如图 1-26 所示。在此快捷菜单中,可进行输入设置、输入搜索选项、剪切和复制选定的文字、复制历史纪录,粘贴文字或粘贴到命令行,以及打开【选项】对话框等。应用快捷键【Ctrl＋9】可打开关闭的命令窗口。

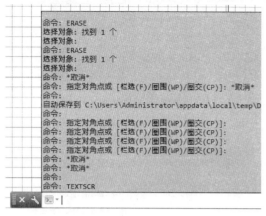

图 1-25　命令窗口及历史文本记录

图 1-26　命令行快捷菜单

在【命令行】窗口中单击图标按钮,AutoCAD 将显示一个快捷菜单,如图 1-27 所示。通过该菜单可以选择最近使用过的 6 个命令。

图 1-27　最新六个命令

9. 状态栏

【状态栏】显示十字光标当前位置坐标和 AutoCAD 绘图辅助工具的功能按钮。这些辅助工具包括【捕捉】【栅格】【正交】【极轴】【对象捕捉】【对象追踪】【线宽】及【模型】等,如图 1-28 所示。【状态栏】中显示的内容用户可自行进行选择,见后续图 1-40。

图 1-28　状态栏

(1)坐标

在绘图区域移动光标时,状态栏的【坐标】区将动态显示当前坐标值。坐标显示的模式取决于用户所选择的模式和程序中运行的命令,有相对、绝对和无三种模式。如图 1-29 所示为三种坐标模式。

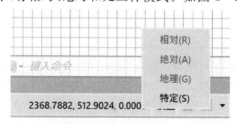

图 1-29　坐标模式

(2)功能按钮

在状态栏中部分功能通过【开/关】方式打开或关闭,此按钮称为功能按钮。如图 1-30 所示,从左到右依次为【捕捉】【栅格】【动态输入】【正交】【极轴跟踪】【对象捕捉跟踪】【对象捕捉】及【线宽】功能按钮。

各辅助功能绘图按钮含义如下。

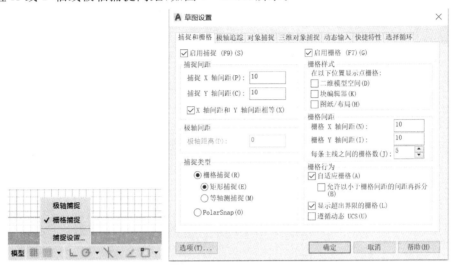

图1-30　功能按钮

【捕捉】按钮：单击该按钮可打开捕捉设置。单击【捕捉模式】按钮右侧的 ▦ ▼ 按钮，如图1-31(a)所示，在弹出的快捷菜单中单击【捕捉设置】，则打开【草图设置】对话框，单击【捕捉和栅格】选项卡，在该选项卡中可设置 X 或 Y 轴或极轴捕捉间距，如图1-31(b)所示。

（a）设置捕捉模式　　　　　　　　　　（b）捕捉设置对话框

图1-31　草图设置

【栅格】按钮：单击该按钮可打开或关闭栅格显示，此时屏幕上将布满小点。栅格的 X 轴和 Y 轴间距也可通过【草图设置】对话框的【捕捉和栅格】选项卡进行设置。

【正交】按钮：单击该按钮可打开正交模式，用来控制是否以正交方式绘图。此模式下，可绘制水平直线和垂直直线。

【动态输入】按钮：该功能打开，将在绘图时自动显示动态输入文本框。【动态输入】框是一个浮动窗口，在执行任意绘图命令或系统变量时出现在光标的附近，方便用户在绘图区域动态输入命令或系统变量并显示索引信息。该信息会随着光标移动而动态更新。不执行命令和系统变量时绘图区域中则无动态输入框出现。

【操作简述】：如图1-32为由 A 为起点，绘制直线指定下一点时的动态输入信息提示：在光标的附近，提示相对坐标的极角和极径，两者都可输入其值。

如图1-32(a)所示，输入极径70。极径和极角两者间的输入切换用【Tab】键。按【Tab】键，切换到角度输入动态框，输入极角45度，如图1-32(b)所示。

【极轴追踪】按钮：用来控制打开或关闭极坐标跟踪模式。当打开此模式时，CAD 将根据设定的极坐标角度增量，自动计算新的极坐标方向，并在该方向显示一条辅助线，光标将沿着此辅助线路径方向移动。通过【草图设置】对话框设置捕捉的角度增量。

提示：正交和极轴两个按钮是相互排斥的，只要打开其中一个，则另一个自动关闭。如图1-32(a)、(b)中的44°、45°均为极轴跟踪效果。

【对象捕捉跟踪】按钮：用来控制打开或关闭对象捕捉跟踪模式。

【对象捕捉】按钮：控制对象捕捉模式是否打开。用来控制打开或关闭自动捕捉模式。打开此模式后，在绘图过程中，CAD 将自动捕捉圆心、端点、中点等几何点。可以在【草图设置】中设定对象捕捉的捕捉方式。

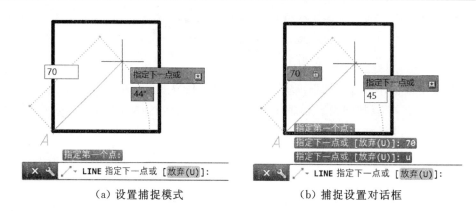

| （a）设置捕捉模式 | （b）捕捉设置对话框 |

图 1-32 【动态输入】信息提示

【操作简述】：如图 1-33 所示为从点 A 绘制直线，下一点为系统利用"捕捉中点"及【对象捕捉跟踪】捕捉到的光标附近直线的中点。如图 1-34 所示为对象捕捉类型。

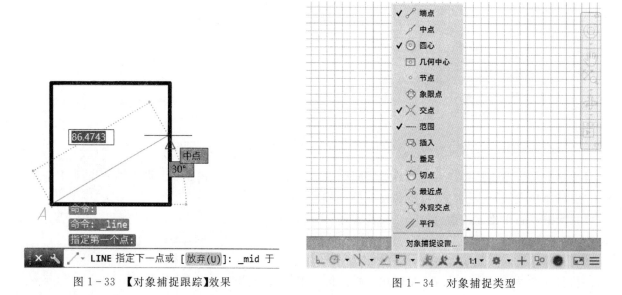

图 1-33 【对象捕捉跟踪】效果

图 1-34 对象捕捉类型

【线宽】按钮：控制线宽是否显示。控制图形中宽度线段的显示或隐藏。如图 1-35(a)、(b)分别为打开和关闭【线宽】按钮时的线宽效果。

【快捷特性】按钮：现实对象的快捷特性面板，能够帮助用户快捷地编辑对象的一般特性。使用【草图

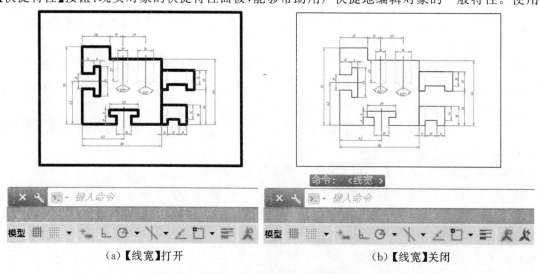

| （a）【线宽】打开 | （b）【线宽】关闭 |

图 1-35 【线宽】显示效果

设置】对话框的【快捷特性】选项卡设置快捷特性面板的位置模式和大小,如图 1-36(a)所示。如图 1-36(b)所示,为【快捷特性】打开时,选择线段后(出现夹点的线段),所弹出的【快捷特性】面板,在面板中可对选择线段的属性进行编辑。

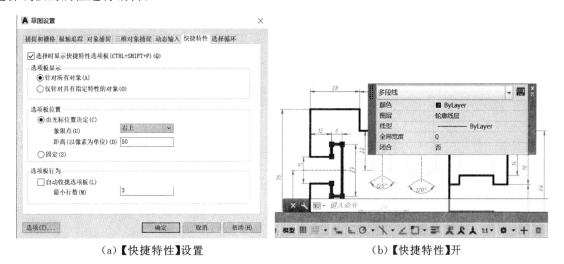

(a)【快捷特性】设置　　　　　　　　(b)【快捷特性】开

图 1-36　【快捷特性】功能

（3）图形状态栏

在 AutoCAD 2018 状态栏中,有一个图形状态栏,包括【注释比例】【注释可见性】和【注释比例更改时自动将比例添加至注视对象】三个按钮,如图 1-37 所示。其功能说明如下。

【注释比例】按钮:更改注释对象的注视比例。

【注释可见性】按钮:设置仅显示当前比例的可注释对象或显示所有比例的可注释对象。

【注释比例更改时自动将比例添加至注视对象】按钮:单击该按钮,可在更改注释比例时自动将比例添加至注视对象。

(a)【图形状态栏】设置　　(b)【图形状态栏】开

图 1-37　【图形状态栏】

（4）锁定用户界面

在 AutoCAD 2018 状态栏中,单击【锁定用户界面】按钮 右侧的 按钮,在弹出的下拉列表中,可以设置工具栏和窗口处于固定状态或浮动状态,如图 1-38 所示。

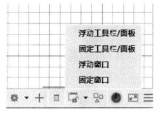

图 1-38　锁定用户界面

（5）自定义状态

在 AutoCAD 2018 状态栏最右侧,单击【自定义】按钮,在弹出的菜单中,可以通过选择命令,来控制状态栏中坐标或功能按钮的显示,如图 1-39 为自定义状态功能位置,如图 1-40 为自定义状态快捷菜单。

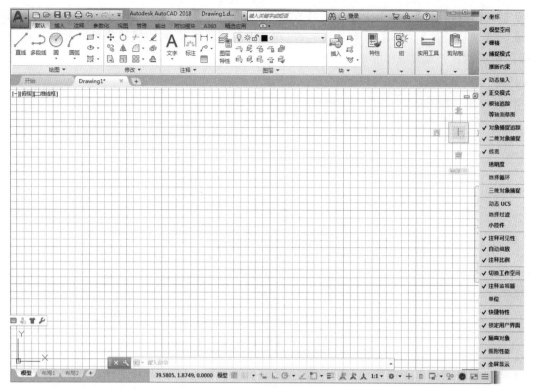

图 1-39　自定义状态栏

10. 工具选项板

AutoCAD 2018 的【工具选项板】类似于 Windows 资源管理器界面,可管理图块、外部参照、光栅图像以及来自其他源文件或应用程序的内容,将位于本地计算机、局域网或因特网上的图块、图层、外部参照和用户自定义的图形内容复制并粘贴到当前绘图区中。同时,如果在绘图区打开多个文档,在多文档之间也可以通过简单的拖放操作来实现图形的复制和粘贴。启动【工具选项板】的方式如下。

　⊙ 菜单栏:单击菜单【工具】→【选项板】→【工具选项板】。

　⊙ 命令行:输入【Toolpalettes/Tp】命令。

　⊙ 组合键:【Ctrl+3】。

AutoCAD 2018 的【工具选项板】通常处于隐藏状态,要显示所需的工具栏,用户可以切换至【视图】选项卡。然后在该选项卡的【选项板】面板中,单击【工具选项板】按钮,即可显示【工具选项板】,如图 1-41 所示。

拖动【工具选项板】,可以使其处于浮动状态并将其拖动到窗口的任意位置。这时,标题栏显示的方向也随【工具选项板】的位置不同而发生变化,如图 1-42 所示为【工具选项板】对话框的位置。

创建新选项板:在【工具选项板】窗口中,鼠标左键单击【特性】按钮,再单击【新建选项板】并输入选项板的名称;或在【工具选项板】空的标题栏上右击,在弹出的菜单中选择【新建选项板】命令。

向工具选项板添加内容:在【工具选项板】中添加一个工具选项板,并向其中添加内容,就可以根据需要创建一个新的工具选项板。

图 1-40　自定义状态快捷菜单

图 1-41　【工具选项板】位置

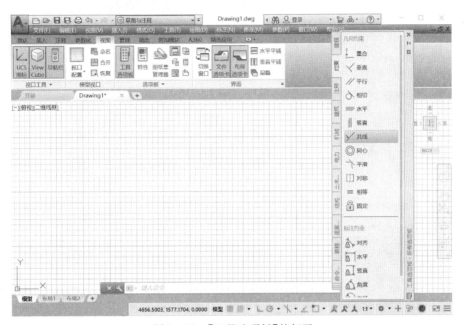

图 1-42　【工具选项板】的打开

1.2.7　图形文件操作

AutoCAD 2018 中对文件的操作主要包括：新建、打开及保存等操作。

1. 新建图形文件

在 AutoCAD 中，新建新图形文件是在【选择样板】对话框选择一个样板文件，作为新图形文件基础。每次启动 AutoCAD 应用程序时，都将打开名为"drawing1.dwg"的图形文件。

启动新建图形文件命令的方式如下。

⊙ 标题栏：单击【自定义快速访问】工具栏中的【新建】按钮 □。

⊙ 系统栏：单击应用程序菜单按钮，然后选择【新建】→【新图形】菜单命令。

⊙ 菜单栏：在下拉式菜单选择【文件】→【新建】菜单命令。

⊙ 命令行：输入【New】命令。

⊙ 组合键：【Ctrl+N】。

单击【快速访问工具栏】中的【新建】按钮，弹出【选择样板】对话框，如图 1-43 所示。

2. 打开图形文件

查看或编辑 AutoCAD 文件，首先用【打开】命令打开文件。启动打开图形文件命令的方式如下。

⊙ 标题栏：单击【快速访问工具栏】中的【打开】按钮 ▷。

⊙ 系统栏：单击【应用程序菜单】按钮，然后选择【打开】→【图形】菜单命令。

⊙ 菜单栏：选择【文件】→【打开】菜单命令。

⊙ 命令行：输入【Open】命令。

⊙ 组合键：【Ctrl+O】。

单击【快速访问工具栏】中的【打开】按钮，弹出【选择文件】对话框，如图 1-44 所示。

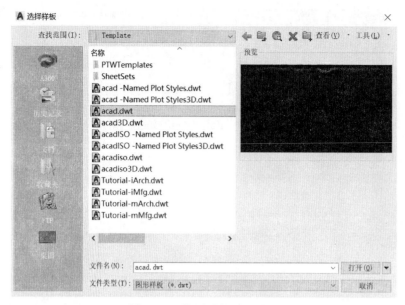

图 1-43 【选择样板】对话框

图 1-44 【选择文件】对话框

3. 保存图形文件

在绘图工作中,及时对文件进行保存,可以避免因死机或停电等意外状况而造成数据丢失。在图形编辑过程中,可以使用【文件】菜单中的【保存】命令、【标准】工具栏上的 按钮或在命令行上输入【Save】命令将当前图形保存为 AutoCAD 的图形文件。启动【保存文件】命令方式如下。

⊙ 标题栏:单击【快速访问工具栏】中的【保存】按钮 。

⊙ 系统栏:单击【应用程序菜单】按钮,然后选择【保存】菜单命令。

⊙ 菜单栏:选择【文件】→【保存】命令。

⊙命令行:输入【Qsave】命令。

⊙组合键:【Ctrl+S】。

单击【快速访问工具栏】中的【保存】按钮,弹出【图形另存为】对话框,如图 1-45 所示。

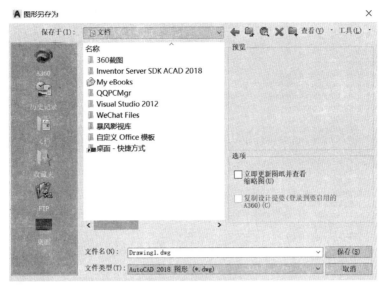

图 1-45　【图形另存为】对话框

1.2.8　设置系统参数

AutoCAD 作为智能、交互的开放绘图平台,用户可根据自己的偏好来对部分系统参数选项进行自主的设置。例如,文件存放路径、自定义右键单击及对象的自动捕捉和自动跟踪等内容。

在菜单栏中选择【工具】→【选项】命令,则打开【选项】对话框。该对话框中包含【文件】【显示】【打开和保存】【打印和发布】【系统】【用户系统配置】【绘图】【三维建模】【选择集】【配置】和【联机】选项卡。下面分别介绍这些选项卡设置系统参数选项的使用方法,如图 1-46 所示。

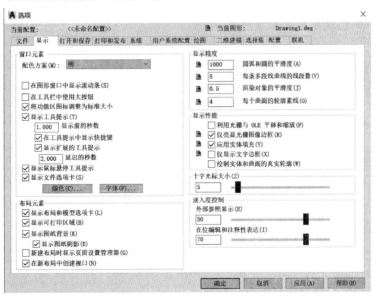

图 1-46　【选项】对话框

1.设置文件路径

打开【选项】对话框,该对话框中选择【文件】选项卡,如图 1-47 所示。在该选项卡设置【支持文件搜索路径】【驱动程序】【菜单文件】及其他有关文件的搜索路径和相关支持文件等属性。

在【文件】选项卡的【搜索路径、驱动程序、菜单文件】列表框中,以树状形式列出了的各种支持路径及支持文件的位置和名称,部分选项功能说明如下。

【支持文件搜索路径】选项:指定当文字字体、自定义文件、应用程序插件、要插入的图形、线型以及填充图案不在当前文件夹中时,程序应该在哪个文件夹中进行查找。强烈建议使用【受信任的位置】列表指

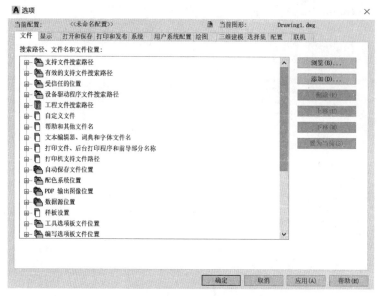

图 1-47 【文件】选项卡

定可执行文件的受信任文件夹。

【工作支持文件搜索路径】选项：显示程序在其中搜索针对系统的支持文件的活动目录。该列表是只读的，显示【支持文件搜索路径】中的有效路径，这些路径存在于当前目录结构和网络映射中。

【工程文件搜索路径】选项：指定图形的工程名。工程名与该工程相关的外部参照文件的搜索路径相符。可以按关联文件夹创建任意数目的工程名，但每个图形只能有一个工程名。

【自动保存文件】选项：指定选择【打开和保存】选项卡中的【自动保存】选项时创建的文件的路径。

【PDF 输入图像位置】选项：指定在输入 PDF 文件后用于提取和保存参照图像文件的文件夹。

【数据源位置】选项：指定数据库源文件的路径。对此设置所做的修改在关闭并重新启动程序之后生效。

【样板设置】选项：指定图形样板设置。

【图形样板文件位置】选项：指定【启动】向导和【新建】对话框所用的图形样板文件的路径。

【图纸集样板文件位置】选项：指定路径，以便查找【创建图纸集】向导所使用图纸集样板文件。

【快速新建的默认样板文件名】选项：指定【QNew】命令所使用的图形样板文件。

【工具选项板文件位置】选项：指定工具选项板支持文件的路径。

【编写选项板文件位置】选项：指定块编写选项板支持文件的路径。块编写选项板用于块编辑器，提供创建动态块的工具。

【日志文件位置】选项：指定选择【打开和保存】选项卡中的【维护日志文件】选项时创建的日志文件的路径。

【打印和发布日志文件位置】选项：指定日志文件的路径。在【打印和发布】选项卡中选择【自动保存打印和发布日志】选项，将创建这些日志文件。

【临时图形文件位置】选项：指定存储临时文件的位置。

2.设置显示性能

在【选项】对话框中，使用【显示】选项卡设置绘图工作界面的显示格式、图形显示精度等显示性能的参数，如图 1-48 所示。

（1）【窗口元素】选项组

该选项组用于控制绘图环境特有的显示设置。

【配色方案】下拉列表：用于确定工作界面中工具栏、状态栏等元素配色，有明和暗两种选择。

【在图形窗口中显示滚动条】复选框：确定是否在绘图区域的底部和右侧显示滚动条。

【显示图形状态栏】复选框：确定是否在绘图区域的底部显示图形状态栏。

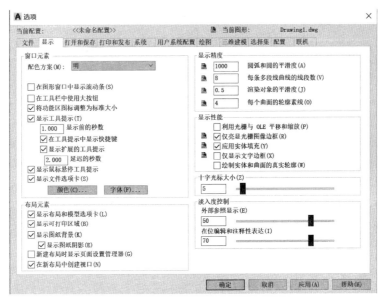

图 1-48　【显示】选项卡

【在工具栏中使用大按钮】复选框:确定是否以 32×30 像素的格式来显示图标(默认显示尺寸为 16×15 像素)。

【显示工具提示】复选框:确定当光标放在工具栏按钮或菜单浏览器中的菜单项之上时,是否显示工具提示,还可以设置在工具提示中是否显示快捷键以及是否显示扩展的工具提示等。

【显示鼠标悬停工具提示】复选框:确定是否启用鼠标悬停工具提示功能。

【颜色】按钮:用于确定 AutoCAD 工作界面中各部分的颜色,单击该按钮,AutoCAD 弹出【图形窗口颜色】对话框。用户可以通过对话框中的【上下文】列表框选择要设置颜色的项;通过【界面元素】列表框选择要设置颜色的对应元素;通过【颜色】下拉列表框设置对应的颜色。

【字体】按钮:用于设置 AutoCAD 工作界面中命令窗口内的字体。单击该按钮,AutoCAD 弹出【命令行窗口字体】对话框,用户从中选择即可设置十字光标大小(常用 100)。

(2)【布局元素】选项组

此选项卡用于控制现有布局和新布局。布局是一个图纸的空间环境,用户可以在其中设置图形并进行打印。

【显示布局和模型选项卡】复选框:用于设置是否在绘图区域的底部显示布局和模型选项卡。

【显示可打印区域】复选框:设置是否显示布局中的可打印区域(可打印区域指布局中位于虚线内的区域,其大小由选择的输出设备来决定。

【显示图纸背景】复选框:用于确定是否在布局中显示所指定的图纸尺寸的背景。

【新建布局时显示页面设置管理器】复选框:设置当第一次选择布局选项卡时,是否显示页面设置管理器,以通过此对话框设置与图纸和打印相关的选项。

【在新布局中创建视口】复选框:用于设置当创建新布局时是否自动创建单个视口。

(3)【显示精度】选项组

在【显示】选项卡的【显示精度】选项区域中,此选项组用于控制对象的显示质量。

【圆弧和圆的平滑度】文本框:用于控制圆、圆弧和椭圆的平滑度。值越高,对象越平滑,但 AutoCAD 也因此需要更多的时间来执行重生成等操作。可以在绘图时将该选项设置成较低的值(如 100),当渲染时再增加该选项的值,以提高显示质量。圆弧和圆的平滑度的有效值范围是 1~20 000,默认值为 1000。

【每条多段线曲线的线段数】文本框:用于设置每条多段线曲线生成的线段数目,有效值范围为 −32 767~32 767,默认值为 8。

【渲染对象的平滑度】文本框:用于控制着色和渲染曲面实体的平滑度,有效值范围为 0.01~10,默认值为 0.5。

【每个曲面的轮廓索线】文本框：用于设置对象上每个曲面的轮廓线数目，有效值范围为 0～2047，默认值为 4。

（4）【显示性能】选项组

在【显示】选项卡的【显示性能】选项区域中，此选项组控制影响 AutoCAD 性能的显示设置。

【利用光栅和 OLE 进行平移与缩放】复选框：控制当实时平移【Pan】和实时缩放【Zoom】时光栅图像和 OLE 对象的显示方式。

【仅亮显光栅图像边框】复选框：控制选择光栅图像时的显示方式，如果选中该复选框，当选中光栅图像时只会亮显图像边框。

【应用实体填充】复选框：确定是否显示对象中的实体填充（与 FILL 命令的功能相同）。

【仅显示文字边框】复选框：确定是否只显示文字对象的边框而不显示文字对象。

【绘制实体和曲面的真实轮廓】复选框：控制是否将三维实体和曲面对象的轮廓曲线显示为线框。

（5）【十字光标大小】选项组

在【显示】选项卡的【十字光标大小】选项区域中，此选项组用于控制十字光标的尺寸，其有效值范围是 1%～100%，默认值为 5%。当将该值设置为 100% 时，十字光标的两条线会充满整个绘图窗口。

3. 设置文件打开与保存方式

【打开和保存】选项卡用于控制 AutoCAD 中与打开和保存文件相关的选项，如图 1-49 所示。

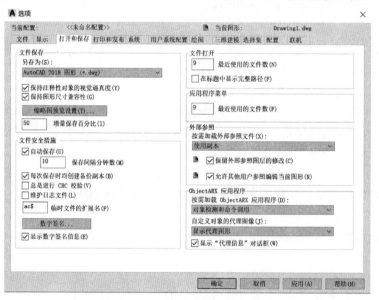

图 1-49 【打开和保存】选项卡

（1）【文件保存】选项组

在【打开和保存】选项卡的【文件保存】选项区域中，用于控制 AutoCAD 中与保存文件相关的设置。其中，【另存为】下拉列表框设置当用【Save】【Saveas】和【QSave】命令保存文件时所采用的有效文件格式；【缩略图预览设置】按钮用于设置保存图形时是否更新缩微预览；【增量保存百分比】文本框用于设置保存图形时的增量保存百分比。

（2）【文件安全措施】选项组

在【打开和保存】选项卡的【文件安全措施】选项区域中，设置避免数据丢失并进行错误检测。

【自动保存】复选框：确定是否按指定的时间间隔自动保存图形，如果选中该复选框，可以通过【保存间隔分钟数】文本框设置自动保存图形的时间间隔。

【每次保存时均创建备份副本】复选框：确定保存图形时是否创建图形的备份（创建的备份和图形位于相同的位置）。

【总是进行 CRC 校验】复选框：确定每次将对象读入图形时是否执行循环冗余校验（CRC）。CRC 是一种错误检查机制。如果图形遭到破坏，且怀疑是由于硬件问题或 AutoCAD 错误造成的，则应选用此选项。

【维护日志文件】复选框:确定是否将文本窗口的内容写入日志文件。

【临时文件的扩展名】文本框:用于为当前用户指定扩展名来标识临时文件,其默认扩展名为ac＄。

【安全选项】按钮:用于提供数字签名和密码选项,保存文件时会调用这些选项。

【显示数字签名信息】复选框:确定当打开带有有效数字签名的文件时是否显示数字签名信息。

(3)【文件打开】选项组

在【打开和保存】选项卡的【文件打开】选项区域中,设置与最近使用过的文件以及所打开文件相关的设置。

【最近使用的文件数】文本框:用于控制在【文件】菜单中列出的最近使用过的文件数目,以便快速访问,其有效值为0～9。

【在标题中显示完整路径】复选框:确定在图形的标题栏中或 AutoCAD 标题栏中(图形最大化时)是否显示活动图形的完整路径。

【应用程序菜单】选项:确定在菜单中列出的最近使用的文件数。

(4)【外部参照】选项组

在【打开和保存】选项卡的【外部参照】选项区域中,设置与编辑、加载外部参照有关的设置。

(5)【ObjectARX 应用程序】选项组

在【打开和保存】选项卡的【ObjectARX 应用程序】选项区域中,设置 ObjectARX 应用程序及代理图形的有关设置。

4.设置打印和发布选项

在【选项】对话框中打开【打印和发布】选项卡中,设置与打印和发布相关的选项,如图 1-50 所示。

图 1-50　【打印和发布】选项卡

(1)【新图形的默认打印设置】选项组

此选项组控制新图形或在 AutoCAD R14 或更早版本中创建的没有用 AutoCAD2000 或更高版本格式保存的图形的默认打印设置。

(2)【打印到文件】选项组

将图形打印到文件时指定其默认保存位置。用户可以直接输入位置,或单击位于右侧的按钮,从弹出的对话框指定保存位置。

(3)【后台处理选项】选项组

指定与后台打印和发布相关的选项,可以使用后台打印启动正在打印或发布的作业。然后返回到绘图工作,这样,可以使用户在绘图的同时打印或发布作业。

(4)【打印和发布日志文件】选项组

可以设置是否自动保存打印并发布日志文件,以及使用电子表格软件查看。当选中【自动保存打印并发布日志】复选框时,可以自动保存日志文件,并能够设置是保存为一个连续打印日志文件,还是每次打印时保存一个日志文件。

(5)【常规打印选项】选项组

控制与基本打印环境(包括图纸尺寸设置、系统打印机警告方式和 AutoCAD 图形中的 OLE 对象)相关的选项。

(6)【指定打印偏移时相对于】选项组

指定打印区域的偏移是从可打印区域的左下角开始,还是从图纸的边缘开始。

(7)【打印戳记设置】按钮:通过弹出的【打印戳记】对话框设置打印戳记信息。

(8)【打印样式表设置】按钮:通过弹出的【打印样式表设置】对话框设置与打印和发布相关的选项。

(9)【自动发布】选项组

指定是否进行自动发布并控制发布的设置,可以通过【自动发布】复选框确定是否进行自动发布;通过【自动发布设置】按钮进行发布设置。

5. 设置系统参数

在【选项】对话框中打开【系统】选项卡中,设置 AutoCAD 系统参数,如图 1-51 所示。

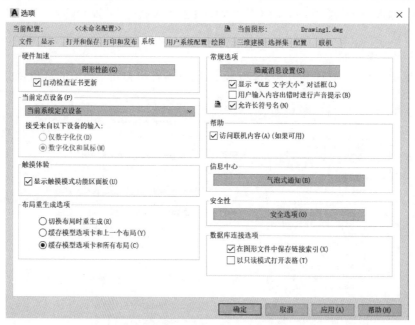

图 1-51 【系统】选项卡

(1)【硬件加速】选项:在【系统】选项卡的【硬件加速】选项中,单击【图形性能】按钮,打开【图形性能】对话框,如图 1-52 所示。在弹出的对话框中设置与硬件加速系统特性和配置相关的内容。

(2)【当前定点设备】选项组:此选项组用于控制与定点设备相关的选项。

(3)【布局重生成选项】选项组:此选项组用于指定如何更新在【模型】选项卡和【布局】选项卡上显示的列表。对于每一个选项卡,更新显示列表的方法可以是切换到该选项卡时重生成图形,也可以是切换到该选项卡时将显示列表保存到内存并只重生成修改的对象等。

(4)【数据库连接选项】选项组:此选项组用于控制与数据库连接信息相关的选项。

(5)【常规选项】选项组:此选项组用于控制与系统设置相关的基本选项。

(6)【帮助和欢迎屏幕】选项:此选项中的【访问联机内容(A)(如果可用)】复选框用于确定从 Autodesk 网站还是从本地安装的文件中访问相关信息。当联机是,可以访问最新的帮助信息和其他联机资源。

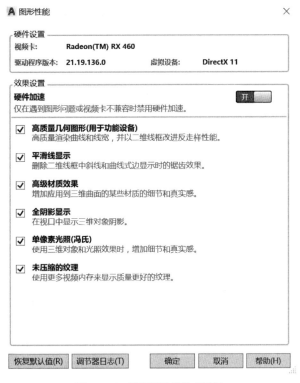

图 1-52　【图形性能】对话框

（7）【信息中心】选项：此选项中的【气泡式通知】按钮用于控制系统是否启用气泡式通知以及如何显示气泡式通知。

6. 设置用户系统配置

在【选项】对话框中打开【用户系统配置】选项卡，设置优化工作方式的各选项，如图 1-53 所示。

图 1-53　设置【用户系统配置】参数

（1）【Windows 标准操作】选项组：此选项组控制是否允许双击操作以及右击定点设备（如鼠标）时的对应操作。

（2）【插入比例】选项组：控制在图形中插入块和图形时使用的默认比例。

（3）【超链接】选项：此选项控制与超链接显示特性相关设置。

（4）【字段】选项组：设置与字段相关的系统配置。其中，【显示字段的背景】复选框确定是否用浅灰色背景显示字段(但打印时不会打印背景色)。【字段更新设置】按钮通过【字段更新设置】对话框来进行相应的设置。

(5)【坐标数据输入的优先级】选项组:此选项组用于控制 AutoCAD 如何优先响应坐标数据的输入,从中选择即可。

(6)【关联标注】选项:此选项控制标注尺寸时是创建关联尺寸标注还是创建传统的非关联尺寸标注。对于关联尺寸标注,当所标注尺寸的几何对象被修改时,关联标注会自动调整其位置、方向和测量值。

(7)【放弃/重做】选项组

【合并"缩放"和"平移"命令】复选框:用于控制如何对【缩放】和【平移】命令执行【放弃】和【重做】。如果选中此复选框,AutoCAD 把多个连续的缩放和平移命令合并为单个动作来进行放弃和重做操作。

【合并图层特性更改】复选框:用于控制如何对图层特性更改来执行【放弃】和【重做】。如果选中【合并图层特性更改】复选框,AutoCAD 把多个连续的图层特性更改合并为单个动作来进行放弃和重做操作。

(8)【块编辑器设置】按钮:单击该按钮,会弹出【块编辑器设置】对话框,用户可利用它设置块编辑器。

(9)【线宽设置】按钮:单击该按钮,弹出【线宽设置】对话框,用户可以利用其设置线宽。

(10)【编辑比例列表】按钮:单击该按钮,会弹出【编辑比例缩放列表】对话框,用于更改在【比例列表】区域中列出的现有缩放比例。

7. 设置绘图

在【选项】对话框中,打开【绘图】选项卡,设置各种基本编辑选项,如图 1-54 所示。

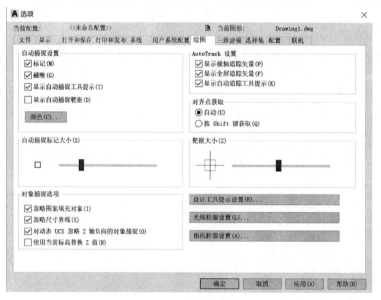

图 1-54　【绘图】选项卡

(1)【自动捕捉设置】选项组

此选项组控制使用对象捕捉功能时所显示的形象化辅助工具的相关设置。

【标记】复选框:控制是否显示自动捕捉标记,该标记是当十字光标移到捕捉点附近时显示出的说明捕捉到对应点的几何符号。

【磁吸】复选框:用于打开或关闭自动捕捉磁吸。磁吸是指十字光标自动移动并锁定到最近的捕捉点上。

【显示自动捕捉工具提示】复选框:控制当 AutoCAD 捕捉到对应的点时,是否通过浮出的小标签给出对应提示。

【显示自动捕捉靶框】复选框:用于控制是否显示自动捕捉靶框。靶框是捕捉对象时出现在十字光标内部的方框。

【颜色】按钮:用于设置自动捕捉标记的颜色。

（2）【自动捕捉标记大小】选项：通过水平滑块设置自动捕捉标记的大小。

（3）【对象捕捉选项】选项：该选项组确定对象捕捉时是否忽略填充的图案等设置。

（4）【AutoTrack 设置】选项：此选项组控制极轴追踪和对象捕捉追踪时的相关设置。

【显示极轴追踪矢量】复选框：当启用极轴追踪时，AutoCAD 会沿指定的角度显示出追踪矢量。利用极轴追踪，可以使用户方便地沿追踪方向绘出直线。

【显示全屏追踪矢量】复选框：控制全屏追踪矢量的显示。如果选择此选项，AutoCAD 将以无限长直线显示追踪矢量。

【显示自动追踪工具提示】复选框：控制是否显示自动追踪工具提示。工具提示是一个提示标签，可用其显示沿追踪矢量方向的光标极坐标。

（5）【对齐点获取】选项组：此选项组控制在图形中显示对齐矢量的方法。其中，【自动】单选按钮表示当靶框移到对象捕捉点时，AutoCAD 会自动显示出追踪矢量；【按 Shift 键获取】单选按钮表示当按【Shift】键并将靶框移到对象捕捉点上时，AutoCAD 会显示出追踪矢量。

（6）【靶框大小】选项：通过水平滑块设置自动捕捉靶框的显示尺寸。

（7）【设计工具提示设置】按钮：此按钮用于设置当采用动态输入时工具提示的颜色、大小以及透明性。单击此按钮，AutoCAD 弹出如图所示的【工具提示外观】对话框，通过其设置即可。

（8）【光线轮廓设置】按钮：用于设置光线的轮廓外观，用于三维绘图。

（9）【相机轮廓设置】按钮：用于设置相机的轮廓外观，用于三维绘图。

8.设置三维建模

在【选项】对话框中，单击【三维建模】选项卡，设置三维建模方面的参数，如图 1-55 所示。

图 1-55　【三维建模】选项卡

各项参数的功能说明如下。

（1）【三维十字光标】选项组

此选项组控制三维绘图中十字光标的显示样式。

【在十字光标中显示 Z 轴】复选框：控制在十字光标中是否显示 Z 轴。

【在标准十字光标中加入轴标签】复选框：控制是否在十字光标中显示轴标签。

【对动态 UCS 显示标签】复选框：确定是否对动态 UCS 显示标签。

【十字光标标签】对应的各单选按钮：用于确定十字光标的标签内容。

（2）【在视口中显示工具】选项组

该选项组控制是否在二维或三维模型空间中显示 UCS 图标以及 ViewCube 等，用户根据需要从中选择即可。

（3）【三维对象】选项组

控制与三维实体和表面模型显示有关的设置。

【创建三维对象时要使用的视觉样式】：设置将以何种视觉样式来创建三维对象，从下拉列表选择即可。

【创建三维对象时的删除控制】：用于指定当创建三维对象后，是否自动删除创建实体或表面模型时定义的对象，或提示用户删除这些对象。

【曲面上的素线数】：对应的"U 方向"和"V 方向"两个文本框分别用于设置曲面沿 U 方向和 V 方向的素线数，它们的默认值均为 6。

【"镶嵌"、"网格图元"和"曲面分析"】：三个按钮分别用于相应的三维绘图设置。

（4）【三维导航】选项组

控制漫游和飞行、动画等方面的设置。

（5）【动态输入】选项

该选项控制当采用动态输入时，在指针输入中是否显示 Z 字段。

9. 设置选择集模式

在【选项】对话框中，单击【选择集】选项卡，设置选择集模式和夹点功能，如图 1-56 所示。

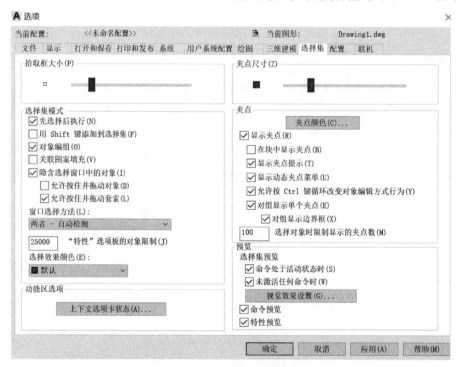

图 1-56　【选择集】选项卡

各项参数的功能说明如下。

（1）【拾取框大小】选项：通过水平滑块控制 AutoCAD 拾取框的大小，此拾取框用于选择对象。

（2）【选择集模式】选项组

此选项组控制与对象选择方法相关的设置。

【先选择后执行】复选框：允许在启动命令之前先选择对象，然后再执行对应的命令进行操作。

【用 Shift 键添加到选择集】复选框：表示当选择对象时，是否采用按下【Shift】键再选择对象时才可以向选择集添加对象或从选择集中删除对象。

【对象编组】复选框：表示如果设置了对象编组（用【Group】命令创建编组），当选择编组中的一个对象时是否要选择编组中的所有对象。

【关联图案填充】复选框:用于确定所填充的图案是否与其边界建立关联。

【隐含选择窗口中的对象】复选框:确定是否允许采用隐含窗口(即默认矩形窗口)选择对象。

【允许按住并拖动对象】复选框:确定是否允许通过指定选择窗口的一点后,仍按住鼠标左键,并将鼠标拖至第二点的方式来确定选择窗口。如果未选中此复选框,表示应通过拾取点的方式单独确定选择窗口的两点。

【窗口选择方法】下拉列表:用于确定选择窗口的选择方法。

(3)【选择集预览】选项组

此选项组确定当拾取框在对象上移动时,是否亮显对象。

【命令处于活动状态时】复选框表示仅当对应的命令处于活动状态并显示"选择对象:"提示时,才会显示选择预览。

【未激活任何命令时】复选框表示即使未激活任何命令,也可以显示选择预览。

【视觉效果设置】按钮会弹出【视觉效果设置】对话框,如图 1-57 所示,用于进行相关的设置。

图 1-57　【视觉效果设置】对话框

(4)【夹点尺寸】滑块:此滑块用来设置夹点操作时的夹点方框的大小。

(5)【夹点】选项组:此选项组控制与夹点相关的设置,选项组中主要项的含义如下。

【夹点颜色】按钮:通过对话框设置夹点的对应颜色。

【显示夹点】复选框:确定直接选择对象后是否显示出对应的夹点。

【在块中显示夹点】复选框:设置块的夹点显示方式。启用该功能,用户选择的块中的各对象均显示其本身的夹点,否则只将插入点作为夹点显示。

【显示夹点提示】复选框:设置当光标悬停在支持夹点提示的自定义对象的夹点上时,是否显示夹点的特定提示。

【显示动态夹点菜单】复选框:控制当光标在显示出的多功能夹点上悬停时,是否显示出动态菜单。样条曲线的夹点就属于多功能夹点。

【允许按 Ctrl 键循环改变对象编辑方式行为】复选框:确定是否允许用【Ctrl】键来循环改变对多功能夹点的编辑行为。

【对组显示单个夹点】、【对组显示边界框】复选框:分别用于确定是否显示对象组的单个夹点以及围绕编组对象的范围显示边界框。

【选择对象时限制显示的夹点数】文本框:使用夹点功能时,当选择了多个对象时,设置所显示的最大夹点数,有效值为 1~32 767,默认值为 100。

(6)【功能区选项】选项

【上下文选项卡状态】按钮:通过对话框设置功能区上下文选项卡的状态。

10. 设置配置文件

在【选项】对话框中,单击【配置】选项卡,设置系统配置,如图 1-58 所示。

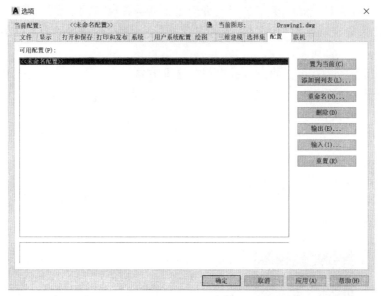

图 1-58　【配置】选项卡

【可用配置】列表框:此列表框用于显示可用配置的列表。

【置为当前】按钮:将指定的配置置为当前配置。在【可用配置】列表框中选中对应的配置,单击该按钮即可。

【添加到列表】按钮:利用弹出的【添加配置】对话框,用其他名称保存选定的配置。

【重命名】按钮:利用弹出的【修改配置】对话框,修改选定配置的名称和说明。当希望重命名一个配置但又希望保留其当前设置时,应利用【重命名】按钮实现。

【删除】按钮:删除在【可用配置】列表框中选定的配置。

【输出】按钮:将配置输出为扩展名为.arg 的文件,以便其他用户可以共享该文件。

【输入】按钮:输入创建的配置(扩展名为.arg 的文件)。

【重置】按钮:将在【可用配置】中的选定配置的值重置为系统默认设置。

通过以上各选项卡中属性的设置后,点击【确定】按钮,即可完成系统各类参数的设置。

1.2.9　帮助使用

AutoCAD 2018 中,可以通过【帮助】功能了解相关的知识点的使用方法和应用举例。

通过【F1】键可打开帮助对话框,在该对话框中几乎可以搜索到所有的 AutoCAD 2018 的调用方法和命令启动后的各项选项参数的含义。常用打开帮助对话框的方式主要有如下几种。

⊙ 选择【帮助】菜单命令。

⊙ 按快捷键【F1】。

⊙ 命令行输入【Help】命令。

⊙ 单击标题栏中的【搜索】按钮。

第2章 辅助绘图功能

2.1 设置绘图环境

为提高绘图效率和准确性,需对 AutoCAD 系统的绘图环境进行设置。

2.1.1 设置图形界限

图形界限是设置矩形绘图区域的限制边界。即在绘图区域中设置不可见、一定区域的矩形边界,该边界可以限制栅格显示并限制单击或输入点位置。矩形区域由左下角点和右上角点确定。当图形界限检查打开时,将无法输入矩形栅格界线之外的点。启动图形界限设置的命令有以下几种方式。

⊙菜单栏:在菜单栏中选择【格式】→【图形界限】命令。

⊙命令行:输入【Limits】命令。

一般将"图形界限""栅格显示"与"ZOOM"命令结合使用,可在绘图区域的整个区域显示设置的图形界限。如图 2-1、图 2-2 所示为图形界限命令执行过程。

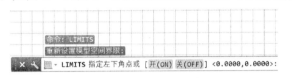

图 2-1 启动图形界限命令　　　　图 2-2 设置图形界限区域

2.1.2 设置图形单位

AutoCAD 使用笛卡尔直角坐标系来定位图形中点的位置,在绘图前应进行绘图单位的设置。

在绘图时可将绘图单位视为被绘制对象的实际单位,如毫米(mm)、米(m)、千米(km)、英尺、英寸等单位。同时,用户可根据需要设置单位类型和数据精度。在国内工程图中最常用的绘制单位为毫米(mm)。

一般情况下,采用实际的测量单位来绘制图形,完成图形绘制后,再按一定的缩放比例来输出图形。启动【绘图单位】命令的方式有以下几种。

⊙ 系统栏:单击【应用程序菜单】按钮,然后选择【图形实用工具】→【单位】命令。

⊙ 菜单栏:在菜单栏中选择【格式】→【单位】菜单命令。

⊙ 命令行:输入【Units/UN】命令。

如图 2-3 所示为打开的【图形单位】对话框。

(a) 设置精度　　　　　　　　　(b) 设置单位

图 2-3 【图形单位】对话框

2.1.3 设置图形窗口颜色

为使绘图环境更人性化,系统提供了自主设置绘图环境的接口。即在 AutoCAD 的【图形窗口颜色】对话框中,可以根据习惯设置图形窗口的颜色,如命令行颜色、绘图区颜色、十字光标、栅格线颜色等。【图形窗口颜色】对话框如图 2-4 所示,可对参数进行设置。

打开【图形窗口颜色】对话框有以下几种方式。

⊙ 菜单栏:在【选项】对话框切换到【显示】选项卡,在【窗口元素】组合框中单击【颜色】打开【图形窗口颜色】窗口。

⊙ 命令行:输入【Options】命令。

【操作简述】:在【上下文】列表中选择需设置空间选项,并在对应的【界面元素】列表框中选择所选

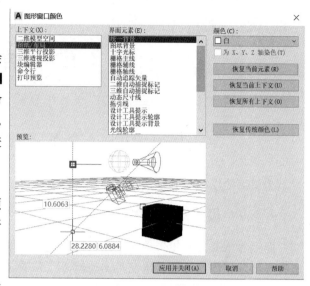

图 2-4 自主设置参数

空间的元素属性,最后在【颜色】下拉式列表框中选择设置的颜色。其中也可对【恢复当前元素】【恢复当前上下文】【恢复所有上下文】及【恢复传统颜色】等进行设置。

2.1.4 设置自动保存

在绘制图形时,通过开启自动保存文件的功能,可以防止在绘图时因意外造成的文件丢失。系统提供了可设置文件保存的默认版本和自动保存间隔时间的对话框接口。打开方式有以下几种。

⊙ 菜单栏:在菜单栏选择【工具】→【选项】→【打开和保存】选项卡,在【文件保存】选项组的【另存为】下设置文件保存的版本;在【文件安全措施】选项组选择【自动保存】复选框,并在【保存间隔分钟数】文本框中输入数值。

⊙ 命令行:输入【Options】命令,弹出【选项】对话框,进行设置。

【操作简述】:如图 2-5 所示为设置文件自动保存版本和时间的【选项】对话框。一般主要设置以下两属性:在【文件保存】选项组中,设置【另存为】属性为 AutoCAD 2007 版本;在【文件安全措施】选项组中选择【自动保存】复选框,并设置保存间隔分钟数。其他选项可自行进行设置练习。

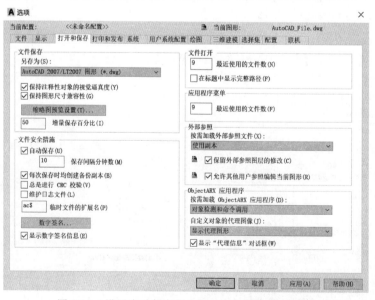

图 2-5 设置自动保存版本和时间的【选项】对话框

2.1.5　设置右键功能

为方便绘图,AutoCAD 系统提供设置右键功能的对话框接口。打开方式有以下几种。

⊙ 命令行:输入【Options】命令,弹出【选项】对话框,如图 2-6(a)所示,可进行设置。

⊙ 菜单栏:单击【工具】→【选项】→【打开和保存】选项卡,在【用户系统配置】选项组的【Windows 标准操作】单击【自定义右键单击】按钮,则打开此对话框,如图 2-6(b)所示。

右键功能设置主要包括默认模式、编辑模式和命令模式三种模式,用户可以根据自己的习惯设置右键的功能模式。

【操作简述】:在此对话框中设置右键的功能,设置主要包括默认模式、编辑模式和命令模式三种模式。一般在默认模式选项组中,设置"没有选定对象时,单击鼠标右键表示"属性,选择"重复上一个命令"单选按钮;在编辑模式选项组中,设置"选定对象时,单击鼠标右键表示"属性,选择"快捷菜单"单选按钮;在命令模式选项组中,设置"正在执行命令时,单击鼠标右键表示"属性,选择"确认"单选按钮。设置结果如图 2-6(b)所示。

(a)【选项】对话框　　　　　　　　　　(b)【自定义右键单击】对话框

图 2-6　【自定义右键单击】对话框

2.1.6　设置光标样式

十字光标由定点设备(如鼠标)控制,使用光标可以定点、选择和绘制对象等。在不同的状态下,光标变为其他形状。打开方式有以下几种。

⊙ 菜单栏:单击【工具】→【选项】→【显示】选项卡,在【十字光标大小】选项组设置。

⊙ 命令行:输入【Options】命令,弹出【选项】对话框,进行设置。

设置包括控制十字光标的大小、捕捉标记的大小、拾取框和夹点的大小等,如图 2-7所示。

【操作简述】:在窗口元素选项组中,设置配色方案为"明"。可设置选择"在工具栏中使用大图标"复选框。选择"显示鼠标悬停工具提示"复选框等。最重要的是在【十字光标大小】选项组中设置十字光标的大小数值为5。其他设置读者可自行练习。

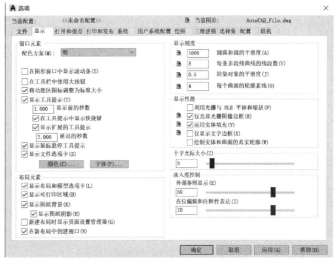

图 2-7　设置光标样式的对话框

2.2　控制视图显示

2.2.1　视图重画

在绘制和编辑图形的过程中,屏幕上常常会留下拾取对象的标记,这些临时标记并不是图形中的对象,有时会使当前图形画面显得凌乱。而【视图重画】命令则可刷新当前视口,删除标记点。

启动【视图重画】命令有以下几种方式。

⊙ 菜单栏:在菜单栏单击【视图】→【重画】命令。

⊙ 命令行:输入【Redraw/RedrawAll】命令。

命令启动后,即可对视图进行重画,完成视图视口的清除。

2.2.2　视图重生成

视图重生成与视图重画本质是不同的。视图重生成命令即可重生成绘图区域内显示的图形对象,也可从系统内存中调用当前所有图形的存储数据,对视图进行重生成,并消除残留的标记点痕迹,其比重画命令执行速度慢,更新屏幕花费时间较长。启动【视图重生成】命令有以下几种方式。

⊙ 菜单栏:单击【视图】→【重生成】/【全部重生成】(分别更新当前视图区和更新多重视口)。

⊙ 命令行:输入【Regen / RegenAll】命令。

2.2.3　视图缩放

视图是在某个方位和角度观察目标图形、并按一定比例而显示的图形。绘制图形时,既要观察图形的整体效果,又要查看图形的局部细节,为此 AutoCAD 提供了一种类似照相机的功能,可以随时以任何比例来显示图形的任意部位,还可以在不同视口中同时显示图形的不同部位。

增大图形以更详细地查看细节称为放大;收缩图形以便在更大范围内查看图形称为缩小。缩放并没有改变图形的实际大小,仅改变了绘图区域中视图的大小。AutoCAD 提供了多种方式缩放视图。

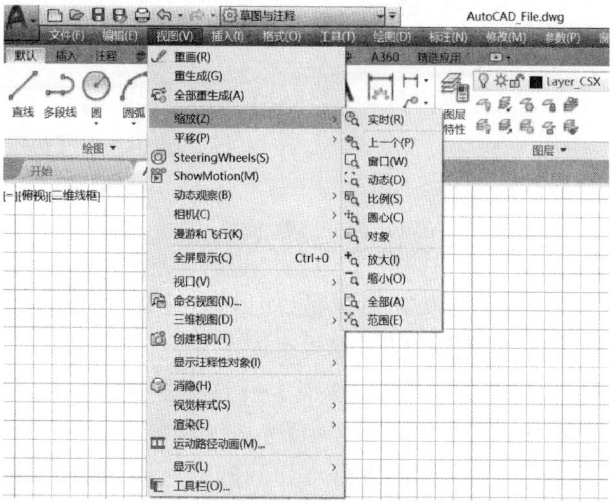

图 2-8　视图【缩放】子菜单命令

1.【缩放】命令

在【快速访问工具栏】中单击【显示菜单栏】命令,在弹出的菜单中选择【视图】→【缩放】菜单中的子命令,如图 2-8 所示。启动【缩放】命令有以下几种方式。

⊙ 菜单栏:单击【视图】→【缩放】中的子菜单相应命令。

⊙ 命令行:输入【Zoom】命令。

启动命令后,系统提示"全部(A)/中心点(C)/动态(D)/范围(E)/上一个(P)/比例(S)/窗口(W)]:<实时>"信息,如图 2-9 所示。在该提示后输入相应的"简写代号",即可进行相应的缩放操作,各项选项含义如下。

【全部】:在当前视口中缩放显示整个图形。在平面视图中缩放到图形界限或当前范围,即使图形超出了图形界限也能显示所有对象。

【中心点】:缩放显示由中心点和缩放比例(或高度)所定义的窗口。高度值较小时增加缩放比例,高度值较大时减小缩放比例。

【动态】:缩放显示在视图框中的部分图形。

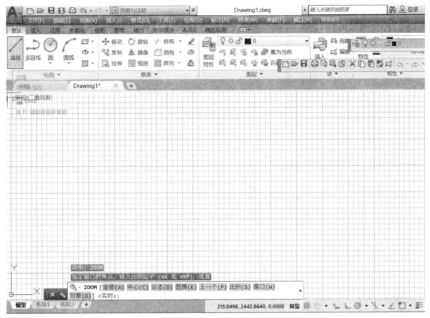

图 2-9　【缩放】ZOOM 命令提示

【范围】:缩放显示图形范围。

【上一个】:缩放显示前一个视图。

【比例】:以指定的比例因子缩放显示。

【窗口】:缩放显示由两个角点定义的矩形窗口框选定的区域。

【实时】:利用定点设备,在合适的范围内交互缩放。

2.实时缩放视图

按住左键拖动鼠标可缩放图形,向上拖动为放大图形,向下拖动为缩小图形,释放鼠标后将停止缩放。在缩放过程中如果单击鼠标右键,还可以激活【缩放】快捷菜单,可切换为其他操作。

在菜单栏单击【视图】→【缩放】→【实时】命令,可以进入实时缩放视图模式,此时,光标变为 🔍 形状模式。

【操作简述】:启动实时【缩放】命令,此时,鼠标指针将变为 🔍 形状,如图 2-10(a)所示。按下左键向上移动鼠标,光标变为 🔍⁺ 形状,则放大图形,如图 2-10(b)所示。按下左键向下移动鼠标,光标变为 🔍⁻

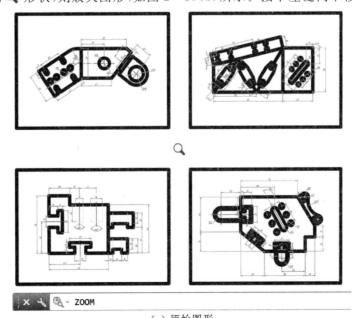

(a) 原始图形

形状,则缩小图形,如图 2 - 10(c)所示。

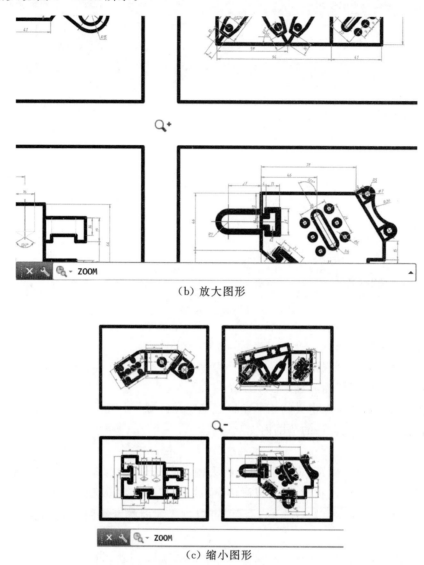

（b）放大图形

（c）缩小图形

图 2 - 10 【实时缩放】图形

3.窗口缩放视图

【窗口缩放】指放大显示由两个角点所定义的矩形窗口内的区域。以该两点为对角点,所形成的矩形范围内的图形将被放大到整个绘图窗口。

【操作简述】:在菜单栏单击【视图】→【缩放】→【窗口】命令,在屏幕上拾取两个对角点以确定一个矩形窗口。矩形区域内部的图形放大至整个屏幕。如图 2 - 11 所示,图(a)为指定左下第一角点,图(b)为指定右上对角点,图(c)为图形放大后效果。

4.动态缩放视图

【动态缩放】是通过视图框来选定显示区域,移动视图框或调整它的大小,将其中的图形平移或缩放,可方便地改变显示区域,减少重生成次数。

在菜单栏单击【视图】→【缩放】→【动态】图标 ,则可进行动态缩放视图。

当进入动态缩放模式时,在屏幕中心将显示一个带叉号的矩形方框,单击鼠标左键,此时选择框口中心的叉号消失,将显示一个位于右边框的方向箭头。拖动鼠标可以改变选择窗口的大小,以确定选择区域的大小。最后,按下【Enter】键,即可缩放图形。

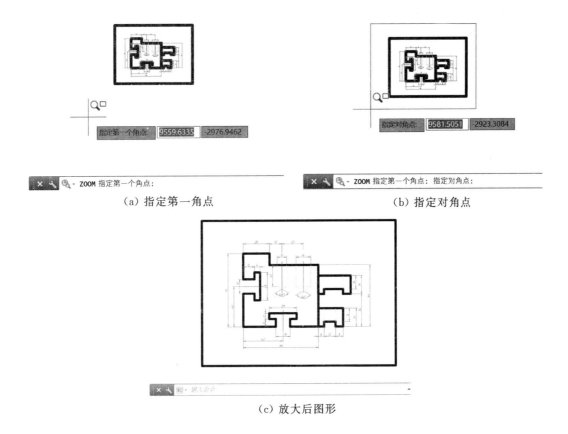

（a）指定第一角点　　　　　　　　（b）指定对角点

（c）放大后图形

图 2-11　【窗口缩放】图形

　　【操作简述】：如图 2-12（a）所示，为一原始图形显示。启动【动态缩放】命令后，绘图区出现两个虚线框和一个实线框，如图 2-12（b）所示。其中，蓝色虚线框（最外围虚线框）表示当前视图的最大范围，绿色虚线框（里面虚线框）表示图形界限或全图范围两者中范围最大者；实线框（图 2-12（b）中细实线框）是"新视图框"，类似于照相机的取景框。它有两种状态：当方框内是"×"符号时，则移动鼠标可实现"平移"，"×"符号处是下一个视图的中心点位置；单击鼠标左键，方框内"×"符号变为指向该框右边线的箭头时，移动光标可以调节框的大小。单击鼠标可切换这两种状态。将实线框的大小和位置调整到合适位置，并放置到需放大的图形上方，如图 2-12（c）所示；按【Enter】键，实现动态缩放，如图 2-12（d）为缩放后效果。

（a）命令启动前图形显示

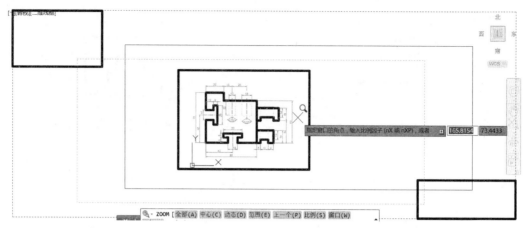

（b）命令启动后图形显示

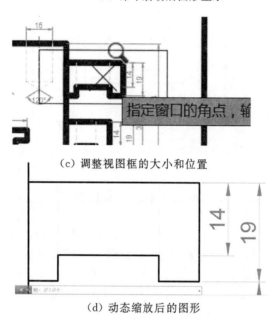

（c）调整视图框的大小和位置

（d）动态缩放后的图形

图 2-12 【动态缩放】图形

5. 显示上一个视图

【上一个】指恢复前一个视图，最多可退回到之前的十个视图。在图形中进行局部特写时，可能经常需要将图形缩小以观察总体布局，然后又希望重新显示上个视图。

菜单栏单击【视图】→【缩放】→【上一个】命令，则系统提供的显示上一个视图功能，快速回到当前视图的的上一个视图，如图 2-13(d)所示。

【操作简述】：如图 2-13(a)所示，为一原始图形。对图 2-13(a)的中间图形执行【窗口缩放】命令进行放大，方法后的显示效果如图 2-13(b)所示；对图 2-13(b)图形左侧的 T 形槽再次执行【窗口缩放】命令进行放大，图形显示如图 2-13(c)所示；随后，对图 2-13(c)执行【上一个】命令，图形视图显示效果还原到如图 2-13(b)所示，再次对图 2-13(b)执行【上一个】命令，图形视图显示效果又退回到如图 2-13 (a)所示的视图显示效果。

6. 比例缩放视图

【比例缩放】是输入缩放系数按比例缩放当前视图。

在菜单栏单击【视图】→【缩放】→【比例】命令，则按一定的比例缩放视图。缩放系数的输入有以下三种格式。

⊙ 相对图形界限缩放：直接输入一个数值，例如输入"1"，则当前视图按图形界限尽可能大地显示在绘图窗口上。输入"2"，则当前视图按图形界限放大 1 倍显示。如输入"0.5"，则当前视图按图形

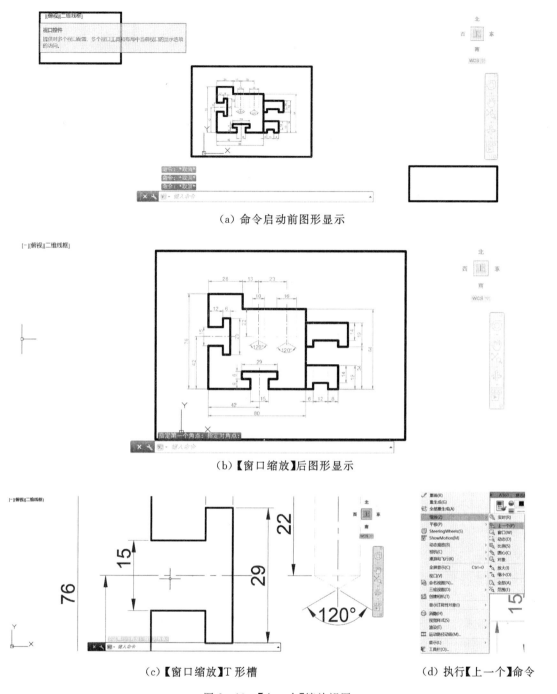

(a) 命令启动前图形显示

(b)【窗口缩放】后图形显示

(c)【窗口缩放】T 形槽

(d) 执行【上一个】命令

图 2-13　【上一个】缩放视图

界限缩小 1/2 显示。缩放时视图中心点不变。

- ⊙ 相对当前视图缩放:输入带有后缀"X"的比例系数,则该缩放系数是相对于当前视图的缩放系数。数值大于 1 是"放大",如"2X"使视图中的图形显示比当前视图大 1 倍。数值小于 1 是"缩小",如"0.5X",使视图中的图形显示比当前视图小 1 倍。

- ⊙ 相对图纸空间缩放:输入带有后缀"XP"的比例系数,则是指定新视图相对于图纸空间单位的比例。例如"0.5XP"表示新视图单位以图纸空间单位的 1/2 显示。这种格式用于控制图纸空间的显示,适用于多视口,便于各视口指定不同的显示比例。如图 2-14 所示,为比例视图缩放效果。

【操作简述】:如图 2-14(a)所示,为【比例缩放】前的图形。对图 2-14(a)图形执行【比例缩放】命令,在命令行提示输入比例"0.5X",并输入【Enter】键,缩放后的效果如图 2-14(b)所示,实现比例缩放。

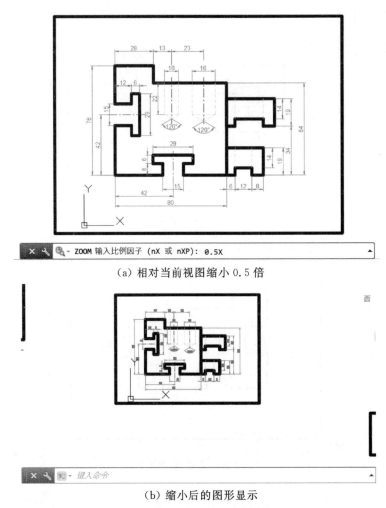

（a）相对当前视图缩小 0.5 倍

（b）缩小后的图形显示

图 2-14 【比例缩放】试图

7. 中心缩放视图

【中心缩放】是指重新设置视图的显示中心和缩放倍数。显示由中心点和缩放比例（或高度）所定义的窗口。

在菜单栏单击【视图】→【缩放】→【中心点】命令，在图形中指定一点作为该新视图的中心点，然后指定一个视图缩放比例因子或者指定高度值来显示一个新视图。

"当前值"为当前视图的纵向高度。若输入的高度值比当前值小，则放大；输入值比当前值大，则缩小。其缩放系数等于"当前窗口高度/输入高度"的比值。即可以直接输入缩放系数，亦可后跟字母 X 或 XP，其含义同【比例缩放】视图选项涵义。

【操作简述】：如图 2-15(a)所示，为【中心缩放】前的图形。对图 2-15(a)的图形执行【中心缩放】命令，命令行提示指定中心点，用鼠标指定图形的大致中心点作为中心缩放的中心；随后，给出缩放比例，输入比例"0.5X"，输入【Enter】键，缩放后的效果如图 2-15(b)所示，即可实现中心缩放。

8. 其他缩放命令

在菜单栏单击【视图】→【缩放】命令，其子菜单还包括以下几个命令，各自的说明如下：

【对象】命令：显示图形文件中的某一部分，选择该模式后，单击图形中的某个部分，该部分显示在整个图形窗口中。缩放对象指命令行提示"选择对象"，则选择图形的一个或多个对象，这些选择对象将在绘图区的中心最大量地完整显示出来。

【放大】命令：执行该命令一次，系统将整个图形方大 1 倍。其默认比例因子为 2。

【缩小】命令：执行该命令一次，系统将整个图形缩小 1 倍。其默认比例因子为 0.5。

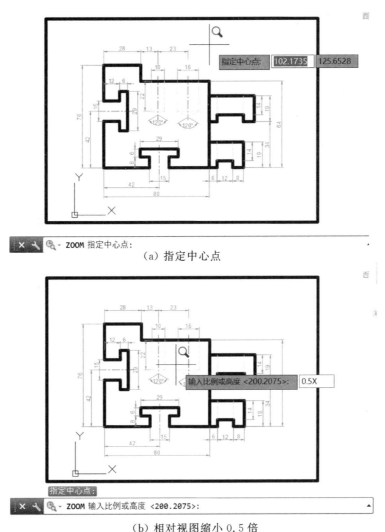

（a）指定中心点

（b）相对视图缩小 0.5 倍

图 2-15 　【中心缩放】命令

　　【全部】命令：全部缩放指按照图形界限命令 LIMITS 所设定的图形范围显示，当某些图形对象超出界限时则显示全图。

　　【范围】命令：范围缩放使所有图形对象最大化显示，充满整个视口。视图包含已关闭图层上的对象，但不包含冻结图层上的对象。在屏幕上尽可能打的显示所有图形对象，与全部缩放模式不同的是，范围缩放使用的显示边界只是图形范围而不是图形界限。

2.2.4　视图平移

　　【视图平移】是在不改变图形当前显示比例的情况下，移动绘图区域中的图形到合适位置。但视图实际大小以及图形与坐标系的位置并不发生改变。平移分为实时平移和定点平移。

　　1. 实时平移

　　【实时平移】是通过操作鼠标移动来平移图形。启动【实时平移】命令有以下几种方式。

　　⊙ 工具栏：单击【实时平移】图标🖐。

　　⊙ 菜单栏：单击【视图】→【平移】→【实时】命令。

　　⊙ 命令行：输入【Pan】命令。

　　【实时平移】命令启动后，按住鼠标的左键可以锁定光标与相对视口坐标系的当前位置，此时光标由十字光标变为手形光标🖐。移动鼠标，窗口中的图形将沿光标移动的方向移动。释放鼠标，可返回到平移等待状态。任何时候要停止平移，按下【Esc】或【Enter】键退出实时平移模式。

【操作简述】:启动实时平移命令,出现实时平移光标 🖑 ,如图 2-16(a)所示;按下鼠标左键,将光标向绘图区域的右上角移动,移动到适当位置后,释放左键,完成图形的实时平移,效果如图 2-16(b)所示。

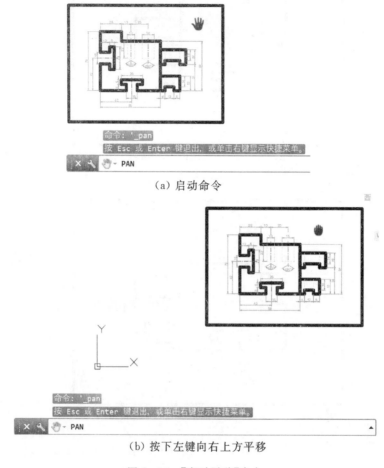

（a）启动命令

（b）按下左键向右上方平移

图 2-16 【实时平移】命令

2.定点平移

【定点平移】指按指定的距离和方向平移图形。启动【定点平移】命令有以下几种方式。

⊙ 菜单栏:在菜单栏单击【视图】→【平移】→【点】命令,可以通过指定基点和位移值来平移视图。

⊙ 命令行:输入【-pan】命令。

在命令提示下输入【-pan】,在命令行上显示选项。可以指定一个点,输入图形与当前位置的相对位移,或者可以指定两个点,在这种情况下,AutoCAD 可以计算出第一点到第二点的位移。如果按【Enter】键,将"指定基点或位移"提示中指定的值当作位移来移动图形。

【操作简述】:如在命令行输入"-pan",启动定点平移命令,命令行提示"指定基点",如图 2-17(a)所示;用鼠标指定基点后,命令行提示"指定第二点",如图 2-17(b)所示。用鼠标指定第二点后,系统完成定点平移,如图 2-17(c)所示。

3.滚动条平移

直接拖动绘图区右边和下边的滚动条可以上下左右平移图形。也可通过打开"视图→平移"菜单,找到相应命令,包括"左""右""上""下"。每执行一次其中一个命令,则滚动条向对应方向移动一格。

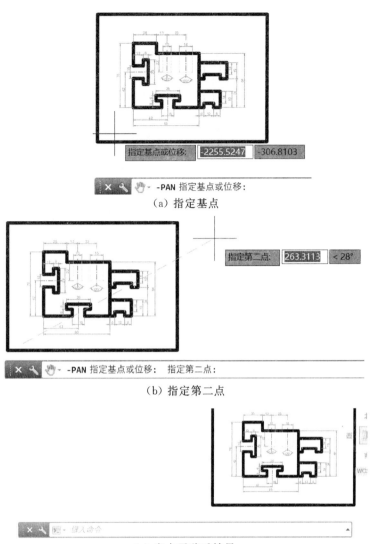

（a）指定基点

（b）指定第二点

（c）定点平移后效果

图 2 - 17　【定点平移】命令

2.2.5　视图管理

为便于浏览、修改、打印等工作的管理，可对图形对象创建多个视图进行管理。

1.使用命名视图

【命名视图】可创建、设置、重命名和删除命名视图，也可在绘图过程中随时恢复，如图 2 - 18 所示。启动【视图管理器】对话框有以下几种方式。

⊙ 菜单栏：在菜单栏单击【视图】→【命名视图】命令。

⊙ 命令行：输入【View/V】命令。

在该对话框中，【当前视图】选项显示当前视图的名称；【查看】选项组的列表框中列出了已命名的视图和可作为当前视图的类别。

（1）【查看】选项区中的【视图列表】选项组，显示可用的视图列表。

【当前】：显示当前视图及其【查看】和【剪裁】特性。

【模型视图】：显示命名视图和相机视图列表，并列出选定视图的【基本】、【查看】和【剪裁】特性。

【布局视图】：在定义视图的布局上显示视口列表，并列出选定视图的【基本】和【查看】特性。

【预设视图】：显示正交视图和等轴测视图列表，并列出选定视图的【基本】特性。

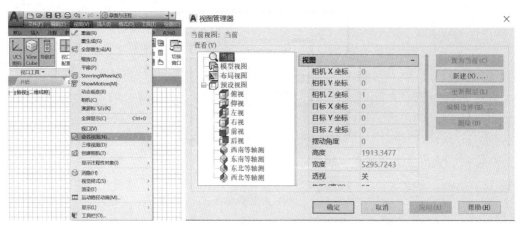

(a) 启动【命名视图】命令   (b)【视图管理器】对话框

图 2-18　【视图管理器】对话框

（2）【查看】选项区中的【视图】选项组，显示视图特性。

【相机 X、相机 Y 和相机 Z 坐标】：仅适用于当前视图和模型视图，显示视图相机的 X 坐标、Y 坐标和 Z 坐标。

【坐标 X、坐标 Y 和坐标 Z 坐标】：仅适用于当前视图和模型视图，显示视图目标的 X 坐标、Y 坐标和 Z 坐标。

【摆动角度】：指定视图的当前摆动角度。

【高度】：指定视图的高度。

【宽度】：指定视图的宽度。

【透视】：适用于当前视图和模型视图，打开/关闭透视图。

【镜头长度】(mm)：适用于除布局视图之外的所有视图，指定焦距（以 mm 为单位）。更改此值将相应更改"视野"设置。

【视野】：适用于除布局视图之外的所有视图，指定水平视野。更改此值将相应更改【镜头长度】设置。

（3）【剪裁】部分：适用于除布局视图之外的所有视图，以下剪裁特性适用于特性列表的【剪裁】部分中的视图。

【前向面】：如果该视图已启用前向剪裁，则指定前向剪裁平面的偏移值。

【后向面】：如果该视图已启用后向剪裁，则指定后向剪裁平面的偏移值。

【剪裁】：设置剪裁选项。可以选择【关】、【前向开】、【后向开】或【前向和后向开】。

（4）【置为当前】按钮：在对话框中左侧的【查看】栏中选择要恢复的视图名称，单击【置为当前】按钮，恢复选定的视图。

（5）【新建】按钮：新建命名视图，弹出【新建视图】对话框，如图 2-19 所示。

【视图名称】：设置视图的名称。

【视图类别】：指定命名视图的类别。可以从列表中选择，也可以输入新类别。

①【边界】选项组各设置含义如下。

【当前显示】单选框：使用当前显示作为新视图。

【定义窗口】单选框：自定义窗口作为新视图。

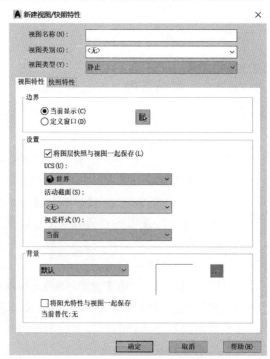

图 2-19　【新建视图】对话框

【定义视图窗口】按钮：单击该按钮，系统将切换到绘图区，使用鼠标在绘图区域指定两个角点，将该自定义的窗口作为新视图。

②【设置】选项组各设置含义如下。

【将图层快照与视图一起保存】复选框：在新的命名视图中保存当前图层的可见性。

【UCS】：(适用于模型空间和布局空间)从列表中选择与新视图一起保存的 UCS 坐标系。

【活动截图】：(仅适用于模型空间)从列表中指定恢复视图时应用的活动截面。

【视觉样式】：(仅适用于模型空间)从列表中指定与视图一起保存的视觉样式。

③【背景】选项组：从列表中指定应用于选定视图的背景类型。

【将阳光特性与视图一起保存】复选框：选中该项，【阳光与天光】数据将与命名视图一起保存。当背景类型是【阳光与天光】时，系统自动选中该项。

【预览框】按钮：显示当前背景。

【选择按钮】按钮：单击该按钮，更改当前背景设置。

(6)【更新图层】按钮：更新与选定的视图一起保存的图层信息，使其与当前模型空间和布局空间中的图层可见性匹配。

(7)【编辑边界】按钮：单击该按钮，切换到绘图区，使用鼠标选定视图的边界，如图 2-20 所示。

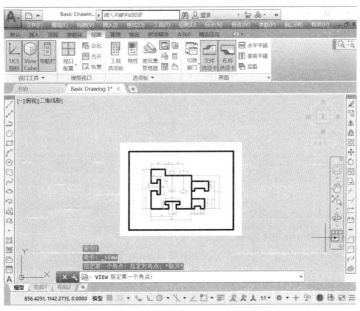

图 2-20　编辑视图边界

(8)【删除】按钮：在对话框左侧【查看】栏中选择视图名称，单击【删除】按钮删除选定视图。

2. 平铺视口

【平铺视口】指把绘图窗口分成多个矩形区域，从而创建多个不同的绘图区域，其中每一个区域可查看图形的不同部分。在 AutoCAD 中，可以同时打开多达 32000 个视口，屏幕上还可保留菜单栏和命令提示窗口。

3. 创建平铺视口

启动【平铺视口】命令有以下几种方式。

⊙ 菜单栏：在菜单栏中选择【视图】→【视口】→【新建视口】子菜单中的命令。

⊙ 选项板：在【选项卡与面板】选择【视图】选项卡，在【模型视口】面板单击【视口配置】下拉列表按钮，在弹出的下拉列表中选择相应按钮，可在模型空间创建和管理平铺视口，如图 2-21 所示。

⊙ 选项板：在【选项卡与面板】选择【视图】选项卡，在【模型视口】面板单击【命名】按钮，弹出【视口】对话框，如图 2-22 所示。

⊙ 命令行：输入【Vpoints】命令。

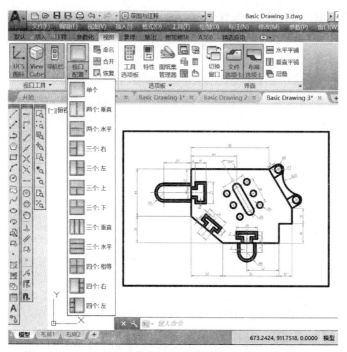

图 2-21 【视口配置】下拉列表

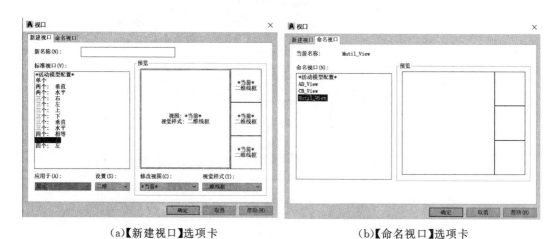

（a）【新建视口】选项卡　　　　　　　　　　　　（b）【命名视口】选项卡

图 2-22 【视口】对话框

【操作简述】：如要创建新的多个平铺视口时，通过使用【新建视口】选项卡，可显示【标准视口】配置列表，创建及设置新的平铺视口，如图 2-22（a）所示。在【新名称】文本框中输入新建平铺视口的名称，在【标准视口】列表框中选择可用的标准视口配置。

此时，在【预览】区域中将显示所选视口配置以及已赋给每个视口的默认视图的预览图像，如图 2-22（a）所示。

【操作简述】：在【视口】对话框中，通过使用【命名视口】选项卡，可以显示图形中已命名的视口配置，如图 2-22（b）左侧所示【命名视口】列表框。当选择其中一个视口配置名称后，配置的布局情况显示在图 2-22（b）右侧的【预览】窗口，单击【确定】按钮，则创建如图 2-23 所示的四个视口。

4.分割与合并视口

（1）分割视口

在菜单栏中选择【视图】→【视口】子菜单中的命令，可以在不改变视口显示的情况下，分割或合并当前视口。

【操作简述】：单击如图 2-23 所示中左边的视口，并单击【视图】→【视口】→【一个视口】命令，如图 2-24所示；则图 2-23 中左边当前视口扩大到充满整个绘图窗口，效果如图 2-25 所示。同理，选择【视图】→【视口】→【两个视口】【三个视口】或【四个视口】菜单命令,则可分别将当前视口分割为 2 个、3 个或 4 个视口。

(2)合并视口

选择【视图】→【视口】→【合并】命令,系统要求选定一个视口作为主视口,然后再选择一个相邻视口,并将该视口与主视口合并。

【操作简述】:如启动【合并】命令后,可将图 2-23 中图形右侧中间的视口作为主视口,右边最下面的视口作为合并视口,则整个视图合并为三个视口,合并后效果如图 2-26 所示。

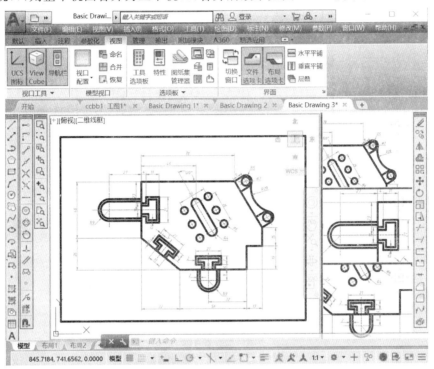

图 2-23　【新建视口】创建的四个视口

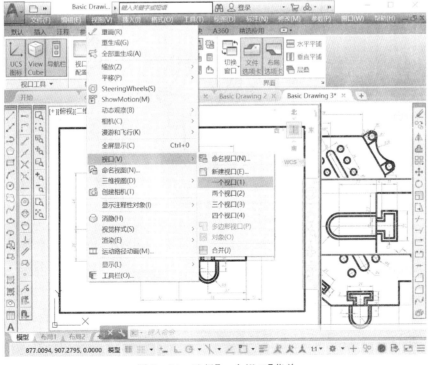

图 2-24　选择【一个视口】菜单

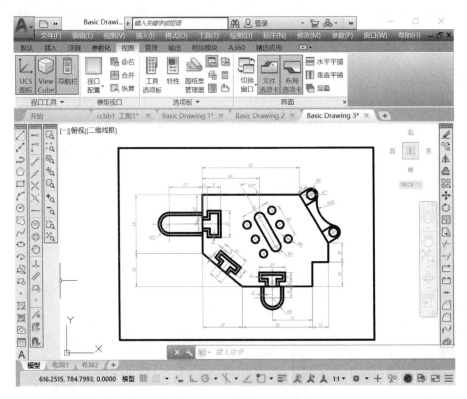

图 2-25 【一个视口】执行效果

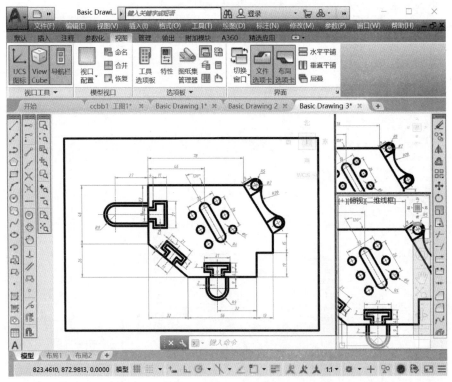

图 2-26 合并视图效果

5. 恢复命名视图

在 AutoCAD 中,可以一次命名多个视图,当需要重新使用一个已命名视图时,只需将该视图恢复到当前视口即可。如果绘图窗口中包含多个视口,用户也可以将视图恢复到活动视口中,或将不同的视图恢复到不同的视口中,以同时显示模型的多个视图。

恢复视图时可以恢复视口的中点、查看方向和缩放比例因子等设置,如果在命名视图时将当前的 UCS 随视图一起保存起来,当恢复视图时也可以恢复 UCS。

2.3　坐标系及命令

2.3.1　坐标系

在绘图过程中,对图形对象的尺寸和位置定位需要某种坐标系作为参照,以进行精确的定位。

1.坐标系系统

AutoCAD 的图形绘制空间,采用笛卡尔直角坐标系来表达三维空间,其坐标系由 X 轴、Y 轴、Z 轴和原点构成,包括世界坐标系统(WCS)和用户坐标系统(UCS)。

(1)世界坐标系统

默认二维绘图系统情况下,AutoCAD 的当前坐标系为 WCS,是其基础坐标系统,它由 3 个相互垂直相交的坐标轴 X、Y 和 Z 组成。WCS 坐标轴的交汇处会显示【□】形标记,但坐标原点并不在坐标系的交汇点,而位于图形窗口的左下角,所有的位移都是相对于原点计算。

在默认情况下,X 轴以水平向右为正方向;Y 轴以垂直向上为正方向;Z 轴以垂直屏幕向外为正方向;坐标原点在绘图区域左下角。在绘制和编辑图形的过程中,WCS 是预设的坐标系统,其坐标原点和坐标轴都不会改变。

(2)用户坐标系统

为了快捷、高效地辅助绘图,需要改变坐标参照系的原点和方向,而通过 UCS 命令设置,可改变 WCS 参照坐标系为用户坐标系即 UCS。UCS 的原点以及 X 轴、Y 轴、Z 轴方向都可以移动及旋转,甚至可以依赖于图形中某个特定的对象。尽管用户坐标系中三个坐标轴之间仍然互相垂直,但是在方向及位置上却都更灵活。

在通常情况下,UCS 与 WCS 系统相重合,而在进行一些复杂的建图形绘制和三维模时,可根据具体需要,通过 UCS 命令设置适合当前图形应用的坐标系统。另外,UCS 没有【□】形标记。

若要设置 UCS 坐标系,可在菜单栏中选择【工具】菜单中的【命名 UCS】和【新建 UCS】命令及其子命令。

2.坐标输入方式

在 AutoCAD 中,常用的坐标输入方式按相对性分为两大类:绝对坐标和相对坐标;根据坐标类型分为:直角坐标和极坐标;综合以上两种分类,坐标的具体输入方式有:绝对直角坐标、绝对极坐标、相对直角坐标和相对极坐标四种。

(1)绝对直角坐标

二维绘图系统中,绝对直角坐标系由一个原点(坐标为(0,0))和两个通过原点的、相互垂直的坐标轴构成。其中,水平方向坐标轴为 X 轴,向右为正方向;垂直方向坐标轴为 Y 轴,向上为正方向。平面上任何点都可以用 X 轴和 Y 轴的坐标定义,即用坐标值(x,y)来定义点,具体坐标值可以用分数、小数或科学记数等形式表示,坐标间用逗号隔开,例如点(8,6)和(1.2,3.5)等。

(2)绝对极坐标

极坐标系是由参照对象极点和极轴来进行定义,极轴的水平向右为正。具体标注的坐标值形式为:($L<a$),其中,L 表示当前点到极点的连线长度距离,即极径($L>0$);a 表示极点与极轴夹角的角度值,即极角,其逆时针方向为正。其中极径和极角用"$<$"分开,"$<$"表示角度,其中且规定 X 轴正向为 0°。例如,某点的极坐标为(36$<$45)。

(3)相对直角坐标

在某些情况下,用户需要直接通过点与点之间的相对位移来绘制图形,而不想指定每个点的绝对直角坐标。为此,AutoCAD 提供了使用相对坐标。相对直角坐标是当前点相对于上一个点的 X 轴和 Y 轴方向的距离,相对坐标用"@"标识。

例如,某直线的起点坐标为(20,25)、终点坐标为(20,50),则终点相对于起点的相对直角坐标为(@0,25)。

(4)相对极坐标

相对极坐标是当前点相对于上一个点的距离和角度。例如((@25<90)、@－13,8)和(@11<24)。其中,相对极坐标中的角度为当前点和上一点的连线与 X 轴的夹角值。

3.控制坐标显示

在绘图窗口中移动十字光标时,状态栏上将动态地显示当前光标的实时坐标。AutoCAD 中,坐标显示取决于所选择的模式和程序中运行的命令,共有 4 种显示模式,如图 2-27 所示。

模式 0,"关":显示上一个点的绝对坐标,此时,指针坐标将不能动态更新显示,坐标显示仅在指定某个点后更新显示。但是,从键盘输入一个新点坐标,不会改变该显示方式,如图 2-27(a)所示。

模式 1,"绝对":显示光标位置的绝对坐标,坐标显示将实时持续更新,如图 2-27(a)所示。

模式 2,"相对":显示一个相对极坐标。当选择该方式时,当命令处于活动状态并指定点、距离或角度时,显示相对极坐标,坐标显示将实时持续更新。当命令未处于活动状态时,显示绝对坐标值,如图 2-27(b)所示。

模式 3,"坐标":显示地理(纬度和经度)坐标;坐标显示将实时持续更新。坐标格式受 GEO-LATLONGFORMAT 系统变量控制。

控制状态栏上的光标位置是连续进行更新还是仅在特定时间更新,即上述 4 种模式由系统变量 COORDS控制,且它也控制坐标的显示格式,初始值为 1。

| (a)绝对坐标 | (b)相对坐标 | (c)特定坐标 |

图 2-27　坐标显示方式

4.创建用户坐标系

在 AutoCAD 中,可通过以下几种方式创建用户坐标系。

⊙ 菜单栏:单击【工具】→【新建 UCS】,在弹出的子菜单选择相应方式创建用户坐标系。

⊙ 命令行:输入【UCS】命令。

在菜单栏单击【工具】菜单,在下拉菜单中单击【新建 UCS】子菜单,展开下一级子菜单,如图 2-28 所示。

【新建 UCS】中子命令的含义如下。

【世界】命令:从当前的用户坐标系恢复到世界坐标系。WCS是所有用户坐标系的基准,不能被重新定义。

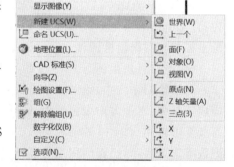

图 2-28　新建 UCS 子菜单

【上一个】命令:从当前的坐标系恢复到上一个坐标系统。

【面】命令:将 UCS 与实体对象的选定面对齐。要选择一个面,可单击该面的边界内或面的边界,被选中的面将亮显,UCS 的 X 轴将与找到的第一个面上的最近的边对齐。

【对象】命令:根据选取的对象快速简单地建立 UCS,使对象位于新的 XY 平面,其中 X 轴和 Y 轴的方向取决于选择的对象类型。该选项不能用于三维实体、三维多段线、视口、多线、面域、椭圆、射线和多行文字等对象。对于非三维面的对象,新 UCS 的 XY 平面与绘制该对象时生效的 XY 平面平行,但 X 轴和 Y 轴可作不同的旋转。

【视图】命令:以垂直于观察方向(平行于屏幕)的平面为 XY 平面,建立新的坐标系,UCS 原点保持不变。常用于注释当前视图时使文字以平面方式显示。

【原点】命令：通过移动当前 UCS 的原点，保持其 X 轴、Y 轴和 Z 轴方向不变，从而定义新的 UCS。可以在任何高度建立坐标系，如果没有给原点指定 Z 轴坐标值，将使用当前标高。

【Z 轴矢量】命令：用特定的 Z 轴正半轴定义 UCS。需要选择两点，第一点作为新的坐标系原点，第二点决定 Z 轴的正向，XY 平面垂直于新的 Z 轴。

【三点】命令：通过在三维空间的任意位置指定 3 点，确定新 UCS 原点及其 X 轴和 Y 轴的正方向，Z 轴有右手定则确定。其中第一点定义了坐标系原点，第二点定义了 X 轴的正方向，第三点定义了 Y 轴的正方向。

【$X/Y/Z$】命令：旋转当前的 UCS 轴来建立新的 UCS。在命令提示信息中输入正或负的角度以旋转 UCS，用右手定则来确定绕该轴旋转的正方向。

【操作简述】：在菜单栏单击【工具】菜单，在下拉菜单中单击【新建 UCS】子菜单，在展开的下一级子菜单中单击【Z】子菜单，如图 2 - 29(a)所示；在信息提示行提示指定旋转角度，如图 2 - 29(b)所示；在动态输入信息提示输入框中输入 330，如图 2 - 29(c)所示；输入 330 后，按【Enter】键，完成绕 Z 轴旋转 330 后的 UCS 坐标系，如图 2 - 29(d)所示。

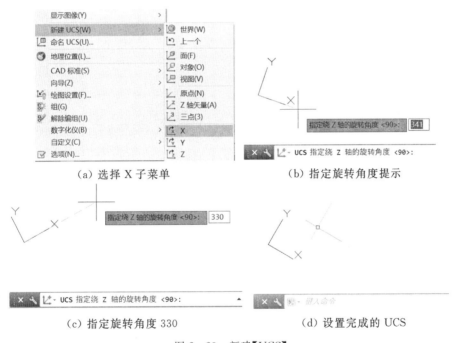

(a) 选择 X 子菜单　　　　　　　　　　(b) 指定旋转角度提示

(c) 指定旋转角度 330　　　　　　　　　(d) 设置完成的 UCS

图 2 - 29　新建【UCS】

5.命名用户坐标系

在 AutoCAD 中，用户可通过以下几种方式命名用户坐标系。

⊙ 菜单栏：在菜单栏中选择【工具】→【命名 UCS】。

⊙ 命令行：输入【Ucsman】命令。

⊙ 快捷式：在新建的用户坐标系图标上单击鼠标右键，在弹出的快捷菜单中选择【重命名】选项，即可对用户坐标系进行重命名。

(1)命名 UCS

启动命名 UCS 命令，在【UCS】对话框中，单击【命名 UCS】选项卡，如图 2 - 30 所示。在【当前 UCS】列表中选择未命名、世界或上一个选项的其中一个，单击【置为当前】按钮，则将所选用户坐标系置为当前坐标系，此时在该 UCS 前显示▶标记。

【操作简述】：在菜单栏启动命名 UCS 命令，如图 2 - 30(a)所示；则弹出【UCS】对话框，单击【命名 UCS】选项卡，如图 2 - 30(b)所示；在【当前 UCS】列表中选择未命名 UCS，并设置新的 UCS 名称：

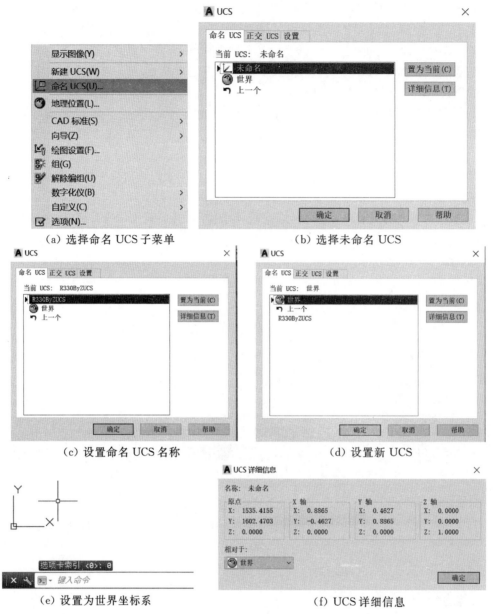

(a) 选择命名 UCS 子菜单 (b) 选择未命名 UCS

(c) 设置命名 UCS 名称 (d) 设置新 UCS

(e) 设置为世界坐标系 (f) UCS 详细信息

图 2 - 30 命名【UCS】

R330ByZUCS,如图 2 - 30(c)所示,单击【置为当前】按钮,并置为当前,则将所选用户坐标系置为当前坐标系,此时在该 R330ByZUCS 前显示▶标记。

如需转换 UCS,则可在【UCS】对话框中进行设置当前的 UCS。如图 2 - 30(d)、2 - 30(e)所示,将 UCS 重新设置回世界坐标系的示例。打开【UCS】对话框的【命名 UCS】选项卡,选择【世界】坐标系选项,并单击【置为当前】按钮,则将世界坐标系置为当前坐标系,同时在绘图区域中坐标系图标变回到原始的世界坐标系图标,如图 2 - 30(f)所示。

(2)使用正交 UCS

在【UCS】对话框中,切换至【正交 UCS】选项卡,在【当前 UCS】列表中可以选择需要使用的正交坐标系,如俯视、仰视、前视、后视、左视和右视等,如图 2 - 31 所示。

(3)设置 UCS

单击【视图】→【显示】→【UCS 图标】命令,可控制坐标系图标的可见性和显示方式。

用【UCS】对话框中【设置】选项卡可进行 UCS 图标设置和 UCS 设置,如图 2 - 32 所示。

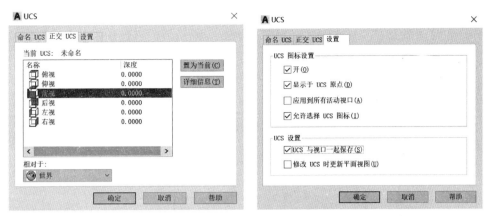

图 2-31　【正交 UCS】选项卡　　　　图 2-32　【设置】选项卡

①【UCS 图标设置】选项组

【开】复选框：设定显示当前视口的 UCS 图标。

【显示于 UCS 原点】复选框：指定在当前视口坐标系的原点处显示 UCS 图标。如果取消勾选该复选框，则在视口左下角显示 UCS 图标。

【应用到所有活动视口】复选框：指定将 UCS 图标设置应用到当前图形中的所有活动视口。

【允许选择 UCS 图标】复选框：指定是否允许选择 UCS 图标。

②【UCS 设置】选项组

【UCS 与视口一起保存】复选框：用于指定将坐标系设置与视口一起保存。

【修改 UCS 时更新平面视图】复选框：用于指定在修改视口中的坐标系时恢复平面视图。

在 AutoCAD 中创建的用户坐标系具有较大的灵活性。用户坐标系的图标和世界坐标系图标相类似，只是在两轴交汇处没有【□】标记。如图 2-33 所示的坐标系图标就是一种坐标原点和坐标轴变化后的用户坐标系。

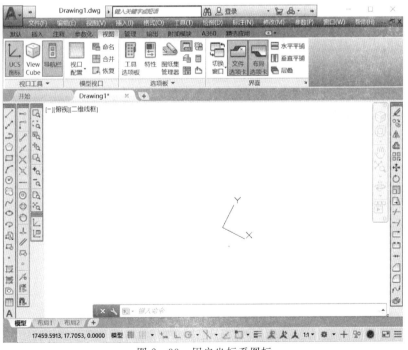

图 2-33　用户坐标系图标

2.3.2　命令启动方式

命令是 AutoCAD 中人机交互的最重要内容，系统提供多种启动命令方式，常用有选项板、命令行、工具栏、菜单栏及快捷菜单等方式启动命令。

1.命令行启动

通过在命令行启动命令,就是在绘图窗口底部的命令行提示后面直接输入命令的全称或简称,输入的字母不分大小写,然后按【Enter】键或空格键,即可启动该命令。启动命令后,接着在命令行中又会出现多重选项,只需输入选项对应的"简写代号"即可选择相应选项。如图 2-34 所示为在命令行输入"Line"或"L"命令,绘制【直线】命令在命令行的执行显示。

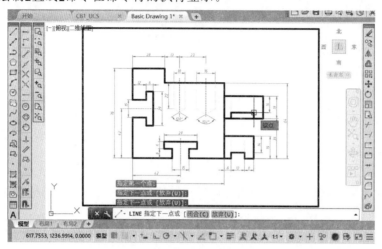

图 2-34　绘制【直线】命令行

2.选项板启动

AutoCAD 有若干命令选项卡和命令面板,每个命令选项卡和命令面板是由若干同类命令图标组成,例如图 2-35 所示的绘图命令面板主要由多个绘图命令的图标组成。单击图标菜单可以调用相应的命令,然后根据命令行中的提示执行该命令,或在弹出的对话框中设置各选项。

单击每个面板命令按钮下方的三角箭头可展开具体的图形绘制模式,如图 2-35 所示为单击画圆面板下方的三角箭头展开后的具体的各类画圆模式。

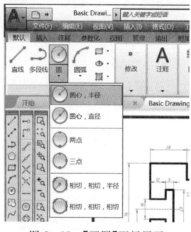

图 2-35　【画圆】面板展开

同时,将光标放置在每个面板命令上面停留,系统会显示该命令的执行提示和相关说明。如图 2-36(a)、2-36(b)所示为画圆命令的两种提示形式。

3.菜单栏启动

AutoCAD 2018 中的菜单栏可通过【显示菜单栏】来显示或隐藏。通过菜单栏也可以启动命令,在菜单栏中单击主菜单选项,逐级选择下拉菜单,最后找到并单击要执行的命令。例如图 2-37 所示为单击菜单栏的【修改】展开的下拉式菜单。

4.快捷菜单启动

快捷菜单是通过鼠标在工具栏上、绘图区域内或选择图形对象后单击鼠标右键而弹出的菜单组。

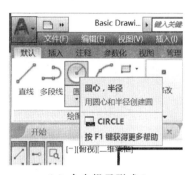
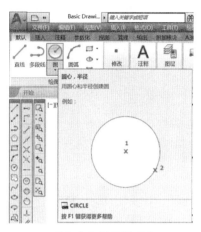

（a）命令提示形式 1　　　　　　　（b）命令提示形式 2

图 2-36　【画圆】命令提示形式

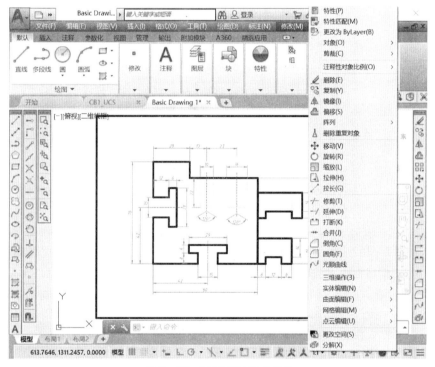

图 2-37　【修改】下拉式菜单

当光标处于不同位置,或者正在使用的命令不一样时,鼠标右击所得到的快捷菜单会有所不同,一般会弹出与正在执行的命令相关的选项。而没有执行任何命令时,在绘图区域中单击鼠标右键,弹出的快捷菜单将显示最近使用过的命令。如图 2-38 所示为在选项板工具栏上单击右键弹出快捷菜单,图 2-39 所示为选择图形对象后单击鼠标右键弹出的快捷菜单。

5.透明命令

透明命令是指在执行当前 AutoCAD 命令的过程中可以执行的某些命令。常用的透明命令多为控制图形显示、修改图形设置或打开(或关闭)绘图辅助工具的命令,如 SNAP、GRID、ZOOM 等。

运行透明命令的方式有:直接在图标菜单栏、选项卡面板及快捷菜单等启动透明命令;在命令行当前提示信息后输入""符号,再输入相应的透明命令,并按【Enter】键或【Space】键,即可运行透明命令。

在命令行运行透明命令时,提示信息前有一个双折号"＞＞"。执行透明命令后,AutoCAD 会自动返回到执行透明命令之前的信息提示,可继续执行相应的原命令。

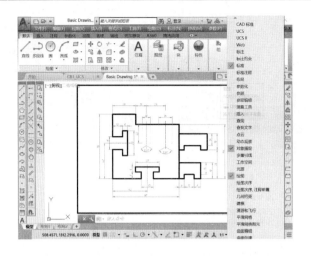

图 2-38　工具栏上单击右键弹出快捷菜单

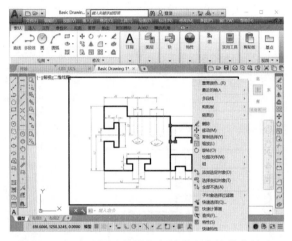

图 2-39　选择对象单击右键弹出的快捷菜单

【操作简述】：如图 2-40 所示，为从直线 AB 中点画出一条直线时，首先启动画直线命令，在命令行提示"指定第一个点："时，启动捕捉中点透明命令后，在命令行"指定第一个点："后面显示"_mid 于"，此时，将光标移至 AB 直线附近，则在直线 AB 的中点处显示中点捕捉"三角符号"，单击鼠标左键，进行中点定位。

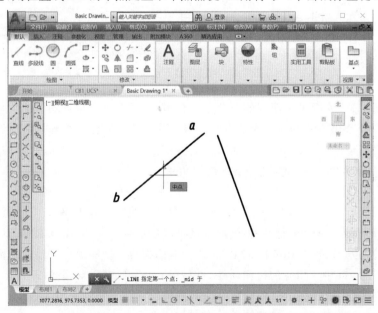

图 2-40　【缩放】子菜单中的命令

2.3.3　命令使用

AutoCAD 绘图过程的实现通过执行命令来完成。

1. 退出正在执行的命令

在使用 AutoCAD 绘制图形的过程中，可根据需要随时退出正在执行的命令。在命令的执行过程中，按【Esc】键和【Enter】键可随时退出正在执行的命令；当按【Esc】键时，可取消并结束命令；当按【Enter】键或【Space】键时，则确定命令的执行并结束命令。

2. 重复执行前一个命令

在完成一个命令的操作后，若需要再次执行该命令，可通过以下几种方式实现。

⊙ 按【Enter】键：在一个命令执行完成后，按【Enter】键，即可再次执行上一次执行的命令。

⊙ 按方向【↑】键：按键盘上的【↑】方向键，可依次向上翻阅前面在命令行中所输入的数值或命令，当出现用户所执行的命令后，按【Enter】即可重新执行。

⊙ 在命令行的图标 上单击右键，显示执行过的最近 6 个命令，进行选择。

3. 放弃上一次执行的命令

使用 AutoCAD 进行图形的绘制及编辑过程中，难免会出现错误，在出现错误时，可以不必重新对图形进行绘制或编辑，只需要取消错误的操作即可，取消已执行的命令，主要有以下几种方式。

⊙ 系统栏：单击【标准】工具栏的【放弃】按钮，可以取消前一次执行的命令，连续进行单击该按钮，可以取消多次执行的操作。

⊙ 菜单栏：选择【编辑】→【放弃】命令。

⊙ 命令行：输入【Undo/U】命令。

⊙ 快捷键：【Ctrl+Z】。

4. 重做上一次放弃的命令

当取消了已执行的命令之后，如果需要恢复上一个已撤销的操作，则可以通过以下方式完成。

⊙ 系统栏：单击【标准】工具栏中的【重做】按钮，可以恢复已撤销的上一步操作。

⊙ 菜单栏：选择【编辑】→【重做】命令。

⊙ 命令行：输入【Redo】命令。

⊙ 快捷键：【Ctrl+Y】。

2.3.4　动态输入

【动态输入】即直接在绘图区域的动态提示中输入命令，或利用光标在动态提示选项中选择命令选项。启动动态输入功能后，依据正在执行的命令在光标附近显示一个动态输入命令界面，显示输入、标注和命令提示等信息，这些信息随着光标移动而动态更新。动态输入的启动方式如下。

在状态栏上单击【DYN】按钮或者按【F12】功能键，可打开或关闭【动态输入】功能。

1. 动态输入的设置

选择【工具】→【草图设置】命令，弹出【草图设置】对话框。在【草图设置】对话框中，选择【动态输入】选项卡，如图 2-41 所示，在该选项卡中，设置动态输入，各选项具体含义如下。

【启用指针输入】复选框：用于设置在绘制图形时是否启用指针输入。

【指针输入】选项区域：设置指针输入。单击【设置】按钮，打开【指针输入设置】对话框，如图 2-42 所示。在【指针输入设置】对话框中，可以设置打开指针输入时，工具栏提示中所显示的坐标格式以及何时显示指针输入。

【可能时启用标注输入】复选框：用于设置在绘制图形时是否启用标注输入。

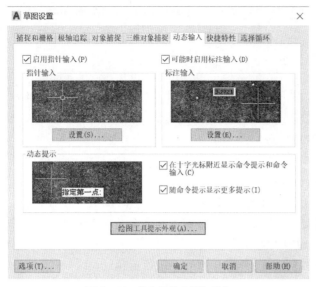

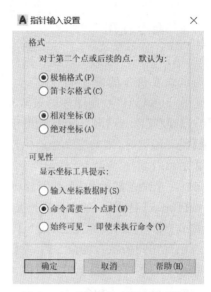

图 2-41 【动态输入】选项卡   图 2-42 【指针输入设置】对话框

【标注输入】选项区域:设置标注输入。单击【设置】按钮,打开【标注输入的设置】对话框,如图 2-43 所示。在该对话框中,可以设置在夹点拉伸时显示哪些标注输入字段。

【动态提示】选项区域:设置在光标附近是否显示命令提示和输入。

【设计工具提示外观】按钮:单击该按钮,弹出【工具提示外观】对话框,如图 2-44 所示。用户可以利用该对话框设置提示外观的颜色、大小和透明度等。

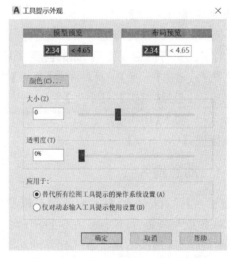

图 2-43 【标注输入的设置】对话框   图 2-44 【工具提示外观】对话框

2.启用指针输入

在菜单栏中选择【工具】→【草图设置】命令,则打开【草图设置】对话框。在【草图设置】对话框中,选择【动态输入】选项卡,选中【启用指针输入】复选框,则启用指针输入功能,如图 2-41 所示,在该选项卡中,设置动态输入。

在【指针输入】选项区域,单击【设置】按钮,打开【指针输入设置】对话框,如图 2-42 所示。在【指针输入设置】对话框中,可以设置打开指针输入时,工具栏提示中所显示的坐标格式以及何时显示指针输入。

3.启用标注输入

选择【可能时启用标注输入】复选框,则可设置在绘制图形时启用标注输入。

选择【工具】→【草图设置】命令,则打开【草图设置】对话框。在【草图设置】对话框中,选择【动态输入】选项卡,选中【可能时启用标注输入】复选框,则启用标注输入功能,可设置启用标注输入。

在【标注输入】选项区域,单击【设置】按钮,打开【标注输入的设置】对话框,在该对话框中,可以设置在夹点拉伸时显示哪些标注输入字段,如图 2-43 所示。

4.显示动态提示

选择【工具】→【草图设置】命令,弹出的【草图设置】对话框。在【草图设置】对话框中,选择【动态输入】选项卡,选中【动态提示】选项区域中的【在十字光标附近显示命令提示和命令输入】复选框,则可在光标附近显示命令提示和命令输入。

选择【工具】→【草图设置】命令,弹出的【草图设置】对话框。在【草图设置】对话框中,选择【动态输入】选项卡,单击【绘图工具提示外观】按钮,弹出【工具提示外观】对话框。在该对话框中可以设置工具提示外观的颜色、大小和透明度等,如图 2-44 所示。

2.3.5　系统变量

命令通常用于启动活动或打开对话框,而系统变量则用于控制命令的行为、操作的默认值或用户界面的外观等。

1.系统变量设置

系统变量通常是 6~10 个字符长的缩写名称。许多系统变量有简单的开关设置。例如要使用【ISO-LINES】系统变量修改曲面的线框密度,可在命令行提示下输入该系统变量名称并按【Enter】键,然后输入新的系统变量值并按【Enter】键即可。有些系统变量则用来存储数值或文字,例如【DATE】系统变量用来存储当前日期。

【操作简述】:【GRIDMODE】系统变量用来显示或关闭栅格,当 GRIDMODE 属性值为 0 时,不显示栅格,当 GRIDMODE 属性值为 1 时,显示栅格。

在命令行输入 GRIDMODE 属性命令,如图 2-45(a)所示;此时信息提示"输入 GRIDMODE 的新值<0>:",即当前的属性值为 0,关闭栅格显示,如图 2-45(b)所示;在动态输入提示框输入 1,如图 2-45(c)所示;按【Enter】键,则 GRIDMODE 属性值设置为 1,打开栅格显示,并完成 GRIDMODE 属性值设置,如图 2-45(d)所示。

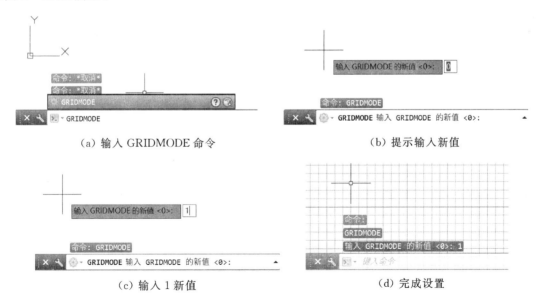

（a）输入 GRIDMODE 命令　　　　　　　　（b）提示输入新值

（c）输入 1 新值　　　　　　　　（d）完成设置

图 2-45　系统变量设置示例

可以在对话框中修改系统变量,也可以直接在命令行中修改系统变量。某些系统变量接受负值,以关闭设置或指示特殊情况。可以透明检查或更改系统变量的设置(即在使用另一个命令时)。但是,新值将直到被中断的命令结束时才会生效。

2．使用位码变量指定选项

某些系统变量可以使用位代码进行控制。通过这些系统变量，用户可以添加选项值来指定唯一的行为组合。例如，【LOCKUI】系统变量提供以下位代码值：0—不锁定工具栏、面板和窗口；1—锁定固定工具栏和面板；2—锁定固定或定位窗口；4—锁定浮动工具栏和面板；8—锁定浮动窗口。

因此，如果将【LOCKUI】设定为 5（即 1+4 =5），则仅锁定固定和浮动的工具栏。不会锁定固定、定位和浮动窗口。

3．显示系统变量的列表

像命令一样，系统变量的名称显示在"建议列表"中，该列表在输入命令时将显示在"命令"提示下。

首先显示命令。按【Tab】键切换到系统变量列表。可以设置系统变量是与命令混合显示，还是根本不显示在【输入搜索选项】对话框中。

【SETVAR】命令在文本窗口中列出所有系统变量或扩展的提示历史记录。可以使用星号（＊）作为通配符来过滤列表。

2.4　设置辅助绘图功能

2.4.1　图层

1．图层概念

图层是用于在图形中按功能或用途组织、管理图形对象的一种工具。图层本身是不可见的，可以将其理解为若干透明介质的叠加。图形的不同类型内容画在不同的透明介质上，最终将这些透明介质叠加在一起就形成一幅完整的图形。

新建图形时，系统默认 0 图层，该图层不能删除或更名，它含有与图形块有关的一些特殊变量。

2．图层特性管理器

图形通常包含多个图层，每个图层的图形对象的特性，包括颜色、线型和线宽等属性和开、关、冻结等不同的状态都由【图层特性管理器】管理和设置。打开【图层特性管理器】对话框有以下几种方式。

⊙ 菜单栏：选择菜单栏中的【格式】→【图层】命令。

⊙ 选项板：单击【图层】面板中的【图层特性】按钮。

⊙ 命令行：输入【Layer/la/ddlmodes】命令。

⊙ 快捷键：【Alt＋空格】。

应用以上任意一种启动方式，即可打开【图层特性管理器】对话框，对话框的左侧为图层过滤器区域；右侧为图层列表区域，包括各层的各种属性如颜色、线型、线宽等，如图 2－46 所示。

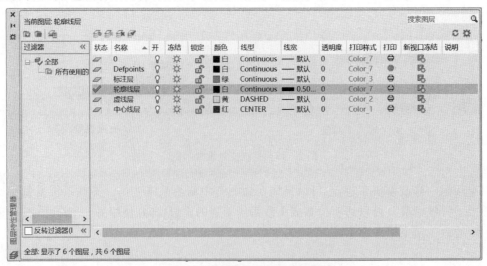

图 2－46　【图层特性管理器】

在【图层特性管理器】对话框中，可以看到所有图层列表、图层的组织结构和各图层的属性和状态。对于图层的所有操作，如新建、重命名、删除及图层特性修改等，都可在该对话框中完成。该对话框中各选项含义如下。

【当前图层】：显示当前图层的名称。

【新建特性过滤器】：显示【图层过滤器特性】对话框，从中可以根据图层的一个或多个特性创建图层过滤器，如图 2-47、图 2-48 所示。

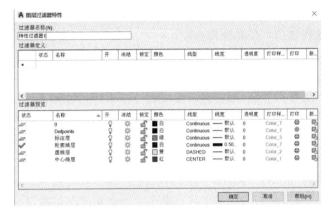

图 2-47　新建特性过滤器　　　　　　　　　图 2-48　创建图层过滤器图

【新建组过滤器】：创建图层过滤器，包含选择并添加到该过滤器的图层，如图 2-49 所示。

【图层状态管理器】：显示图层状态管理器，从中可以将图层的当前特性设置保存在命名图层状态中，并且以后可以恢复这些设置，如图 2-50、图 2-51 所示。

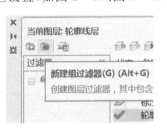

图 2-49　新建组过滤器　　　　　　　　图 2-50　图层状态启动按钮

图 2-51　图层状态管理器

【新建图层】：创建新图层，列表显示图层名。该名称处于选定状态，因此可以立即输入新图层名。新图层将继承图层列表中当前选定图层的特性（颜色、开或关状态等）。

【删除图层】：将选定图层标记为要删除的图层。单击【应用】或【确定】时，将删除这些图层。只能删除未被参照的图层。参照的图层包括图层 0 和 DEFPOINTS、包含对象(包括块定义中的对象)的图层、当前图层以及依赖外部参照的图层。局部打开图形中的图层也被视为已参照并且不能删除。

【置为当前】：将选定图层设置为当前图层。将在当前图层上绘制创建的对象。

【搜索图层】：输入字符时，按名称快速过滤图层列表。关闭图层特性管理器时，不保存此过滤器。

【状态行】：显示当前过滤器的名称、列表视图中显示的图层数和图形中的图层数。

【反向过滤器】：显示所有不满足选定图层特性过滤器中条件的图层。

【指示正在使用的图层】：在列表视图中显示图标以指示图层是否正被使用。在具有多个图层的图形中，清除此选项可提高性能。

【应用到"图层"工具栏】：通过应用当前图层过滤器，控制【图层】工具栏的图层列表中的图层显示。

【应用】：应用对图层和过滤器所做的更改，但不关闭对话框。

【图层特性管理器】右侧图层列表中各属性含义如下。

【状态】：用来指示和设置当前图层，双击某个图层状态列图标可以快速设置该图层为当前层。

【名称】：用于设置图层名称。选中一个图层使其以蓝色高亮显示，单击【名称】特性列的表头，可以让图层按照图层名称进行升序或降序排列。

【打开/关闭】开关：用于控制图层是否在屏幕上显示。隐藏的图层将不被打印输出。

【冻结/解冻】开关：用于将长期不需要显示的图层冻结。可以提高系统运行速度，减少图形刷新的时间。AutoCAD 不会在被冻结的图层上显示、打印或重生成对象。

【锁定/解锁】开关：如果某图层上的对象只需显示、不需要选择和编辑没那么可以锁定该图层。

【颜色】：更改与选定图层关联的颜色。单击颜色名可以显示【选择颜色】对话框。

【线型】：更改与选定图层关联的线型。单击线型名称可以显示【选择线型】对话框。

【线宽】：更改与选定图层关联的线宽。单击线宽名称可以显示【线宽】对话框。

【打印样式】：用于为每个图层选择不同的打印样式。AutoCAD 有颜色打印样式和图层打印样式两种。如果当前文档使用颜色打印样式时，该属性不可用。

【打印开关】：对于那些没有隐藏也没有冻结的可见图层，可以通过点击【打印】特性项来控制打印时该图层是否打印输出。

【新视口冻结(仅在布局选项卡中可用)】：在当前布局视口中冻结选定的图层。可以在当前视口中冻结或解冻图层，而不影响其他视口中的图层可见性。

【冻结当前视口】：设置将替代图形中的【解冻】设置。即如果图层在图形中处于解冻状态，则可以在当前视口中冻结该图层，但如果该图层在图形中处于冻结或关闭状态，则不能在当前视口中解冻该图层。当图层在图形中设置为【关】或【冻结】时不可见。

【图层说明】：用于为每个图层添加单独的解释、说明性文字。

【说明】：(可选)描述图层或图层过滤器

3. 创建图层

在【图层特性管理器】对话框中可进行图层的创建。【图层特性管理器】中的图层状态分为"状态、名称、开/关、冻结、锁定、颜色、线型、线宽、打印样式"等常用的属性。

在【图层特性管理器】对话框中，单击【新建】按钮或用快捷键【Alt＋N】，新建图层"标注层、轮廓线层、虚线层及中心线层"，如图 2-52 所示。

4. 图层颜色设置

图层颜色是图层中图形的颜色，每个图层都可设置颜色，使用颜色可方便区分各图层上的对象。

单击【图层特性管理器】中的【颜色】属性项，可以打开【选择颜色】对话框，如图 2-53 所示，选择需要的颜色即可。AutoCAD 提供了 7 种标准颜色，即红、黄、绿、青、蓝、紫和白。

在【颜色选择】对话框中，可以使用【索引颜色】、【真彩色】和【配色系统】3 个选项卡为图层设置颜色，分别如图 2-53(a)、(b)、(c)所示。

5. 图层线型设置

图层线型是赋予图层中图形的线型类型。默认情况下是 Continuous 线型，在 AutoCAD 中既有简单

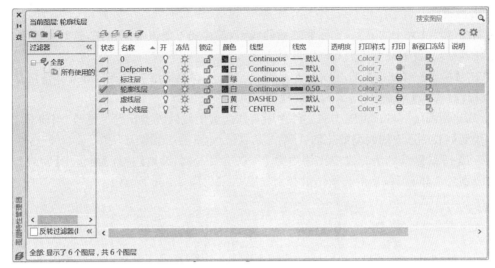

图 2-52　新建图层

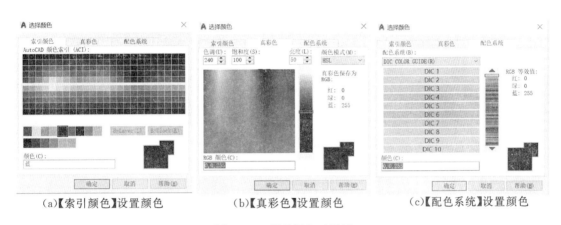

(a)【索引颜色】设置颜色　　　　(b)【真彩色】设置颜色　　　　(c)【配色系统】设置颜色

图 2-53　设置颜色对话框

线型,也有由一些特殊符号组成的复杂线型,以满足不同国家或行业标准的要求。

　　【操作简述】:在【图层特性管理器】对话框中,若图层的当前线型不满足要求,点击该层中线型列表中的【线型】属性项,则弹出【选择线型】对话框,如图 2-54(a)所示;如果在【选择线型】对话框中没有合适的线型,可以点击【加载】按钮,打开【加载或重载线型】对话框,如图 2-54(b)所示;选择合适的线型后,点击【确定】按钮,返回到【选择线型】对话框,在【选择线型】对话框中选择需要的线型,点击【确定】按钮,则线型设置成功。

(a)【选择线型】对话框　　　　　　(b)【加载或重载线型】对话框

图 2-54　图层线型设置

6.线型比例设置

由于绘制图形尺寸大小的关系,致使非连续的线型,其样式不能被显示出来,这时就需要通过调整线型的比例来使其显现,设置线型比例有以下几种方式。

⊙ 菜单栏:【格式】→【线型】,打开线型管理器,点击【显示/隐藏细节】按钮,展开详细信息。

⊙ 命令行:输入【LTS】命令,输入新的线型比例值。

更改"全局比例因子",可以设置当前文件中所有非连续图线的线型比例。更改"当前对象缩放比例"可以设置在线型列表中选中的线型的比例。

【操作简述】:系统默认的所有线型比例均为1。以虚线为例,编辑【特性】面板中【常规】属性组中的【线型比例】分别为2和10,线型的显示结果分别如图2-55、图2-56所示。

图 2-55 线型比例为 2　　　　　　图 2-56 线型比例为 10

7.图层线宽设置

单击某层的线宽属性框格,则弹出【线宽】对话框,选取所需的线宽,如图2-57所示,单击【确定】按钮退出,完成线宽的设置。

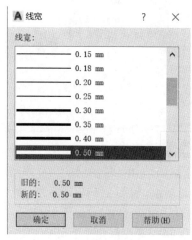

图 2-57 图层线宽设置

8.当前图层设置

当前图层是当前工作状态下正使用的图层。当设定某一图层为当前图层后,随后所绘制的图形对象都将位于该图层。如果想在其他图层中绘图,就需要更改当前图层设置。默认情况下,在【特性】面板中显示了当前图层的状态信息。设置当前图层的方式有如下几种。

⊙ 在【图层特性管理器】对话框中,选取所需图层,单击对话框上方的【置为当前】按钮。

⊙ 在【图层特性管理器】对话框中,双击图层状态行。

⊙ 在功能区的图层面板处,展开图层列表,选取所需图层。

⊙ 在【图层】面板中单击【图层控制】下拉按钮,在弹出的下拉列表框中选择需要设置为当前层的图层,如图2-58所示。

9.图层属性转换

图层属性转换是指将一个图层的图形对象属性转换为另一图层的属性。例如,将图层"轮廓线层"中的图形属性转换为图层"细实线层"的属性,被转换后的图形颜色、线型、线宽将拥有图层"细实线层"的属性。

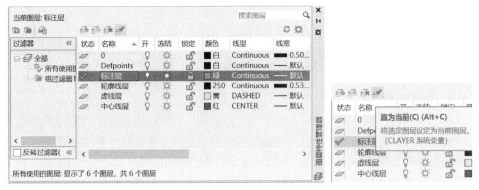

（a）设置标注层为当前层　　　（b）【置为当前层】按钮

图 2-58 【置为当前】按钮

转换图层时，先在绘图区中选择需要转换图层属性的图形，然后单击【图层】面板中的【图层控制】下拉按钮，在弹出的列表中选择转换到的图层名，即可完成属性转换。

10.控制图层状态

在绘制过于复杂的图形时，将暂时不用的图层进行关闭或冻结等处理，可以方便进行绘图操作。

（1）打开/关闭图层

在绘图操作中，可以将图层中的对象暂时隐藏起来，或将隐藏的对象显示出来。隐藏图层中的图形将不能被选择、编辑、修改、打印。默认情况下，0图层和创建的图层都处于打开状态，通过以下两种方法可以关闭图层。

⊙ 在【图层特性管理器】对话框中单击要关闭图层的【开/关图层】属性组图标，如图 2-59 所示。

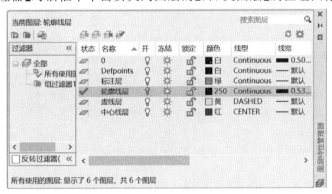

图 2-59 打开/关闭图层

⊙ 在【图层】面板中单击【图层控制】下拉列表中的【开/关图层】图标，如图 2-60 所示。

（2）冻结/解冻图层

将图层中不需要进行修改的对象进行冻结处理。另外，冻结图层可以在绘图过程中减少系统生成图形的时间，从而提高计算机的速度，因此在绘制复杂的图形时冻结图层非常重要。被冻结后的图层对象将不能被选择、编辑、修改、打印。

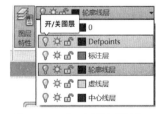

图 2-60 打开/关闭图层

在默认情况下，0图层和创建的图层都处于解冻状态。可以通过以下方法将指定的图层冻结。

⊙ 在【图层特性管理器】对话框中单击要冻结图层前面的【冻结】图标，如图 2-61 所示。

⊙ 在【图层】面板中单击【图层控制】下拉列表中的【在所有视口冻结/解冻图层】图标，如图 2-62 所示。

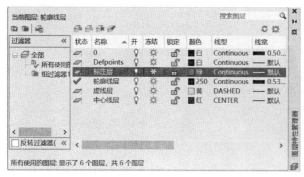

图 2-61　冻结/解冻图层　　　　　　　　图 2-62　冻结/解冻图层

（3）锁定/解锁图层

锁定图层可以将该图层中的对象锁定。锁定图层后，图层上的图形对象仍然处于显示状态，但是用户无法对其进行选择、编辑修改等操作。在默认情况下，0 图层和创建的图层都处于解锁状态，可以通过以下两种方法将图层锁定。

⊙ 在【图层特性管理器】对话框中单击要锁定图层前面的【锁定】图标，如图 2-63 所示。

⊙ 在【图层】面板单击【图层控制】下拉列表中的【锁定或解锁图层】图标，如图 2-64 所示。

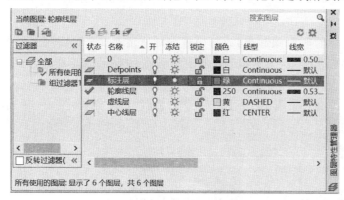

图 2-63　锁定/解锁图层　　　　　　　　图 2-64　锁定或解锁图层

11. 图层删除

在打开的【图形特性管理器】中选择需删除的图层"细实线层"，单击【删除】按钮，即可删除选定的图层。

注意：AutoCAD 规定以下 4 类图层不能被删除：0 层和 Defpoints 图层；当前层：要删除当前层，可以先改变当前层到其他图层；插入了外部参照的图层，要删除该层，必须先删除外部参照；包含了可见图形对象的图层，要删除该层，必须先删除该层中的所有图形对象。

2.4.2　特性匹配

在 AutoCAD 中，每个图形对象都有属性特性，通过图形对象属性特性，例如图层、线型、颜色、线宽和打印样式等，可以丰富地、完善地表达图形对象。同时，通过图形对象特性匹配，可以编辑和修改图形对象属性特性。

1. 对象特性

AutoCAD 系统中，对象特性包括基本特性、几何特性以及根据对象类型的不同所表现的其他一些特性。可以使用多种方式来显示和修改对象特性。

⊙ 菜单栏：选择【工具】→【选项板】→【特性】，打开【特性】选项板，如图 2-65 所示。

⊙ 选项板：在选项板选择【默认】选项卡，【图层】和【块】面板中可以查看和修改对象的颜色、线型和线宽等特性，如图 2-66 所示。

⊙ 快捷键：【Ctrl+1】。

⊙ 快捷菜单：还可以通过快捷菜单命令打开，例如在绘图窗口选择任意一个图形，然后单击鼠标右键，在弹出的菜单中选择【特性】命令，即可打开【特性】选项板。

在【特性】选项板中可以修改以下对象属性：对象图层、颜色、线型、线型比例和线宽；编辑文字和文字特性；编辑打印样式；编辑块；编辑超级链接等属性。

图 2-65　【特性】选项板　　　　图 2-66　【图层】和【块】面板

【特性】选项板中，每个选项对象的含义如下。

【　　　　　　　　　　　】选择对象下拉列表：在该下拉列表中可以快速选择可供编辑的对象类型。例如图形对象较多，如果逐一选择并修改，比较麻烦。可以将要编辑的对象全部选中，然后在列表中选择要编辑的类型即可。

【　】图标按钮：切换 PICKADD 系统变量的值：用来控制 PICKADD 的开或关，它的值将影响选择多个对象的方法。当其处于默认状态下时（设为 1），可以不断选择对象，并且它们都加入到选择集中。而当其设置为关的状态时（设为 0），则必须按住【Shift】键才能将其加入到选择集中，否则，后选择的对象将替代先前所选择的对象。

【选择对象】图标按钮：用于选择要在【特性】选项板中编辑的对象。

【快速选择】图标按钮：打开【快速选择】对话框，根据对象特性来选择对象。

【特性】选项板上的参数设置会根据所选对象的不同而有所区别。

如果没有选中对象，则只能看到这个图形的全局特性，比如 UCS、当前图层和视口数据等。可以在【特性】选项板打开后，再选择对象，这个对象的数据就会在【特性】选项板中显示出来。

如果选择了一个或同一类的对象（例如全部是直线段），这可以看到这类对象的通用信息和该对象的图形信息。

如果选择了多类对象，则只能看到一些常规信息，并且信息的内容会显示为"多种"。

说明：要通过【特性】选项板修改属性值，有以下几种方式：单击一个数值，选择文本框，输入新值，然后按【Enter】键；单击一个数值，再单击右侧的向下箭头，然后在下拉列表中选择；单击一个数值，单击"点"按钮，重新在屏幕上指定一点。

2.对象特性匹配

AutoCAD 2018 中，可以将某个图形对象的特性部分或全部的复制到其他图形对象。默认情况下，所有可应用的特性都自动地从选定的源对象复制到目标对象。

（1）特性匹配

特性匹配是将选定图形的特性应用到其他图形上，即将一个对象的某些特性或所有特性复制到其他对象。可复制的特性类型包括颜色、图层、线型、线型比例、线宽、打印样式、透明度和视口特性等等。启动【特性匹配】命令有以下几种方式。

⊙ 菜单栏：在菜单栏单击【修改】→【特性匹配】命令。

⊙ 选项板：单击【默认】选项板中的【特性匹配】按钮。

⊙ 命令行：输入【Matchprop/MA】命令。

特性匹配分全部特性匹配和部分特性匹配。特性匹配时，图形对象的所有特性均可自动从选定的源对象复制到目标对象，此匹配称为全部特性匹配；如果不希望复制一部分特性，可使用"设置"选项禁止复制该特性，此匹配称为部分特性匹配。可以在命令执行过程中选择"设置"选项。

（2）全部特性匹配

启动【特性匹配】命令，选择要复制的特性源对象，此时将提示如图 2-67 所示。随后，根据命令行提示，先选择源对象，再选择目标对象，可完成全部特性匹配。

【操作简述】：如图 2-67(a)所示，启动【特性匹配】命令，命令行提示选择源对象，用鼠标拾取框选择粗实线，并按【Enter】键；如图 2-67(b)所示，命令行提示选择目标对象，用鼠标拾取框选择虚线，虚线选择完后，按【Enter】键，虚线变成粗实线；全部特性匹配的结果如图 2-67(c)所示。

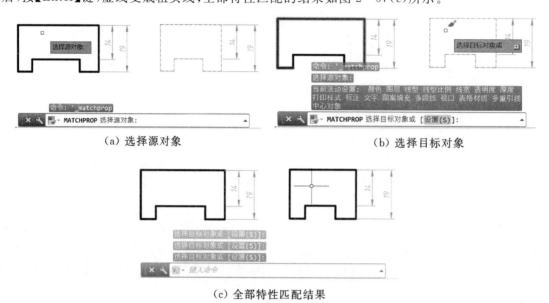

（a）选择源对象　　　　　　　　　　　　　（b）选择目标对象

（c）全部特性匹配结果

图 2-67　特性匹配命令提示行

（3）部分特性匹配

如果不希望复制特定的特性，可以单击命令行中的【设置 S】选项，打开【特性设置】对话框，如图 2-68 所示，取消不需复制的特性，如图 2-69 所示。

图 2-68　复制全部特性

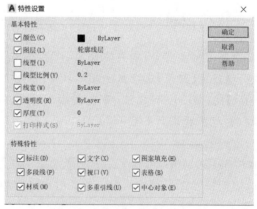

图 2-69　复制部分特性设置

3.控制对象的显示特性

在 AutoCAD 中，用户可以对重叠对象和其他某些图形对象的显示和打印进行控制，从而提高系统的性能。

（1）打开或关闭可见元素

当带宽度多段线、实体填充多边形（二维填充）、图案填充、渐变填充和文字以简化格式显示时，显示性能和创建测试打印的速度都将得到提高。

①打开或关闭填充

使用【Fill】变量可以打开和关闭填充,如多线段和实体填充,如图 2-70 所示。

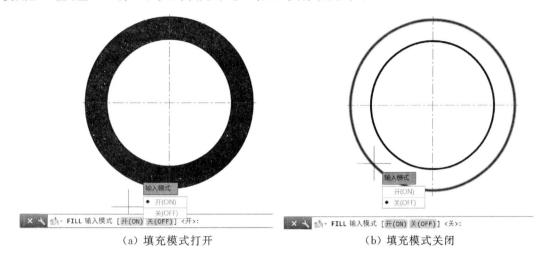

（a）填充模式打开　　　　　　　　　　　（b）填充模式关闭

图 2-70　显示效果

当实体填充模式关闭时,填充不可打印。但是,改变填充模式的设置并不影响显示具有线宽的对象。当改变实体填充后,在菜单栏选择【视图】→【重生成】命令,可以查看效果且新对象将自动反映新的设置。

②打开或关闭线宽显示

在模型空间或图纸空间中,为了提高的显示处理速度,可以关闭线宽显示。

单击状态栏上的【线宽】按钮或使用【线宽设置】对话框,可以切换线宽显示的开和关。如果要使 AutoCAD 的显示性能最优,则绘图时,可把线宽显示开关关闭。如图 2-71(a)、(b)所示分别为在图形线宽模式打开和关闭下的显示效果。

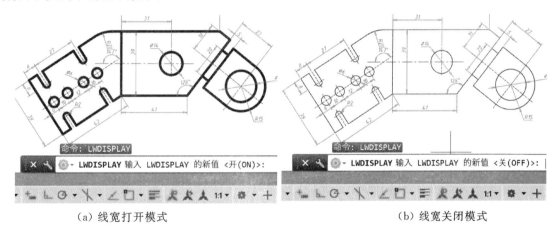

（a）线宽打开模式　　　　　　　　　　　（b）线宽关闭模式

图 2-71　线宽模式打开和关闭显示效果

③打开或关闭文字快速显示

在 AutoCAD 中,可以通过设置系统变量 QTEXT 打开【快速文字】模式或关闭文字显示。快速文字模式打开时,只显示定义文字的框架,如图 2-72 所示。如图 2-72(a)所示为关闭文字快速快速即"QTEXT=OFF"时的文字显示效果,如图 2-72(b)所示为打开文字快速快速即"QTEXT=ON"时的文字显示效果。

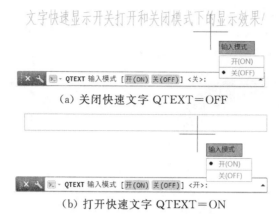

（a）关闭快速文字 QTEXT＝OFF

（b）打开快速文字 QTEXT＝ON

图 2-72　文字快速显示开关打开和关闭模式下的显示效果

（3）控制重叠对象的显示

通常情况下，重叠对象（例如文字、宽多段线和实体填充多边形）按其创建的次序显示：新创建的对象在现有对象的前面。

要改变对象的绘图次序，在菜单栏选择【工具】→【绘图次序】命令中的子命令（Draworder），命令启动后，选择需要改变次序的对象。此时，命令行显示如下信息。

输入对象排序选项［对象上(A)/对象下(U)/最前(F)/最后(B)］＜最后＞：

【对象上】选项：将选定对象移动到指定参照对象的上面。

【对象下】选项：将选定对象移动到指定参照对象的下面。

【最前】选项：将选定对象移动到图形中对象顺序的顶部。

【最后】选项：将选定对象移动到图形中对象顺序的底部。

更改多个对象的绘图顺序（显示和打印顺序）时，将保持选定对象之间的相对绘图顺序不变。

默认情况下，从现有对象创建新对象（如使用【Fillet】或【Pedit】命令）时，将为新对象指定首先选定的原始对象的绘图顺序。默认情况下，编辑对象（如使用【Move】或【Stretch】命令）时，该对象将显示在图形中所有其他对象的前面。完成编辑后，将重生成部分图形，以根据对象的正确绘图顺序显示对象。这可能会导致某些编辑操作耗时较长。

使用【DRAWORDERCTL】系统变量可以更改默认的绘图顺序设置。使用【TEXTTOFRONT】可以修改图形中所有文字和标注的绘图次序。

2.4.3　正交模式

正交模式（Ortho）将光标限制在水平或垂直方向，即绘制出与当前坐系的 X 轴或 Y 轴相平行的直线，并且受当前栅格的旋转角影响。正交如同手工绘图时的丁字尺一样，使绘制的直线处于水平和垂直方向，即可绘制水平或垂直直线。

1.正交模式

打开或关闭正交有以下几种方式。

⊙ 快捷键：按【F8】键打开或关闭正交模式。

⊙ 命令行：输入【Ortho/'ortho(用于透明使用)】命令。

⊙ 状态栏：在 AutoCAD 程序窗口的状态栏中单击【正交模式】按钮。

2.正交模式打开

当正交模式打开绘制直线，指定直线的起点后移动光标确定直线的另一端点时，预览的直线要么水平要么垂直，如图 2-73 所示。当单击鼠标左键最终确定另一端点后，绘制完成的直线则水平或垂直。

3.正交模式关闭

当正交模式关闭绘制直线,指定直线的起点后移动光标确定直线的另一端点时,预览的直线为起点和当前光标点的连线,如图 2-74 所示。当单击鼠标左键最终确定另一端点后,绘制完成的直线一般为起点和终点连接而成的倾斜线。

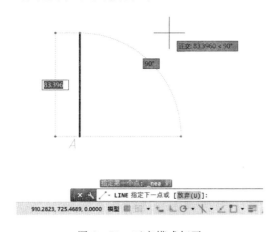

图 2-73　正交模式打开

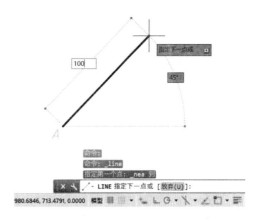

图 2-74　正交模式关闭

4.正交模式绘制的多条平行直线

利用正交模式可绘制若干相互平行的直线,以方便作图。

2.4.4　对象捕捉

1.对象捕捉

【对象捕捉】是当该功能打开时,把光标移到图形对象附近时,系统会自动捕捉到图形对象的、预先设置的、符合预设条件的几何特征点,并显示相应的捕捉标记提示符号。此功能能够迅速、准确地捕捉到某些几何特征点,从而达到精确地绘制图形。对象捕捉命令打开方式有以下几种。

⊙ 菜单栏:在菜单栏中选择【工具】→【绘图设置】→【对象捕捉】,如图 2-75、图 2-76 所示。

⊙ 状态栏:对象捕捉功能开关 ▢ 。

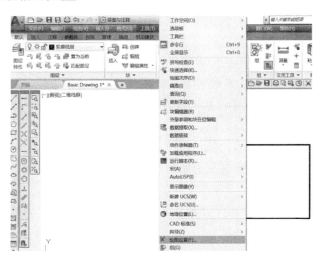

图 2-75　选择【绘图设置】菜单

⊙ 命令行:输入【Osnap】命令,打开【对象捕捉】对话框,如图 2-76 所示。

⊙ 功能键:【F3】,打开【对象捕捉】模式。

⊙ 快捷键:【Ctrl(或 Shife)+鼠标右键】,打开【对象捕捉】快捷菜单,如图 2-77 所示。

图 2-76　草图设置对话框　　　　　图 2-77　对象捕捉工具栏与快捷菜单

2. 对象捕捉类型

对象捕捉的类型主要有：

【端点】：缩写为"END"，用来捕捉对象（如圆弧或直线等）的端点。

【中点】：缩写为"MID"，用来捕捉对象的中间点（等分点）。

【交点】：缩写为"INT"，用来捕捉两个对象的交点。

【外观交点】：缩写为"APP"，用来捕捉两个对象延长或投影后的交点。即两个对象没有直接相交时，系统可自动计算其延长后的交点，或者空间异面直线在投影方向上的交点。

【延长线】：缩写为"EXT"，用来捕捉某个对象及其延长路径上的一点。此捕捉方式下，将光标移到某条直线或圆弧上时，将沿直线或圆弧路径方向上显示一条虚线，可在此虚线上选择一点。

【圆心】：缩写为"CEN"，用于捕捉圆或圆弧的圆心。

【象限点】：缩写为"QUA"，用于捕捉圆或圆弧上的象限点。象限点是圆上在 0°、90°、180°和 270°方向上的点。

【切点】：缩写为"TAN"，用于捕捉对象之间相切的点。

【垂足】：缩写为 PER，用于捕捉某指定点到另一个对象的垂点。

【平行】：缩写为"PAR"，用于捕捉与指定直线平行方向上的一点。创建直线并确定第一个端点后，可在此捕捉方式下将光标移到一条已有的直线对象上，该对象上将显示平行捕捉标记，然后移动光标到指定位置，屏幕上将显示一条与原直线相平行的虚线，用户可在此虚线上选择一点。

【节点】：缩写为"NOD"，用于捕捉点对象。

【插入】：缩写为"INS"，捕捉到块、形、文字、属性或属性定义等对象的插入点。

【最近点】：缩写为"NEA"，用于捕捉对象上距指定点最近的一点。

3. 对象捕捉模式

在 AutoCAD 2018 中，对象捕捉模式可分为自动捕捉模式和临时捕捉模式两种。

（1）自动捕捉模式

自动捕捉模式要求预先设置需要的对象捕捉类型。绘图时，打开对象捕捉模式，当光标移动到这些对象捕捉类型点时，系统会自动捕捉到预先设置的几何特征点。预先设置的对象捕捉类型模式始终处于运行状态。

启动自动捕捉模式，在【草图设置】对话框的【对象捕捉】选项卡中，在该选项卡中单击【启用对象捕捉】复选框，然后在【对象捕捉模式】选项组中选择所需的对象捕捉复选框，如图 2-78(a)所示。

或在状态栏的对象捕捉功能开关□上单击右键，弹出【对象捕捉】快捷菜单，选择【对象捕捉设置…】，也可打开【对象捕捉】选项卡,进行对象捕捉模式设置,如图 2-78(b)所示。

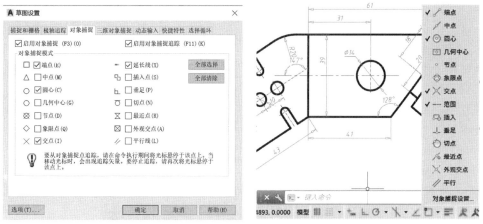

(a)对象捕捉设置　　　　　　(b)自动捕捉设置

图 2-78　对象捕捉设置

(2)临时捕捉模式

临时捕捉模式为一次性、临时的捕捉模式,仅对当前捕捉有效。启动临时捕捉的方式如下。

⊙ 在对象捕捉快捷菜单中选择相应命令。

⊙ 单击【对象捕捉】工具栏。

⊙ 在命令行提示下输入关键字(如 Mid、Cen 和 Qua 等)。

⊙ 同时按下【Ctrl(或 Shift)+鼠标右键】,此时系统弹出一个临时捕捉快捷菜单,如图 2-79 所示。

4.对象捕捉使用说明

⊙ 要使用任何一个对象捕捉前,需先启动一个命令,在命令启动后,才能进行捕捉。

⊙ 如果自动捕捉模式打开,每当正在执行的命令需要指定点时,AutoCAD 会自动捕捉指定模式的特征点,而不必输入模式的缩写字母。

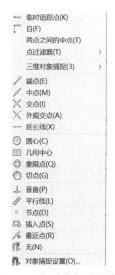

图 2-79　临时捕捉快捷菜单

2.4.5　自动追踪

【自动追踪】能够按指定的角度绘制图形对象,或绘制与其他对象有特定关系的图形对象。自动追踪功能分为对象捕捉追踪和极轴追踪两种。

1.对象捕捉追踪

对象捕捉追踪与对象捕捉功能配合使用。该功能可使光标从对象捕捉点开始,沿对齐路径进行跟踪,并找到需要的精确位置点。对齐路径是和对象捕捉点水平对齐、垂直对齐,或者按设置的极轴追踪角度对齐的方向。打开或关闭对象捕捉追踪有以下几种方式。

⊙ 状态栏:在 AutoCAD 程序窗口的状态栏中单击【对象捕捉跟踪】按钮,如图 2-80 所示。

⊙ 快捷键:按【F11】键,打开或关闭对象跟踪。

⊙ 命令行:输入【Dsettings/SE】命令,如图 2-81 所示。

图 2-80　对象捕捉跟踪开关

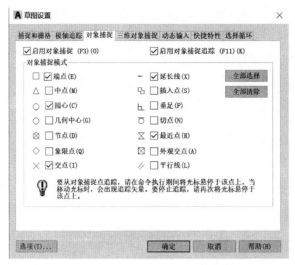

图 2-81　设置对象捕捉跟踪参数

2.极轴追踪

在使用极轴追踪时,需要按照一定的角度增量和极轴距离进行追踪。极轴追踪是以极轴坐标为基础,显示由指定的极轴角度所定义的临时对齐路径,然后按照指定的距离进行捕捉。在要求指定一个点时,按预先所设置的角度增量来显示一条无限延伸的辅助线,并沿辅助线跟踪到光标点,如图 2-82 所示为极轴跟踪开关。打开或关闭极轴追踪有以下几种方式。

⊙ 状态栏:在 AutoCAD 程序窗口的状态栏中单击【极轴跟踪】开关。

⊙ 快捷键:【F10】键打开或关闭极轴跟踪。

⊙ 命令行:输入【Dsettings/SE】命令。

在【草图设置】对话框中的【极轴跟踪】选项卡中可以设置极轴跟踪参数;也可在状态栏右键单击极轴跟踪按钮,将显示极轴角度快捷菜单,单击【正在跟踪设置】菜单,则可打开【草图设置】对话框,选择【极轴跟踪】选项卡,则可设置极轴跟踪参数,如图 2-83 所示。

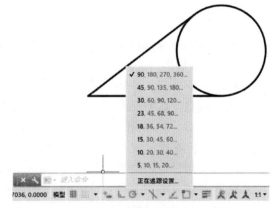

图 2-82　极轴跟踪开关

2.4.6　栅格功能

栅格控制指是否在当前视口中显示栅格以及栅格的间距。以约束光标按指定的间距移动,通过此命令可以将定点设备输入的点与捕捉栅格对齐。可以旋转捕捉栅格,设置不同的 X 和 Y 间距,或者选择等轴测模式的捕捉栅格。

1.命令打开方式

打开和关闭【栅格】功能有以下几种方式。

⊙ 菜单栏:在菜单栏选择【工具】→【绘图设置】→【草图设置】对话框→【捕捉和栅格】选项卡,选中【启用栅格】。

⊙ 状态栏:在状态栏单击【栅格模式】按钮。

⊙ 命令行:输入【Grid】命令。

图 2-83　设置极轴跟踪参数

⊙ 快捷键:【F7】。

2.设置栅格参数

在菜单栏选择【工具】→【绘图设置】→【草图设置】对话框→【捕捉和栅格】选项卡,如图 2-84 所示,选择【启用栅格】复选框,则启用栅格功能。其中各选项含义如下。

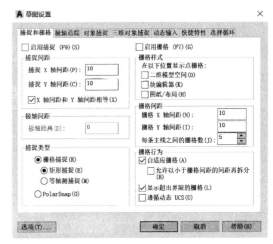

图 2-84　栅格设置

【启用栅格】复选框:打开和关闭栅格模式。

【栅格间距】选项组:指定栅格间距。

【栅格 X/Y 轴间距】:设置栅格间距值。指定一个值然后输入 X 可将栅格间距设置为栅格间距的指定倍数。

说明:栅格仅用于视觉参考,它既不能被打印,也不被认为是图形的一部分;当前捕捉样式为"等轴测捕捉"时,"纵横向间距"选项不可用。

3.使用栅格命令

在 AutoCAD 中,栅格命令启动后,命令行提示信息主要如下。

"指定栅格间距(X)或[开(ON)/关(OFF)/捕捉(S)/主栅格线(M)/自适应(A)/Limits/跟随(F)/纵横向间距(A)]<当前>:指定值或输入选项"。

各项含义如下。

【栅格间距(X)】:设置栅格间距的值。在值后面输入 X 可将栅格间距设置为按捕捉间距增加的指定值。

【开】:打开使用当前间距的栅格。

【关】:关闭栅格。

【捕捉】:将栅格间距设置为由 SNAP 命令指定的捕捉间距。

【主栅格线】:指定主栅格线与次栅格线比较的频率。将以除二维线框之外的任意视觉样式显示栅格线而非栅格点。

【自适应】:控制放大或缩小时栅格线的密度。限制缩小时栅格线或栅格点的密度。该设置也由 GRIDDISPLAY 系统变量控制。如果打开,则放大时将生成其他间距更小的栅格线或栅格点。这些栅格线的频率由主栅格线的频率确定。

【图形界限】:显示超出 LIMITS 命令指定区域的栅格。

【跟随】:更改栅格平面以跟随动态 UCS 的 XY 平面。该设置由 GRIDDISPLAY 系统变量控制。

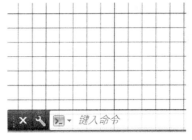

图 2-85　栅格设置效果

【纵横向间距】:更改 X 和 Y 方向上的栅格间距。当前捕捉样式为"等轴测"时,"宽高比"选项不可用。

在设置好栅格开关和栅格各种参数后,绘图区显示的格式线如图 2-85 所示。

2.4.7　捕捉功能

捕捉指设定光标按指定的间距移动。通过此命令可将定点设备输入的点与捕捉栅格对齐。可以旋转捕捉栅格,设置不同的 X 和 Y 间距,或者选择等轴测模式的捕捉栅格。

1.命令打开方式

打开和关闭【捕捉】功能有以下几种方式。

⊙ 菜单栏:在菜单栏选择【工具】→【绘图设置】→【草图设置】对话框→【捕捉和栅格】,选择【启用捕捉】。

⊙ 状态栏:在状态栏单击【捕捉模式】按钮。

⊙ 命令行:输入【Snap】命令,运行命令。

⊙ 命令行：输入【Dsettings/SE】命令，打开【草图设置】对话框，如图 2-86 所示。

⊙ 命令行：输入【DDRmodes】命令，可用于设定捕捉间距及控制其开关。

⊙ 快捷键：【F9】键打开或关闭捕捉。

图 2-86　捕捉设置

2. 设置捕捉参数

在菜单栏选择【工具】→【绘图设置】→【草图设置】对话框→【捕捉和栅格】选项卡，选择【启用捕捉】复选框，则启用捕捉功能。其中各选项含义如下。

【启用捕捉】复选框：打开和关闭捕捉模式。

【捕捉间距】选项组：指定捕捉间距。

【捕捉 X/Y 轴间距】：为捕捉指定 X 和 Y 轴间距。如果当前捕捉模式为"等轴测"，不能使用该选项。

说明：① 栅格只控制定点设备（鼠标）指定点位置，不影响键盘输入点坐标和捕捉到的特征点。② 捕捉栅格是不可见的，使用与 SNAP 关联的 GRID 可以显示捕捉栅格点。为此，两栅格的间距要设置为相同或相关的值。

3. 使用捕捉命令

在 AutoCAD 中，在命令行启动捕捉的命令为【Snap】，其命令提示主要信息如下。

"指定捕捉间距或［开(ON)/关(OFF)/纵横向间距(A)/旋转(R)/样式(S)/类型(T)]＜10.0000＞:"。

各选项含义如下。

【指定捕捉间距】：设置捕捉间距。

【开(ON)】：打开捕捉（与按【F9】键或【Ctrl＋G】组合键类似）。

【关(OFF)】：关闭捕捉（再次按【F9】键）。

【纵横向间距(A)】：设置捕捉水平及垂直间距，用于设定不规则的捕捉。

【旋转(R)】：提示用户指定一个角度和基点，用户可以绕该点旋转捕捉方向（由十字光标指示）。

【样式(S)】：指定"捕捉"栅格的样式为标准或等轴测。其中，常用的捕捉格式是标准样式，等轴测模式用于绘制三维图形。

【类型(T)】：指定捕捉类型。若使用"极轴"类型选项，可设置捕捉为在 POLARANG 系统变量中设定的极追踪角度；若使用"栅格"类型选项，即设置为按栅格捕捉。

如图 2-87 所示，首先打开栅格开关及捕捉功能，当启动划线命令后，命令提示行要求输入点的位置信息。此时，在定位点时，光标只能停驻在栅格线的交点处，从而实现点的位置的捕捉。

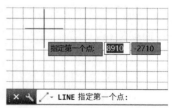

图 2-87　使用捕捉

第3章 绘制基本二维图形

3.1 绘 制 点

点是绘图的基础,点构成线,线构成面,面构成体。在 AutoCAD 2018 中,点可以作为绘制复杂图形的辅助点使用,可以作为某项标识使用,也可以作为直线、圆、矩形、圆弧、椭圆的相应特征的划分点使用。

3.1.1 设置点样式

1.概述

绘制点之前首先要设置点的样式,CAD 默认的点的样式是一个像素点大小,在图形中很难辨别,所以更改点的样式,有利于观察点在图形中的位置。

2.【点样式】设置启动

在 AutoCAD 2018 中,调用【点样式】的命令通常有以下方法:

⊙ 选项板:在默认【选项卡面板】中单击【实用工具】→【点样式】命令 点样式。

⊙ 菜单栏:在菜单栏中选择【格式】→【点样式】菜单命令。

⊙ 命令行:输入【Ddptype/Ptype】命令并按空格键。

如图 3-1 所示为打开的【点样式】对话框,中文版 AutoCAD 2018 提供了 20 种点的样式,可以根据绘图需要任意选择一种点样式。

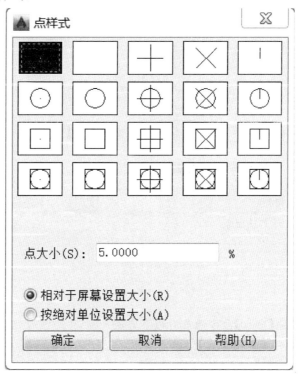

图 3-1 【点样式】对话框

3.【点样式】对话框选项说明

【点大小】文本框:用于设置点在屏幕中显示的大小比例。

【相对于屏幕设置大小】单选按钮:选中此单选按钮,点的大小比例将相对于计算机屏幕,不随图形的缩放而改变。

【按绝对单位设置大小】单选按钮:选中此单选按钮,点的大小表示点的绝对尺寸,当对图形进行缩放时,点的大小也随之变化。

3.1.2 绘制单点与多点

一、绘制单点

1.概述

单点与多点的区别在于,单点在执行一次命令的情况下只能绘制一个点,而多点却可以在执行一次命令的情况下连续绘制多个点。

2.【单点】命令启动

在 AutoCAD 2018 中调用【单点】命令通常有以下方法:

⊙ 菜单栏:选择【绘图】→【点】→【单点】菜单命令。

⊙ 命令行:在命令行中输入【Point/Po】命令并按空格键。

3.操作简述

通过【点样式】对话框设置选择需要的点样式,如图 3-2(a)所示,然后启动【单点】命令,命令行将出现"指定点"的提示,如图 3-2(b)所示,用户在绘图区域单击鼠标左键确定点的位置,即可创建一个相应点,绘制点如图 3-2(c)所示。

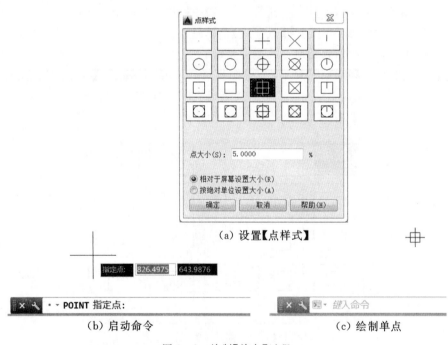

(a) 设置【点样式】

(b) 启动命令　　　　　　　　(c) 绘制单点

图 3-2　绘制【单点】过程

二、绘制多点

1.【多点】命令启动

在 AutoCAD 2018 中调用【多点】命令通常有以下方法:

⊙ 菜单栏:选择【绘图】→【点】→【多点】菜单命令。

⊙ 选项板:单击【默认】→【绘图】→【多点】按钮。

2.操作简述

执行【多点】命令后,命令行将出现"指定点"的提示,用户在绘图区域连续单击鼠标左键确定点的位置,即可创建多个相应点,可按【Esc】键可终止多点命令,如图 3-3 所示。

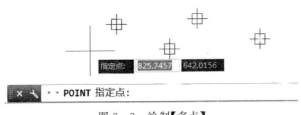

图 3-3 绘制【多点】

3.1.3 绘制定数等分点

1. 概述

定数等分点可以将等分对象的长度或周长等间隔排列，所生成的点通常被用作对象捕捉点或某种标识使用的辅助点。

2.【定数等分】命令启动

在 AutoCAD 2018 中调用【定数等分】点命令通常有以下方法：

⊙ 选项板：单击默认【选项卡面板】→【绘图】→【定数等分】按钮 ⚃。

⊙ 菜单栏：选择【绘图】→【点】→【定数等分】菜单命令。

⊙ 命令行：在命令行中输入【Divide/Div】命令并按空格键。

3. 操作简述

参照【直线】的绘制方式，在绘图区域绘制一条长度为 60 的直线，如图 3-4(a)所示。参照【点样式】设置过程，选择一定的【点样式】，如图 3-4(b)所示。启动【定数等分】命令，根据命令行提示，选择直线，如图 3-4(c)所示，输入等分的数量，例如"8"，如图 3-4(d)所示。这样将直线分为 8 等份，结果如图 3-4(e)所示。

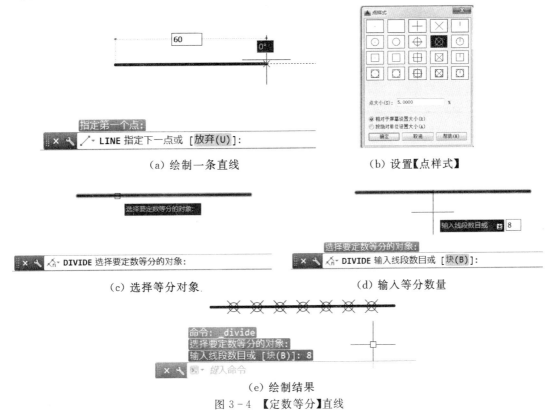

（a）绘制一条直线 （b）设置【点样式】

（c）选择等分对象 （d）输入等分数量

（e）绘制结果

图 3-4 【定数等分】直线

其中线段数目即为将当前所选对象等分的份数。相对于闭合图形（比如圆），如图 3-5 所示。等分点数和等分段数相等，相对于开放图形，等分点数为等分段数 n 减去 1，如图 3-4(e)所示。

等分数目范围为 2～32767。

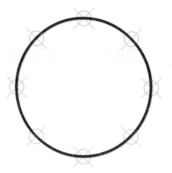

图 3-5 【定数等分】闭合图形

3.1.4 绘制定距等分点

1.概述

通过定距等分可以从选定对象的一个端点划分出相等的长度。对直线、样条曲线等非闭合图形进行定距等分时要注意光标点选对象的位置,此位置即为定距等分的起始位置。

2.【定距等分】命令启动

在 AutoCAD 2018 中调用【定距等分】点命令通常有以下方法:

⊙ 选项板:单击默认【选项卡面板】→【绘图】→【定距等分】按钮 。

⊙ 菜单栏:选择【绘图】→【点】→【定距等分】菜单命令。

⊙ 命令行:在命令行中输入【Measure/Me】命令并按空格键。

3.操作简述

参照【直线】的绘制方式,在绘图区域绘制一条长度为 60 的直线,如图 3-6(a)所示。参照【点样式】设置过程,选择一定的【点样式】,如图 3-6(b)所示。启动【定距等分】命令,根据命令行提示,选择直线,如图 3-6(c)所示,指定等分线段的长度,例如"13",如图 3-6(d)所示。这样将直线从选择时点击的一

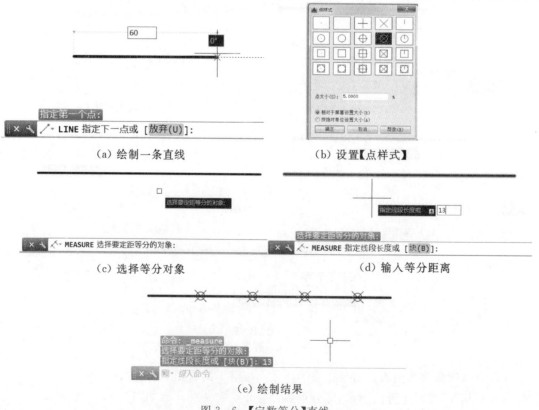

图 3-6 【定数等分】直线

端开始每隔 13 绘制一个点,结果如图 3-6(e)所示。

定距等分与光标点选等分对象时选择的位置有关,等分是从选择的一端开始等分的,所以当不能完全按输入的距离进行等分时,最后一段的距离会小于等分距离。

3.2 绘制直线、构造线和射线

3.2.1 绘制直线

1.概述

在数学概念中,直线是可以无限延伸的线段,而有一定长度的直线称之为线段,在 AutoCAD 中,直线就是数学中所指的线段。在 AutoCAD 中使用【直线】命令,可以创建一系列连续的线段,在一个由多条线段连接而成的简单图形中,每条线段都是一个单独的直线对象。

2.【直线】命令启动

在 AutoCAD 2018 中调用【直线】命令通常有以下方法:

⊙ 选项板:单击默认【选项卡面板】→【绘图】→【直线】按钮 ╱。

⊙ 菜单栏:选择【绘图】→【直线】菜单命令。

⊙ 命令行:在命令行中输入【Line/L】命令并按空格键。

3.操作简述

AutoCAD 中默认的直线绘制方法是两点绘制,即确定任意两点即可绘制一条直线。具体操作步骤如下。

① 新建一个图形文件".dwg"格式。

② 启动【直线】命令,根据命令行提示,在绘图区域任意位置点击鼠标左键,确定直线的第一个端点,如图 3-7(a)所示。在另一个位置点击鼠标左键,确定第二个点,如图 3-7(b)所示。依次绘制。如果要结束绘制,直接按空格或者回车即可;也可以点击鼠标右键,选择"确认"或"取消",即完成折线图形的绘制,如图 3-7(c)所示。

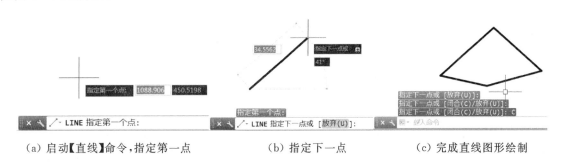

(a)启动【直线】命令,指定第一点　　　(b)指定下一点　　　(c)完成直线图形绘制

图 3-7 绘制【直线】

③ 命令行中各选项含义如下:

【闭合(C)】:绘制两条或两条以上的直线段后,系统自动连接本次直线命令下的起始点和最后一个端点,从而绘出封闭的图形,如图 3-7(c)所示。

【放弃(U)】:删除最近一次绘制的直线段。

4.其他绘制方法

除了通过连接两点绘制直线外,还可以通过绝对坐标、相对直角坐标、相对极坐标等方法来绘制直线。具体方法见下。

(1)通过输入绝对坐标绘制【直线】操作简述

启动【直线】命令,根据命令行提示,输入直线的第一个端点的绝对坐标(50,50),如图 3-8(a)所示。在命令行依次输入第二点、第三点、……的绝对坐标(50,100)、(100,50)、……,如图 3-8(b)、(c)所示。如果要结束绘制,直接按空格或者回车即可;也可以点击鼠标右键,选择"确认"或"取消",即完成折线图形的绘制,或者在命令行选择【闭合】,形成封闭的图形,如图 3-8(d)、(e)所示。

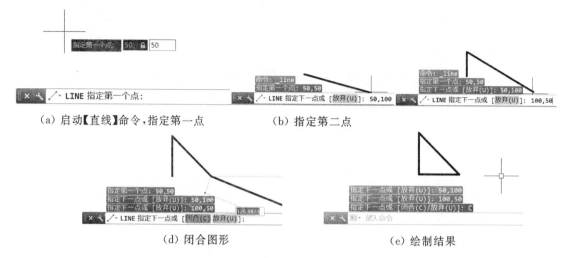

（a）启动【直线】命令,指定第一点　　　　（b）指定第二点

（d）闭合图形　　　　　　　　　　（e）绘制结果

图 3-8　通过绝对坐标绘制【直线】

（2）通过输入相对直角坐标绘制【直线】操作简述

启动【直线】命令,根据命令行提示,在绘图区域任意位置点击鼠标左键确定直线的第一个端点,如图 3-9(a)所示。在命令行依次输入第二点、第三点、……的相对坐标(@0,50)、(@50,-50)、……,如图 3-9(b)、(c)所示。如果要结束绘制,直接按空格或者回车即可;也可以点击鼠标右键,选择"确认"或"取消",即完成折线图形的绘制,或者在命令行选择【闭合】,形成封闭的图形,如图 3-9(d)、(e)所示。

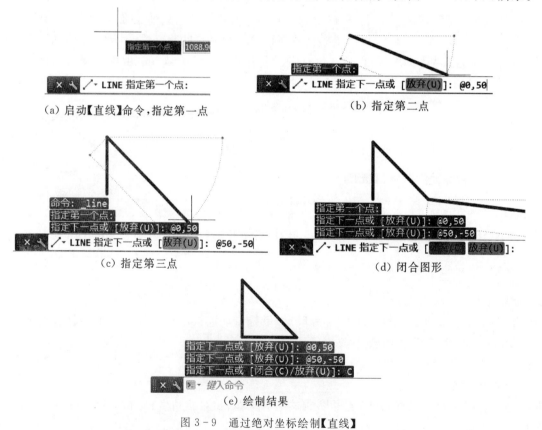

（a）启动【直线】命令,指定第一点　　　　（b）指定第二点

（c）指定第三点　　　　　　　　　　（d）闭合图形

（e）绘制结果

图 3-9　通过绝对坐标绘制【直线】

（3）通过输入相对极坐标绘制【直线】操作简述

启动【直线】命令,根据命令行提示,在绘图区域任意位置点击鼠标左键确定直线的第一个端点,如图 3-10(a)所示。在命令行依次输入第二点、第三点、……的相对坐标(@50<180)、(@50<90)、……,如

图 3-10(b)、(c)所示。如果要结束绘制,直接按空格或者回车即可;也可以点击鼠标右键,选择"确认"或"取消",即完成折线图形的绘制,或者在命令行选择【闭合】,形成封闭的图形,如图 3-10(d)、(e)所示。

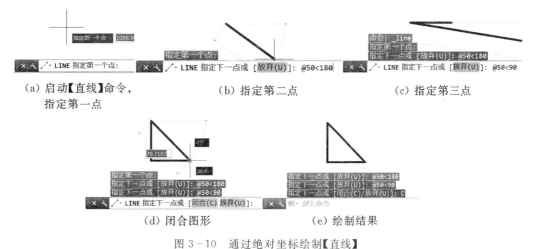

(a) 启动【直线】命令,
指定第一点

(b) 指定第二点

(c) 指定第三点

(d) 闭合图形

(e) 绘制结果

图 3-10 通过绝对坐标绘制【直线】

5. 动态输入和命令行输入的区别

⊙ 在动态输入框中输入坐标与命令行有所不同,如果是之前没有定位任何一个点,输入的坐标是绝对坐标;当定位下一个点时默认输入的就是相对坐标,无需在坐标值前添加"@"符号。

⊙ 如果想在动态输入框中输入绝对坐标,反而需要先输入一个"#"号。例如,输入"#20,30",就相当于在命令行中直接输入"20,30",输入"#20<45",就相当于在命令行中输入"20<45"。

需要注意的是,由于 AutoCAD 2018 可以通过鼠标确定方向后,直接输入距离,然后按下 Enter 键确定下一点坐标,如果在输入"#20"后按【Enter】键和输入"20"后直接按【Enter】键没有任何区别,只是将点定位到沿光标方向距离上一点 20 的位置。

6. 技巧

⊙ 如果想通过绝对坐标来定位点,还可以关闭"动态输入",即可直接在命令行中输入绝对坐标。

⊙ 在"指定下一点"提示下,用户可以指定多个端点,从而绘制出多条直线段。但是,每一段直线都是一个独立的对象,可以进行单独的编辑操作。

⊙ 若设置为正交模式(单击状态栏中的"正交模式"按钮),只能绘制水平线段或垂直线段。

⊙ 若设置动态数据输入方式(单击状态栏中的"动态输入"按钮),则可以动态输入坐标或长度值,效果与非动态数据输入方式类似。

⊙ 由直线组成的图形,每条线段都是独立的对象,可对每条直线段进行单独编辑。

⊙ 在结束"直线"命令后,再次执行"直线"命令,根据命令行提示,直接按一次【Enter】键或者空格键,则重新启动绘制直线命令;连续按两次【Enter】键或者空格键,则以上次最后绘制的线段的终点作为当前段的起点。

⊙ 在命令行中输入三维点的坐标,则可以绘制三维直线段。

3.2.2 绘制构造线

1. 概述

构造线是两端无限延伸的直线,可以用来作为创建其他对象时的参考线,用于模拟手工作图中的辅助作图线。构造线用特殊的线型绘制,单独放在一个图层,在图形输出时可以关闭构造线所在的图层。应用构造线可作为绘制三视图的辅助线,可以保证三视图之间"主、俯视图长对正,主、左视图高平齐,俯、左视图宽相等"的对应关系。如图 3-11 所示为应用构造线作为辅助线绘制三视图的示例,其中细线为构造线,粗线为三视图轮廓线。

构造线和射线通常作为辅助线使用,也可以通过修剪使其成为固定长度的直线段或中心线。

在执行一次【构造线】命令时,可以连续绘制多条通过一个公共点的构造线。

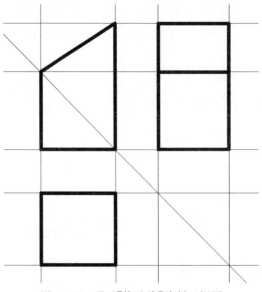

图 3-11　通过【构造线】绘制三视图

2.【构造线】命令启动

在 AutoCAD 2018 中调用【构造线】命令通常有以下方法：

⊙ 选项板：单击【选项卡面板】→【绘图】→【构造线】按钮 ╱ 。

⊙ 菜单栏：选择【绘图】→【构造线】菜单命令。

⊙ 命令行：在命令行中输入【Xline/Xl】命令并按空格键。

3.操作简述

启动【构造线】命令，根据命令行提示，在绘图区域任意位置点击鼠标左键确定构造线的中点，如图 3-12(a)所示。在绘图区域另外一点点击鼠标左键确定出第一条构造线的方向，如图 3-12(b)所示。同样的方式可确定第二条、第三条构造线的方向，如图 3-12(c)所示。如果要结束绘制，直接按空格或者回

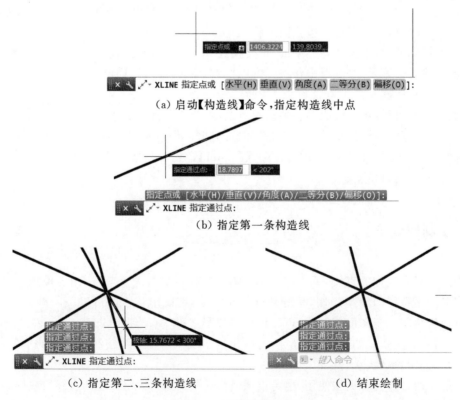

（a）启动【构造线】命令，指定构造线中点

（b）指定第一条构造线

（c）指定第二、三条构造线　　　　　　　　（d）结束绘制

图 3-12　绘制【构造线】

车即可;也可以点击鼠标右键,选择"确认"或"取消",如图 3 - 12(d)所示。

4.命令行中各选项含义

【水平(H)】:绘制通过指定点的水平构造线。如图 3 - 13 所示。

【垂直(V)】:绘制通过指定点的竖直构造线。如图 3 - 14 所示。

图 3 - 13　绘制水平【构造线】　　　　图 3 - 14　绘制竖直【构造线】

【角度(A)】:绘制沿指定方向或与指定直线之间的夹角为指定角度的构造线。如图 3 - 15 所示。

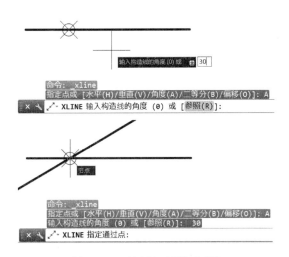

图 3 - 15　绘制角度【构造线】

【二等分(B)】:绘制平分由指定三点所确定的角的角平分构造线。如图 3 - 16 所示。

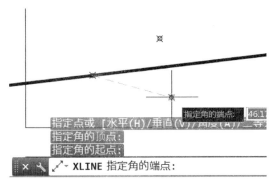

图 3 - 16　绘制二等分【构造线】

【偏移(O)】:绘制与指定直线平行的构造线。如图 3 - 17 所示。

5.其他说明

构造线没有端点,但是构造线有中点,绘制构造线时,指定的第一点就是构造线的中点。

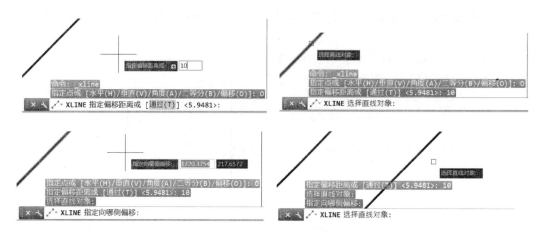

图 3-17　绘制平行【构造线】

3.2.3　绘制射线

1.概述

射线是一端固定,另一端无限延伸的直线。使用【射线】命令,可以创建一系列始于一点并继续无限延伸的直线。

2.【射线】命令启动

在 AutoCAD 2018 中调用【射线】命令通常有以下方法:

⊙ 选项板:单击认【选项卡面板】→【绘图】→【射线】按钮 ╱ 。

⊙ 菜单栏:选择【绘图】→【射线】菜单命令。

⊙ 命令行:在命令行中输入【Ray】命令并按空格键。

3.操作简述

启动【射线】命令,根据命令行提示,在绘图区域任意位置点击鼠标左键确定射线的端点,如图 3-18(a)所示。在绘图区域另外一点点击鼠标左键确定出第一条射线的方向,如图 3-18(b)所示。同样的方式可确定第二条、第三条射线的方向,如图 3-18(c)所示。如果要结束绘制,直接按空格或者回车即可;也可以点击鼠标右键,选择"确认"或"取消",如图 3-18(d)所示。

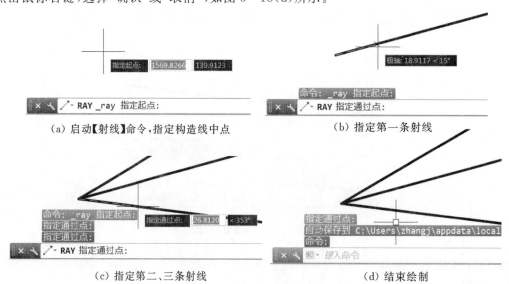

(a) 启动【射线】命令,指定构造线中点　　　　(b) 指定第一条射线

(c) 指定第二、三条射线　　　　　　　　　(d) 结束绘制

图 3-18　绘制【射线】

4.其他说明

射线有端点,但是射线没有中点,绘制射线时,指定的第一点就是射线的端点。

3.3　绘制多段线

3.2.1　绘制多段线

1. 概述

在 AutoCAD 2018 中多段线提供单条直线或单条圆弧所不具备的功能。多段线是作为单个对象创建的相互连接的线段组合图形。该组合线段作为一个整体,可以由直线段、弧线段或两者的组合线段组成,并且可以是任意开放或封闭的图形。

2. 绘制【多段线】命令启动

在 AutoCAD 2018 中调用【多段线】命令通常有以下方法:

⊙ 选项板:单击【选项卡面板】→【绘图】→【多段线】按钮 ⌐。

⊙ 菜单栏:选择【绘图】→【多段线】菜单命令。

⊙ 命令行:在命令行中输入【Pline/Pl】命令并按空格键确认。

3. 操作简述

下面举例绘制如图 3-19 所示的多段线图形。

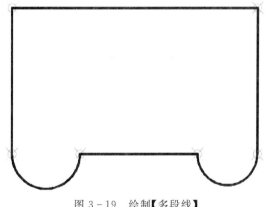

图 3-19　绘制【多段线】

具体操作步骤如下。

①新建一个图形文件".dwg"格式。

②参照【点】绘制的方法,绘制六个点,如图 3-20 所示:

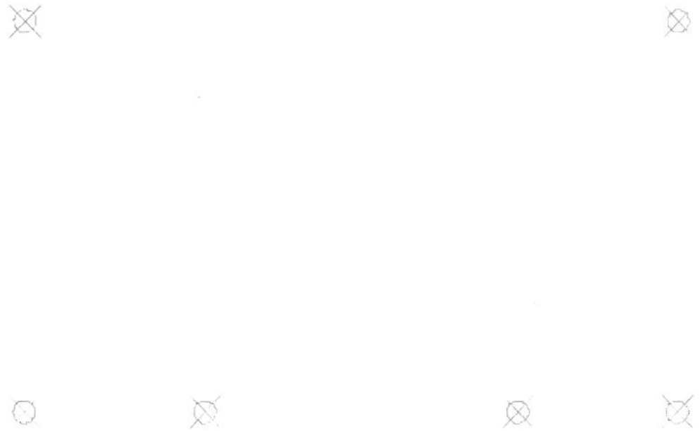

图 3-20　绘制【点】

③启动【多段线】命令,根据命令行提示,选择左上角点为多段线的第一个端点,如图 3-21(a)所示。向右依次选择第二个点和向下选择第三个点,如图 3-21(b)所示。

如果绘制圆弧,则根据命令行提示进行如下操作,如图 3-21(c)所示。

⊙ 指定下一点或【圆弧(A)/闭合(C)/半宽(H)/长度(L)/放弃(U)/宽度(W)】:a ,【Enter】。

⊙ 指定圆弧的端点或【角度(A)/圆心(CE)/闭合(CL)/方向(D)/半宽(H)/直线(L)/半径(R)/第二

个点(S)/放弃(U)/宽度(W)】://捕捉下一个节点作为圆弧的端点。

若要绘制直线,则在命令行输入"L",并按空格键确认。再捕捉下一个节点,如图 3－21(d)所示。

继续绘制第二段圆弧时,需根据命令行提示进行如下操作,如图 3－21(e)所示。

⊙ 指定下一点或【圆弧(A)/闭合(C)/半宽(H)/长度(L)/放弃(U)/宽度(W)】:a ,【Enter】。

⊙ 指定圆弧的端点或【角度(A)/圆心(CE)/闭合(CL)/方向(D)/半宽(H)/直线(L)/半径(R)/第二
    个点(S)/放弃(U)/宽度(W)】:a,【Enter】。

⊙ 指定包含角:－180,【Enter】。

最后用直线闭合图形,根据命令行提示进行如下操作,如图 3－21(f)所示。

⊙ 指定圆弧的端点或【角度(A)/圆心(CE)/闭合(CL)/方向(D)/半宽(H)/直线(L)/半径(R)/第二
    个点(S)/放弃(U)/宽度(W)】:l,【Enter】。

⊙ 指定下一点或【圆弧(A)/闭合(C)/半宽(H)/长度(L)/放弃(U)/宽度(W)】:C 【Enter】。

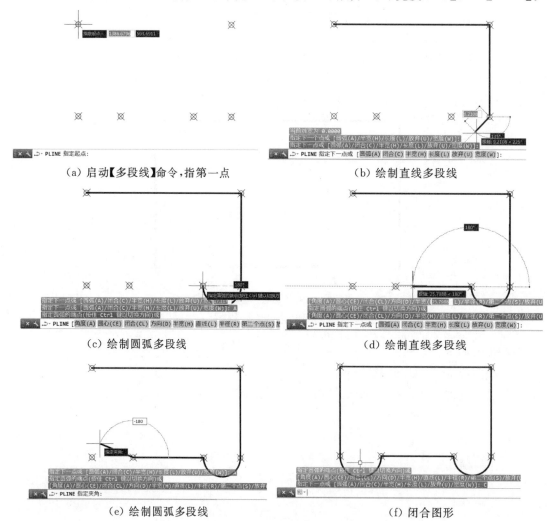

(a) 启动【多段线】命令,指第一点　　　　　　(b) 绘制直线多段线

(c) 绘制圆弧多段线　　　　　　　　　　　(d) 绘制直线多段线

(e) 绘制圆弧多段线　　　　　　　　　　　(f) 闭合图形

图 3－21　绘制【多段线】

4. 选项含义

(1)在执行绘制多段线命令之后,命令行中各选项含义如下:

【圆弧(A)】:将圆弧添加到多段线中。

【闭合(C)】:从指定的最后一点到起点绘制直线段,从而创建闭合的多段线。必须至少指定两个点才能使用该选项。

【半宽(H)】:指定从多段线线段的中心到其一边的宽度。

【长度(L)】:在与上一线段相同的角度方向上绘制指定长度的直线段。如果上一线段是圆弧,将绘制与该圆弧段相切的新直线段。

【放弃(U)】：删除最近一次添加到多段线上的直线段。

【宽度(W)】：指定下一条线段的宽度。

(2)当在命令行输入"A"，开始绘制圆弧时，AutoCAD命令行出现如下提示：

指定圆弧的端点或【角度(A)/圆心(CE)/闭合(CL)/方向(D)/半宽(H)/直线(L)/半径(R)/第二个点(S)/放弃(U)/宽度(W)】。

命令行中各选项含义如下：

【角度(A)】：指定圆弧段从起点开始的包含角。

【圆心(CE)】：指定圆弧段的圆心。

【闭合(CL)】：从指定的最后一点到起点绘制圆弧段，从而创建闭合的多段线。必须至少指定两个点才能使用该选项。

【方向(D)】：指定圆弧段的起始方向。

【半宽(H)】：指定从多段线线段的中心到其一边的宽度。

【直线(L)】：退出"圆弧"选项并返回 PLINE 命令提示。

【半径(R)】：指定圆弧段的半径。

【第二个点(S)】：指定三点圆弧的第二点和端点。

【放弃(U)】：删除最近一次添加到多段线上的圆弧段。

【宽度(W)】：指定下一条圆弧段的宽度。

3.3.2　编辑多段线

1.概述

对于现有的多段线，当形状、控制点等不满足图形要求时，可以通过闭合或打开多段线以及移动、添加或删除单个顶点来修正。编辑的过程中，可以将直线、圆弧等转化为多段线，可以在任何两个顶点之间拉直多段线段，也可以切换非实线线型的显示方式，即是否生成经过多段线顶点的连续图案线型。同时既可以为整个多段线设置统一的宽度，也可以分别控制各个线段的宽度。另外，还可以通过多段线创建线型近似样条曲线。

2.编辑【多段线】命令启动

在 AutoCAD 2018 中执行【编辑多段线】命令通常有以下方法：

⊙选项板：单击【选项卡面板】→【绘图】→【多段线】按钮 ⊿ 。

⊙菜单栏：选择【修改】→【对象】→【多段线】菜单命令。

⊙命令行：在命令行中输入【Pedit/Pe】命令并按空格键确认。

3.操作简述

下面举例编辑多段线的操作过程。具体操作步骤如下。

①新建一个图形文件".dwg"格式。

②参照【直线】、【圆弧】绘制的方法，绘制如图 3-22 所示图形。

图 3-22　绘制分段直线和圆弧

③通过【编辑多段线】命令合并图形中的直线和圆弧。在命令行输入【Pe】命令并按空格键，命令行提示如下：

⊙ 选择多段线或【多条(M)】：m 【Enter】　//选择多个对象的方式。

⊙ 选择对象：找到 2 个　//选择直线和圆弧，然后按【Enter】键确认。

⊙ 输入选项【闭合(C)/打开(O)/合并(J)/宽度(W)/拟合(F)/样条曲线(S)/非曲线化(D)/线型生成(L)/放弃(U)】:j【Enter】//选择合并对象方式。

⊙ 输入模糊距离或【合并类型(J)】<0>:10【Enter】//输入模糊距离值,即允许两段多段线之间的最大间隙。

⊙ 输入选项【闭合(C)/打开(O)/合并(J)/宽度(W)/拟合(F)/样条曲线(S)/非曲线化(D)/线型生成(L)/放弃(U)】:【Enter】//回车结束命令,将首尾不相连的两个图形合并为一条多段线。

操作过程如图3-23所示。

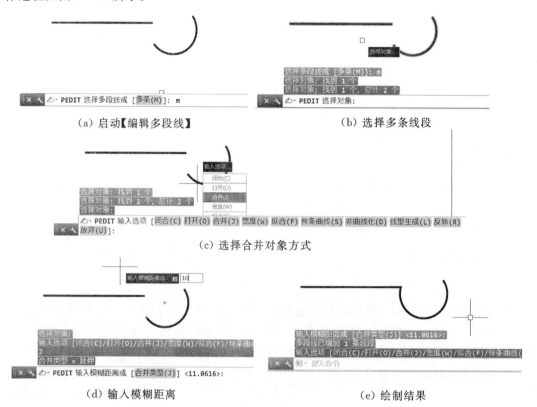

(a) 启动【编辑多段线】　　　　(b) 选择多条线段

(c) 选择合并对象方式

(d) 输入模糊距离　　　　　　(e) 绘制结果

图3-23　编辑多段线

4.选项含义

在执行【编辑多段线】命令之后,命令行中各选项含义如下:

【闭合(C)】:将被编辑的多段线首尾闭合。当多段线开放时,系统提示含此项。

【打开(O)】:将被编辑的闭合多段线变成开放的多段线。当多段线闭合时,系统提示含此项。

【合并(J)】:将直线、圆弧和样条曲线合并为一条多段线,它们之间可以有间隙。

【宽度(W)】:指定整个多段线的新的统一宽度。

【编辑顶点(E)】:对构成多段线的各个顶点进行编辑,从而进行顶点的插入、删除、改变切线方向、移动等操作。

【拟合(F)】:用圆弧来拟合多段线,该曲线通过多段线的所有顶点,并使用指定的切线方向。

【样条曲线(S)】:使用选定多段线的顶点作为近似B样条曲线的曲线控制点或控制框架,从而生成样条曲线。

【非曲线化(D)】:删除由拟合或样条曲线插入的其他顶点,并拉直所有多段线线段。

【线型生成(L)】:生成经过多段线顶点的连续图案的线型。

【反转(R)】:通过反转方向来更改指定给多段线的线型中的文字的方向。

【放弃(U)】:删除最近一次的编辑。

3.4　绘制多线

3.4.1　定义多线样式

1.概述

多线是一种复合线,由连续的直线段复合组成。多线的一个突出优点是能够提高绘图效率,保证图线之间的统一性。在 AutoCAD 2018 中,使用多线命令可以很方便地创建多条平行线,多线一般用于电子线路,在建筑设计和室内装潢设计中建筑墙体的绘制等。

2.定义多线样式

在使用"多线"命令之前,可对多线的数量和每条单线的偏移距离、颜色、线型和背景填充等特性进行设置。设置多线是通过【多线样式】对话框来进行的。

3.【多线样式】设置启动

在 AutoCAD 2018 中,调用【多线样式】的对话框通常有以下方法:

⊙ 菜单栏:在菜单栏中选择【格式】→【多线样式】菜单命令。

⊙ 命令行:在命令行输入【Mlstyle】命令并按空格键确认。

4.操作简述

下面将对多线样式进行设置,具体操作步骤如下。

⊙ 选择【格式】→【多线样式】菜单命令,弹出【多线样式】对话框,如图 3-24 所示。

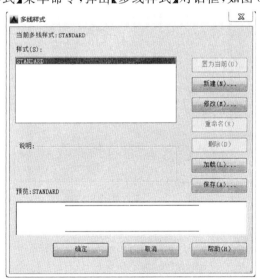

图 3-24　【多线样式】对话框

⊙ 单击【新建】按钮,弹出【创建新的多线样式】对话框,输入样式名称,例如"240 墙",如图 3-25 所示。

图 3-25　创建新多线样式对话框

⊙ 单击【继续】按钮,弹出【新建多线样式:240 墙】对话框,如图 3-26 所示 ,在该对话框中可设置多线是否封口,多线角度及填充颜色等。

图 3-26　创建新多线样式对话框

⊙ 设置新建多线样式的封口为直线形式。完成后单击【确定】按钮即可,系统会自动返回【多线样式】对话框,此时可以看到多线呈封口样式。

⊙ 选择新建的多线样式,并单击【置为当前】按钮如图 3-27 所示,可以将新建的多线样式置为当前。

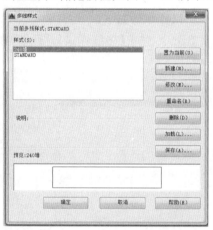

图 3-27　多线样式对话框

5.【多线样式】对话框选项说明

【封口】:多线两端的样式。

【填充】:多线中间的填充图案。

【图元】:多线的组成元素。

3.4.2　绘制多线

1.概述

多线是由多条平行线组成的线型。绘制多线与绘制直线相似的地方是需要指定起点和端点,与直线不同的是,一条多线可以由一条或多条平行直线线段组成。

2.【多线】命令启动

在 AutoCAD 2018 中调用【多线】命令通常有以下方法:

⊙ 菜单栏:选择【绘图】→【多线】菜单命令。

⊙ 命令行:在命令行输入【Mline/Ml】命令并按空格键确认。

3.操作简述

下面将举例绘制多线,绘制如图 3-28 所示的墙体,具体操作步骤如下:

① 新建一个图形文件".dwg"格式。

② 参照【点】、【直线】绘制的方法,绘制如下图形,大小参照图 3 - 29 中尺寸:

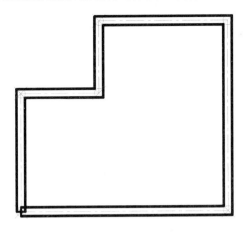

图 3 - 28　绘制多线图形图

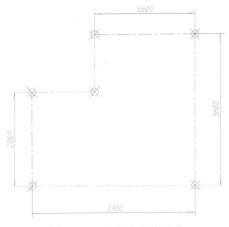

图 3 - 29　绘制点及点画线

③ 在命令行输入【ML】命令并按空格键,调用多线命令,然后在绘图区域捕捉点画线交点作为多线的起止点。命令行提示与操作如下:

⊙ 命令:mline

⊙ 当前设置:对正=无,比例=1.00,样式=240 墙

⊙ 指定起点或【对正(J)/比例(S)/样式(ST)】:S

⊙ 输入多线比例<1.00>:【Enter】

⊙ 当前设置:对正=无,比例=1.00,样式=240 墙

⊙ 指定起点或【对正(J)/比例(S)/样式(ST)】:J

⊙ 输入对正类型【上(T)/无(Z)/下(B)】<无>:Z

⊙ 当前设置:对正=无,比例=1.00,样式=240 墙

⊙ 指定起点或【对正(J)/比例(S)/样式(ST)】:　//在绘制的辅助线交点上指定一点

⊙ 指定下一点:　//在绘制的辅助线交点上指定下一点

⊙ 绘制结果如图 3 - 30 所示:采用相同的方法根据辅助线网格绘制其余的 240 墙线。

4. 选项含义

【对正(J)】:该选项用于给定绘制多线的基准。共有【上】【无】【下】3 种对正类型。其中,【上】表示以多线上侧的线为基准,以此类推。

【比例(S)】:选择该选项,要求用户设置平行线的间距。输入值为 0 时,平行线重合;值为负时,多线的排列倒置。

【样式(ST)】:该选项用于设置当前使用的多线样式。

3.4.3　编辑多线

1. 概述

多线本身之间的编辑是通过【多线编辑工具】对话框来进行的,对话框中,第一列用于管理交叉点的交点,第二列用于管理 T 形交叉,第三列用来管理角和顶点,最后一列进行多线的剪切和结合操作。

2. 编辑【多线】命令启动

在 AutoCAD 2018 中执行【编辑多线】命令通常有以下方法:

⊙菜单栏:选择【修改】→【对象】→【多线】菜单命令。

⊙命令行:在命令行中输入【Mledit】命令并按空格键确认。

3.【多线编辑工具】对话框选项说明

调用【多线编辑工具】,弹出如图 3 - 31 所示的【多线编辑工具】对话框,对话框中各选项含义如下。

【十字闭合】:在两条多线之间创建闭合的十字交点。

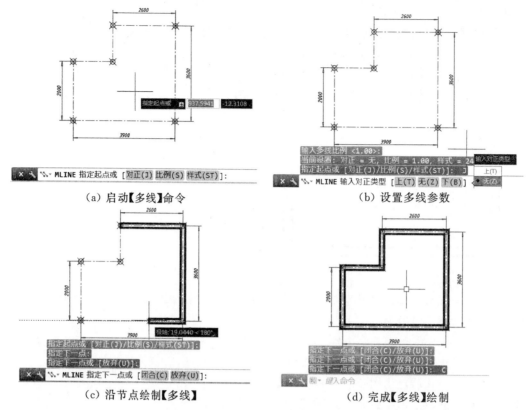

图 3-30　绘制【多线】图形

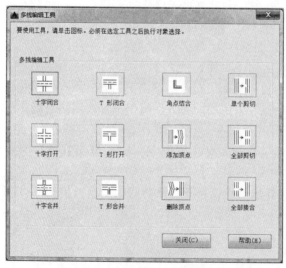

图 3-31　【多线编辑工具】对话框

　　【十字打开】:在两条多线之间创建打开的十字交点。打断将插入第一条多线的所有元素和第二条多线的外部元素。

　　【十字合并】:在两条多线之间创建合并的十字交点。选择多线的次序并不重要。

　　【T 形闭合】:在两条多线之间创建闭合的 T 形交点。将第一条多线修剪或延伸到与第二条多线的交点处。

　　【T 形打开】:在两条多线之间创建打开的 T 形交点。将第一条多线修剪或延伸到与第二条多线的交点处。

　　【T 形合并】:在两条多线之间创建合并的 T 形交点。将多线修剪或延伸到另一条多线的交点处。

　　【角点结合】:在多线之间创建角点结合。将多线修建或延伸到他们的交点处。

【添加顶点】：向多线上添加一个顶点。

【删除顶点】：从多线上删除一个顶点。

【单个剪切】：在选定多线元素中创建可见打断。

【全部剪切】：创建穿过整条多线的可见打断。

【全部接合】：将已被剪切的多线线段重新接合起来。

4.操作简述

下面举例编辑多线的操作过程。具体操作步骤如下。

①新建一个图形文件".dwg"格式。

②参照【多线】绘制的方法，绘制如图 3-32 所示的图形。

删除节点，如图 3-33 所示。

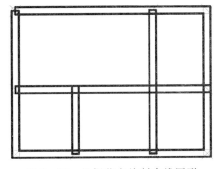 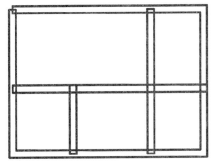

图 3-32　根据节点绘制多线图形　　　　　　图 3-33　删除节点

③利用【多线编辑工具】对话框对多线进行编辑。选择【修改】→【对象】→【多线】菜单命令，弹出【多线编辑工具】对话框。

在【多线编辑工具】对话框中单击【T形打开】按钮，然后在绘图区域中选择第一条多线，如图 3-34(a)所示。在绘图区域中选择第二条多线，如图 3-34(b)所示。按空格键结束多线编辑命令，结果如图3-34(c)所示。

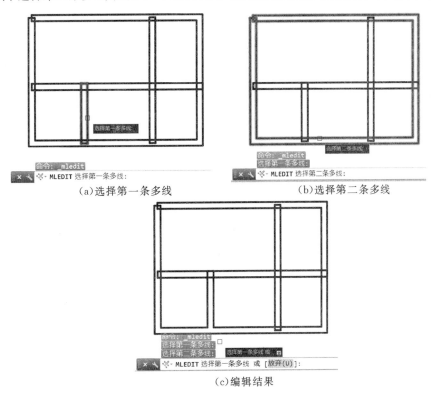

(a)选择第一条多线　　　　　　　　　(b)选择第二条多线

(c)编辑结果

图 3-34　【T形打开】编辑节点

重复调用【多线编辑工具】对话框，单击【十字打开】按钮，然后在绘图区域中选择第一条多线，如图

3-35(a)所示。在绘图区域中选择第二条多线,如图 3-35(b)所示。按空格键结束多线编辑命令,结果如图 3-35(c)所示。

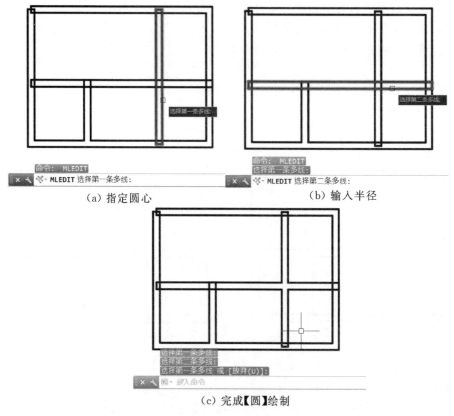

(a) 指定圆心　　　　　　　　　　　　　(b) 输入半径

(c) 完成【圆】绘制

图 3-35　【十字打开】编辑节点

⊙重复调用【多线编辑工具】,采用适当的修改方式,将图形最终修改为图 3-36 所示样式。

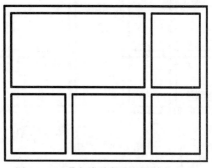

图 3-36　【多线编辑】编辑其他节点

3.5　绘 制 圆

3.5.1　绘制圆

1.概述

在实际绘图中,图形中不仅包含直线、多段线等线性对象,还包含圆、圆弧、椭圆等曲线对象,这些曲线对象同样是 Auto CAD 图形的主要组成部分。

圆是指平面上到定点的距离等于定长的所有点的集合。它是一个单独的曲线封闭图形,有恒定的曲率和半径。在二维草图中,圆主要用于表达孔、台体和柱体等模型的投影轮廓;在三维建模中,由圆创建的面域可以直接构建球体、圆柱和圆台等实体模型。

2.【圆】命令启动

在 AutoCAD 2018 中调用【圆】命令通常有以下方法：

- ⊙ 选项板：单击默认【选项卡面板】→【绘图】→【圆】按钮（单击下拉列表选择一种绘制方式，如图 3-37(a)所示）。

- ⊙ 菜单栏：选择【绘图】→【圆】菜单命令，选择一种方式绘制圆，如图 3-37(b)所示。

- ⊙ 命令行：在命令行中输入【Circle/C】命令并按空格键。

3.操作简述

下面将对各种方式绘制圆的过程进行详细介绍，首先新建一个图形文件".dwg"格式，具体操作步骤如下所示。

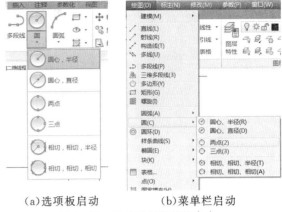

(a)选项板启动　　　(b)菜单栏启动

图 3-37　启动绘制【圆】的命令

(1)【圆心、半径】绘制法

启动【圆心、半径】命令，根据命令行提示，在绘图区域任意位置点击鼠标左键，确定圆心，如图 3-38(a)所示。输入圆的半径值"10"，并按【Enter】，如图 3-38(b)所示。结果如图 3-38(c)所示。

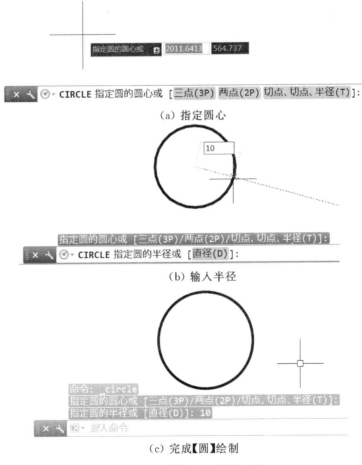

（a）指定圆心

（b）输入半径

（c）完成【圆】绘制

图 3-38　【圆心、半径】绘制圆

(2)【圆心、直径】绘制法

启动【圆心、直径】命令，根据命令行提示，在绘图区域任意位置点击鼠标左键，确定圆心，如图 3-39(a)所示。根据命令行提示，选择输入直径，输入"d"，再输入圆的直径值数值"10"，并按【Enter】，如图 3-39(b)所示。结果如图 3-39(c)所示。

（a）指定圆心

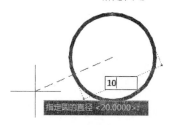

（b）输入直径

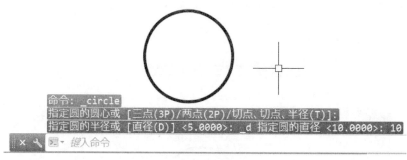

（c）完成【圆】绘制

图 3-39　【圆心、直径】绘制圆

（3）【两点】绘制法

启动【两点】命令，根据命令行提示，在绘图区域任意位置点击鼠标左键，确定圆直径的第一个端点，如图 3-40（a）所示。根据命令行提示，指定直径的另一个端点，如图 3-40（b）所示。

（4）【三点】绘制法

启动【三点】命令，根据命令行提示，在绘图区域任意位置点击鼠标左键，确定圆上的第一个端点，如图 3-41（a）所示。根据命令行提示，依次指定圆上的第二个点和第三个点，如图 3-41（b）、（c）所示。

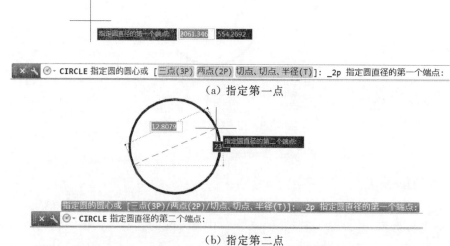

（a）指定第一点

（b）指定第二点

图 3-40　【两点】绘制圆

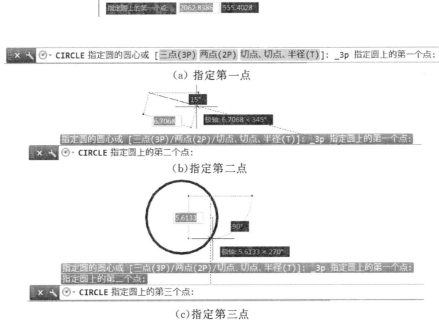

（c）指定第三点

图 3-41　【三点】绘制圆

（5）【相切、相切、半径】绘制法

通过【相切、相切、半径】的方式绘制如图 3-42 所示的图形，与一个直角相切的半径为 10 的圆。

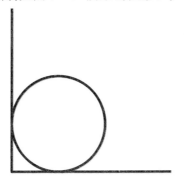

图 3-42　【相切、相切、半径】绘制圆

启动【直线】命令，绘制两条相互垂直长度为 20 的直线，如图 3-43（a）所示。启动【相切、相切、半径】方法绘制圆，根据命令行提示："指定对象与圆的第一个切点："选择竖直直线捕捉第一个切点，如图 3-43（b）所示。根据命令行提示："指定对象与圆的第二个切点："选择水平直线捕捉第二个切点，如图 3-43（c）所示。选择与圆相切的两个对象之后输入圆的半径"10"，如图 3-43（d）所示。绘制结果如图 3-43（e）所示。

（a）绘制两条相互垂直的直线　　　　　　　　　　　　　（b）指定第一个切点

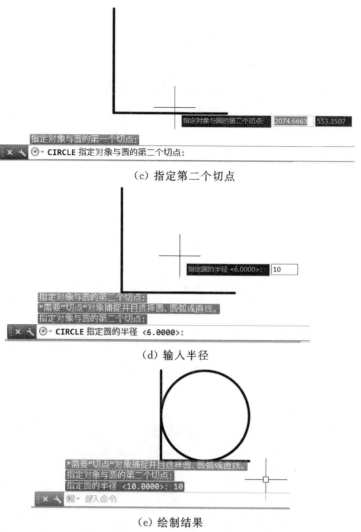

（c）指定第二个切点

（d）输入半径

（e）绘制结果

图 3-43 【相切、相切、半径】绘制圆

（6）【相切、相切、相切】绘制法

通过【相切、相切、相切】的方式绘制如图 3-44 所示的图形，与一个直角三角形三条边都相切的圆。

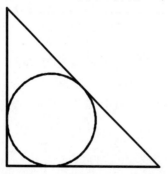

图 3-44 【相切、相切、相切】绘制圆

启动【直线】命令，绘制两条直角边长度为 20 的直角三角形，如图 3-45(a)所示。启动【相切、相切、相切】方法绘制圆，根据命令行提示："指定对象与圆的第一个切点："选择竖直直线捕捉第一个切点，如图 3-45(b)所示。依次根据命令行提示，选择水平直线捕捉第二个切点，选择斜边捕捉第三个切点。绘制结果如图 3-45(c)所示。

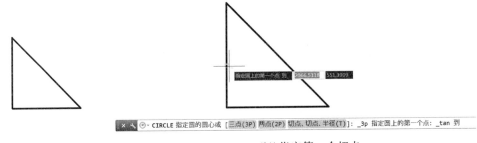

（a）绘制直角三角形　　　　（b）指定第一个切点

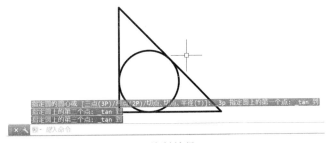

（c）绘制结果

图 3-45　【相切、相切、相切】绘制圆

3.5.2　绘制圆环

1.概述

圆环是填充或实体填充圆，即带有宽带的闭合多段线，也可以看作是两个同心圆，利用【圆环】命令可以快速完成同心圆的绘制。

2.【圆环】命令启动

在 AutoCAD 2018 中调用【圆环】命令通常有以下方法：

⊙选项板：单击【选项卡面板】→【绘图】→【圆环】按钮◎。

⊙菜单栏：选择【绘图】→【圆环】菜单命令。

⊙命令行：在命令行中输入【Donut/Do】命令并按【Enter】键确认。

3.操作简述

启动绘制【圆环】命令，然后在输入"15"作为圆环的内径值，并按【Enter】键确认，如图 3-46（a）所示。然后指定圆环的外径"20"，并按【Enter】键确认，如图 3-46（b）所示。接下来在绘图区域用鼠标左键指定圆环的中心点，再次按【Enter】键退出圆环命令，结果如图 3-46（c）所示。

若指定圆环内径为 0，则可绘制实心填充圆，如图 3-47 所示。命令 FILL 控制着圆环是否填充。

⊙ 命令：FILL

⊙ 输入模式【开（ON）/关（OFF）】＜开＞：ON//选择开表示填充，选择关表示不填充

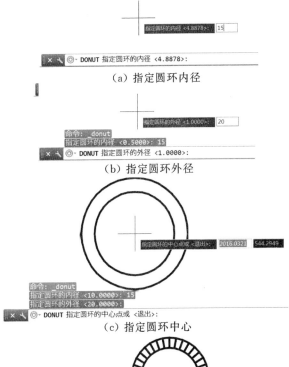

（a）指定圆环内径

（b）指定圆环外径

（c）指定圆环中心

（d）绘图结果

图 3-46　【圆环】的绘制

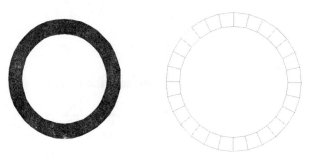

（a）填充的圆环 　　　　　　（b）没有填充的圆环

图 3-47　【圆环】是否填充结果

3.6　绘制圆弧

1.概述

圆弧是圆的一部分。在工程造型中,圆弧的应用比圆更普遍。通常强调的"流线型"造型或圆润的造型实际上就是圆弧造型。绘制圆弧的默认方法是通过确定三点来绘制圆弧。此外,圆弧还可以通过设置起点、方向、中点、角度、弦长等参数来绘制。

2.【圆弧】命令启动

在 AutoCAD 2018 中调用【圆弧】命令有以下方法:

⊙ 选项板:单击【选项卡面板】→【绘图】→【圆弧】按钮,(单击下拉列表选择一种绘制方式,如图 3-48 所示)。

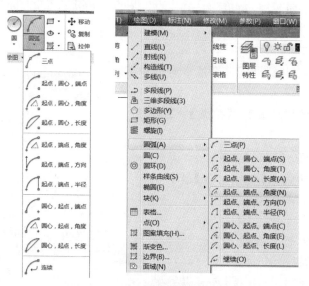

图 3-48　启动绘制【圆弧】的命令

⊙ 菜单栏:选择【绘图】→【圆弧】菜单命令,选择一种方式绘制圆,如图 3-48 所示。

⊙ 命令行:在命令行中输入【Arc/A】命令并按空格键。

3.操作简述

想要弄清圆弧命令的所有选项似乎不太容易,但是只要能够理解一条圆弧中所包含的各种要素,就能根据需要使用这些选项了。除了知道绘制圆弧所需要的要素外,还要知道 AutoCAD 提供绘制圆弧选项的流程示意图,开始执行 ARC 命令时,只有两个选项:指定起点或圆心,根据已有信息选择后面的选项。

下面将对各种方式绘制圆弧的过程进行详细介绍,首先新建一个图形文件".dwg"格式,具体操作步骤如图 3-49 所示。

（1）【三点】绘制法

启动【三点】绘制圆弧命令,根据命令行提示,在绘图区域任意位置点击鼠标左键,指定圆弧的起点,如图 3-49(a)所示。然后指定不在同一条直线上的三个点,即圆弧上的第二个点和圆弧的端点,即可完成圆弧的绘制,如图 3-49(b)所示。绘制结果如图 3-49(c)所示。

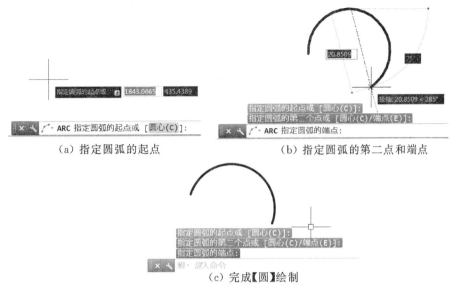

（a）指定圆弧的起点　　　　　　（b）指定圆弧的第二点和端点

（c）完成【圆】绘制

图 3-49　【三点】绘制圆弧

（2）【起点、圆心、端点】绘制法

启动【起点、圆心、端点】命令,根据命令行提示,在绘图区域任意位置点击鼠标左键,指定圆弧的起点,如图 3-50(a)所示。然后指定圆弧的圆心,如图 3-50(b)所示。最后指定圆弧的端点,即可完成圆弧的绘制,如图 3-50(c)所示。绘制结果如图 3-50(d)所示。

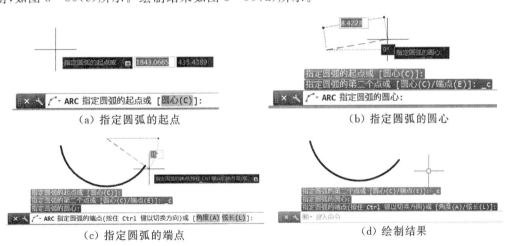

（a）指定圆弧的起点　　　　　　（b）指定圆弧的圆心

（c）指定圆弧的端点　　　　　　（d）绘制结果

图 3-50　【起点、圆心、端点】绘制圆

（3）【起点、圆心、角度】

启动【起点、圆心、角度】命令,根据命令行提示,在绘图区域任意位置点击鼠标左键,指定圆弧的起点,如图 3-51(a)所示。然后指定圆弧的圆心,如图 3-51(b)所示。最后指定圆弧的夹角,即可完成圆弧的绘制,如图 3-51(c)所示。绘制结果如图 3-51(d)所示。

⊙ 提示:当输入的角度为正值时,圆弧沿起点方向逆时针生成;当角度为负值时,圆弧沿起点方向顺时针生成。

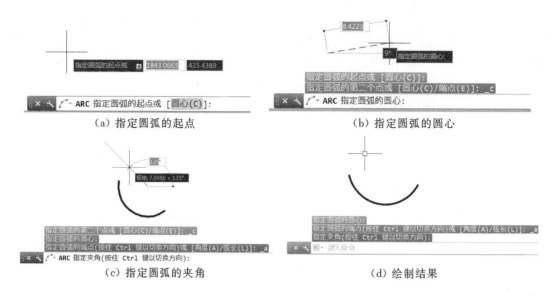

图 3-51　【起点、圆心、角度】绘制圆

（4）【起点、圆心、长度】绘制法

启动【起点、圆心、长度】命令，根据命令行提示，在绘图区域任意位置点击鼠标左键，指定圆弧的起点，如图 3-52（a）所示。然后指定圆弧的圆心，如图 3-52（b）所示。最后指定圆弧的弦长，即可完成圆弧的绘制，如图 3-52（c）所示。绘制结果如图 3-52（d）所示。

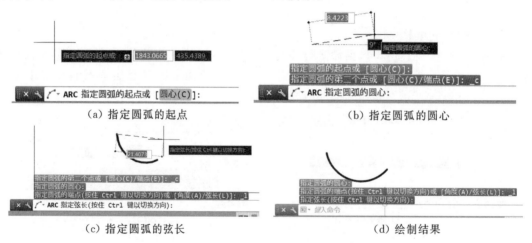

图 3-52　【起点、圆心、长度】绘制圆

（5）【起点、端点、角度】绘制法

启动【起点、端点、角度】命令，根据命令行提示，在绘图区域任意位置点击鼠标左键，指定圆弧的起点，如图 3-53（a）所示。然后指定圆弧的端点，如图 3-53（b）所示。最后指定圆弧的夹角，即可完成圆弧的绘制，如图 3-53（c）所示。绘制结果如图 3-53（d）所示。

（6）【起点、端点、方向】绘制法

启动【起点、端点、方向】命令，根据命令行提示，在绘图区域任意位置点击鼠标左键，指定圆弧的起点，如图 3-54（a）所示。然后指定圆弧的端点，如图 3-54（b）所示。最后指定圆弧起点的相切方向，即可完成圆弧的绘制，如图 3-54（c）所示。绘制结果如图 3-54（d）所示。

（7）【起点、端点、半径】绘制法

启动【起点、端点、半径】命令，根据命令行提示，在绘图区域任意位置点击鼠标左键，指定圆弧的起点，如图 3-55（a）所示。然后指定圆弧的端点，如图 3-55（b）所示。最后指定圆弧起点的半径，即可完成圆弧的绘制，如图 3-55（c）所示。绘制结果如图 3-55（d）所示。

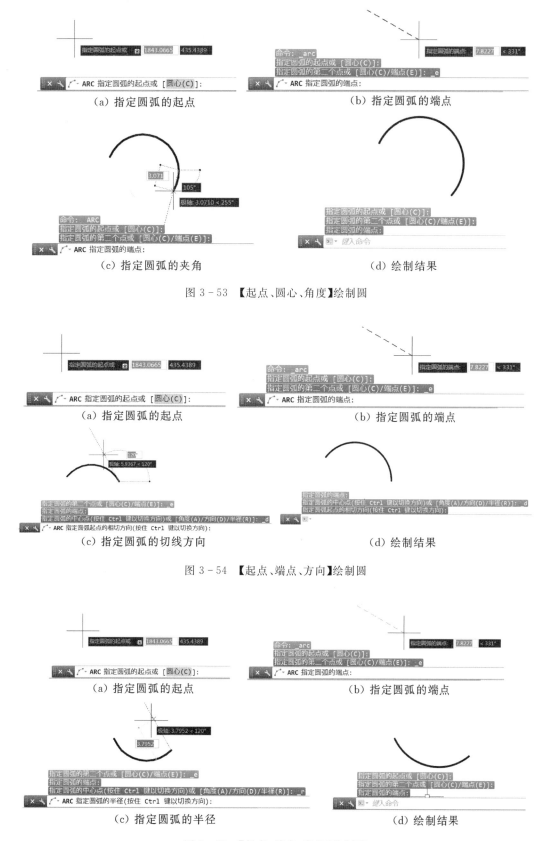

（a）指定圆弧的起点　　　　　　　　（b）指定圆弧的端点

（c）指定圆弧的夹角　　　　　　　　（d）绘制结果

图 3-53　【起点、圆心、角度】绘制圆

（a）指定圆弧的起点　　　　　　　　（b）指定圆弧的端点

（c）指定圆弧的切线方向　　　　　　（d）绘制结果

图 3-54　【起点、端点、方向】绘制圆

（a）指定圆弧的起点　　　　　　　　（b）指定圆弧的端点

（c）指定圆弧的半径　　　　　　　　（d）绘制结果

图 3-55　【起点、端点、半径】绘制圆

（8）【圆心、起点、端点】绘制法

启动【圆心、起点、端点】命令，根据命令行提示，在绘图区域任意位置点击鼠标左键，指定圆弧的圆心，如图 3-56（a）所示。然后指定圆弧的起点，如图 3-56（b）所示。最后指定圆弧的端点，即可完成圆

弧的绘制,如图 3-56(c)所示。绘制结果如图 3-56(d)所示。

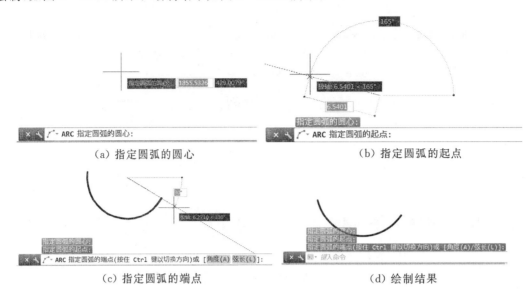

(a) 指定圆弧的圆心　　　　　　　　　(b) 指定圆弧的起点

(c) 指定圆弧的端点　　　　　　　　　(d) 绘制结果

图 3-56　【圆心、起点、端点】绘制圆

(9)【圆心、起点、角度】绘制法

启动【圆心、起点、角度】命令,根据命令行提示,在绘图区域任意位置点击鼠标左键,指定圆弧的圆心,如图 3-57(a)所示。然后指定圆弧的起点,如图 3-57(b)所示。最后指定圆弧包含的角度,即可完成圆弧的绘制,如图 3-57(c)所示。绘制结果如图 3-57(d)所示。

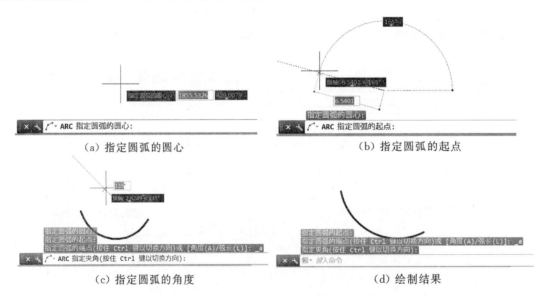

(a) 指定圆弧的圆心　　　　　　　　　(b) 指定圆弧的起点

(c) 指定圆弧的角度　　　　　　　　　(d) 绘制结果

图 3-57　【圆心、起点、角度】绘制圆

(10)【圆心、起点、长度】绘制法

启动【圆心、起点、长度】命令,根据命令行提示,在绘图区域任意位置点击鼠标左键,指定圆弧的圆心,如图 3-58(a)所示。然后指定圆弧的起点,如图 3-58(b)所示。最后指定圆弧所对的弦的长度,即可完成圆弧的绘制,如图 3-58(c)所示。绘制结果如图 3-58(d)所示。

绘制圆弧时,输入的半径值和圆心角有正负之分。对于半径,当输入的半径值为正时,生成的圆弧是劣弧;反之,生成的是优弧。对于圆心角,当角度为正值时,系统沿逆时针方向绘制圆弧,反之,则沿顺时针方向绘制圆弧。

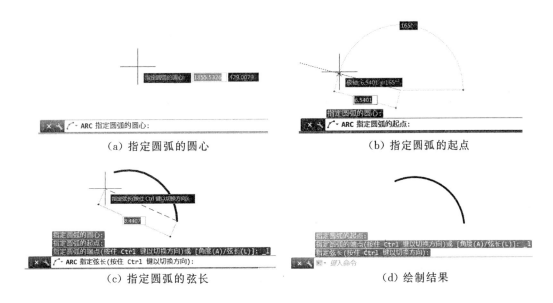

（a）指定圆弧的圆心　　　　　　　　　（b）指定圆弧的起点

（c）指定圆弧的弦长　　　　　　　　　（d）绘制结果

图 3-58　【圆心、起点、长度】绘制圆

3.7　绘制矩形

矩形为四条线段首尾连接且四个角均为直角的四边形，而正多边形是由至少三条线段首尾相连组合成的规则图形，其中正多边形的概念范围内包括矩形。

3.7.1　绘制矩形

1.概述

矩形的特点是相邻两条边相互垂直，非相邻的两条边是平行且长度相等，整个矩形是一个单独的对象。本质上为一个封闭的多段线图形。

2.【矩形】命令启动

在 AutoCAD 2018 中调用【矩形】命令通常有以下方法：

⊙ 选项板：单击【选项卡面板】→【绘图】→【矩形】按钮 ▭。

⊙ 菜单栏：选择【绘图】→【矩形】菜单命令。

⊙ 命令行：在命令行中输入【Rectang/Rec】命令并按空格键。

3.操作简述

启动【矩形】命令，根据命令行提示，在绘图区域任意位置点击鼠标左键，指定第一个角点，如图 3-59（a）所示。然后指定另一个角点，输入相对坐标值"60,60"，如图 3-59（b）所示。绘制结果如图 3-59（c）所示。

4.选项含义

在执行绘制矩形命令之后，命令行中各选项含义如下：

【倒角（C）】：设定矩形的倒角距离。

【标高（E）】：指定矩形的标高。

【圆角（F）】：指定矩形的圆角半径。

【厚度（T）】：指定矩形的厚度。

【宽度（W）】：为要绘制的矩形指定多段线的宽度。

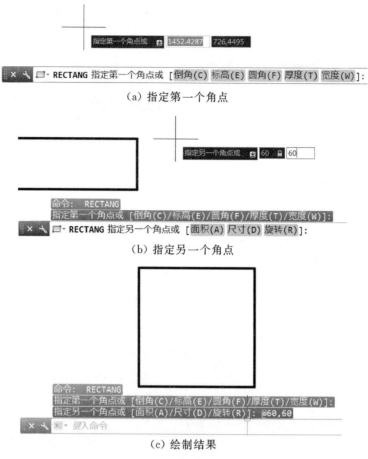

图 3-59 【矩形】图形绘制过程

5.其他绘制方法

除了用默认的指定两点绘制矩形外,AutoCAD 还提供了面积绘制、尺寸绘制和旋转绘制等方法,具体绘制方法如下:

(1)【面积】绘制法

启动【矩形】命令,根据命令行提示,在绘图区域任意位置点击鼠标左键,指定第一个角点,如图 3-60(a)所示。然后输入"a"选择面积绘制法,输入绘制矩形的面积值,指定矩形的长或宽,如图 3-60(b)所示。绘制结果如图 3-60(c)所示。

(2)【尺寸】绘制法

启动【矩形】命令,根据命令行提示,在绘图区域任意位置点击鼠标左键,指定第一个角点,如图 3-61(a)所示。然后输入"d"选择尺寸绘制法,指定矩形的长或宽,拖动鼠标指定矩形的放置位置,如图 3-61(b)所示。绘制结果如图 3-61(c)所示。

(3)【旋转】绘制法

启动【矩形】命令,根据命令行提示,在绘图区域任意位置点击鼠标左键,指定第一个角点,如图 3-62(a)所示。然后输入"r"选择旋转绘制法,指定矩形旋转的角度"45",如图 3-62(b)所示。拖动鼠标指定矩形的另一角点或输入"a""d",通过面积或尺寸确定矩形的另一个角点,如图 3-62(c)所示。绘制结果如图 3-62(d)所示。

CAD 的矩形尺寸绘制方法中,长度不是指较长的那条边,宽度也不是指较短的那条边,而是 X 轴方向的边为长度,Y 轴方向的边为宽度。绘制矩形时在指定第一个角点之前选择相应的选项,可以绘制带有倒角、圆角或具有线宽的矩形,如果选择标高和厚度选项,则在三维图形中可以观察到一个长方体。

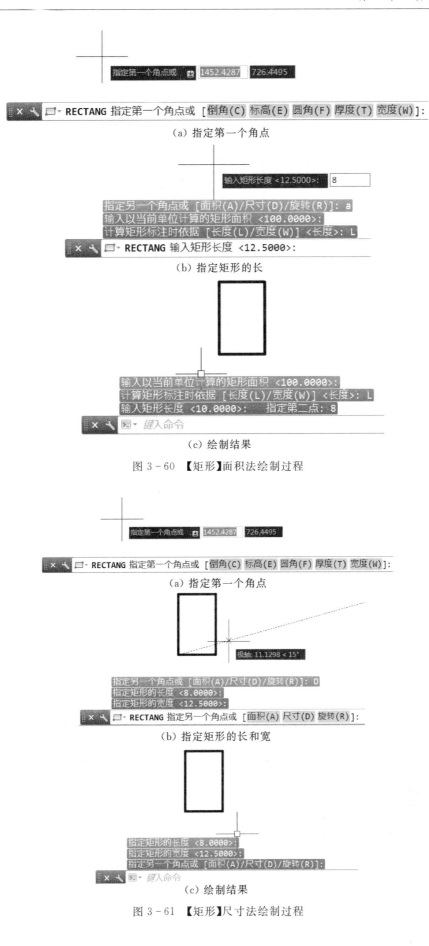

（a）指定第一个角点

（b）指定矩形的长

（c）绘制结果

图 3-60　【矩形】面积法绘制过程

（a）指定第一个角点

（b）指定矩形的长和宽

（c）绘制结果

图 3-61　【矩形】尺寸法绘制过程

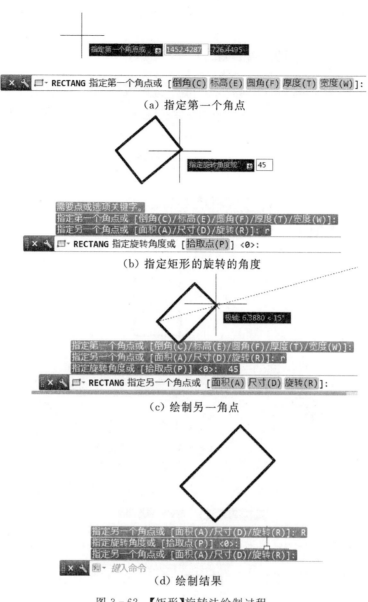

(a) 指定第一个角点

(b) 指定矩形的旋转的角度

(c) 绘制另一角点

(d) 绘制结果

图 3-62 【矩形】旋转法绘制过程

3.7.2 绘制区域覆盖

1. 概述

区域覆盖是在现有的对象上生成一个空白区域,用于覆盖指定区域或要在指定区域内添加注释。创建多边形区域,该区域将用当前背景色屏蔽其下面的对象。此覆盖区域由边框进行绑定,用户可以打开或关闭该边框,也可以选择在屏幕上显示边框并在打印时隐藏它。

2. 【区域覆盖】命令启动

在 AutoCAD 2018 中调用【区域覆盖】命令通常有以下方法:

⊙ 选项板:单击【选项卡面板】→【绘图】→【区域覆盖】按钮 。

⊙ 菜单栏:选择【绘图】→【区域覆盖】菜单命令。

⊙ 命令行:在命令行中输入【Wipeout】命令并按【Enter】键确认。

3. 操作简述

下面将对区域覆盖的创建过程进行详细介绍,具体操作步骤如图 3-63 所示。

通过【圆弧】和【矩形】命令建立图形,如图 3-63(a)所示。启动【区域覆盖】命令,根据命令行提示,根据选定的多段线确定区域覆盖对象的多边形边界,按照序号依次捕捉端点作为区域覆盖的图形的端点,如图 3 - 63(b)所示。绘制结果如图 3 - 63(c)所示。

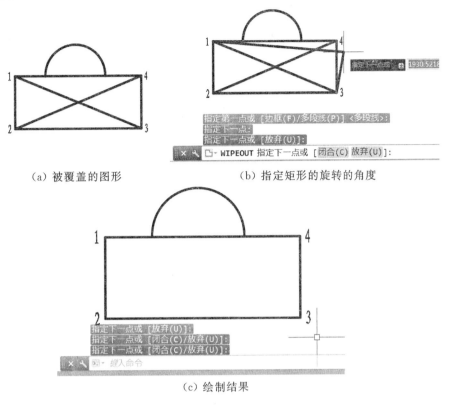

（a）被覆盖的图形　　　　　　　　（b）指定矩形的旋转的角度

（c）绘制结果

图 3 - 63　【区域覆盖】绘制过程

4.选项含义

命令行中各选项含义如下。

【第一点】:根据一系列点确定区域覆盖对象的多边形边界。

【边框】:确定是否显示所有区域覆盖对象的边。可用的边框模式包括打开(显示和打印边框)、关闭(不显示或不打印边框)、显示但不打印(显示但不打印边框)。

【多段线】:根据选定的多段线确定区域覆盖对象的多边形边界。

3.8　绘制多边形

1.概述

多边形是由 3 条或 3 条以上的线段构成的封闭图形,人类曾经为找到手工准确绘制正多边形的方法而长期求索。伟大的数学家高斯为发现正十七边形的绘制方法而引以为毕生的荣誉,以至他的墓碑被设计成正十七边形。现在利用 AutoCAD 2018 可以轻松地绘制任意边的正多边形。正多边形每条边的长度都是相等的,多边形的绘制方法可以分为外切于圆和内接于圆两种。外切于圆是多边形的边与圆相切,即中心点到边的距离为圆的半径;而内接于圆则是多边形的顶点在圆上,即中心点到顶点的距离为圆的半径。

2.【多边形】启动

在 AutoCAD 2018 中调用【多边形】命令通常有以下方法:

⊙ 选项板:单击【选项卡面板】→【绘图】→【多边形】按钮。

⊙ 菜单栏:选择【绘图】→【多边形】菜单命令。

⊙ 命令行:在命令行中输入【Polygon/Pol】命令并按空格键。

3. 操作简述

① 利用【多边形】命令绘制如图 3-64 所示的圆内接六边形。具体操作步骤如下。

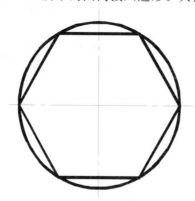

图 3-64 【多边形】图形

通过【圆】和【直线】命令建立图形,如图 3-65(a)所示。启动【多边形】命令,根据命令行提示,输入多边形的边数"6",如图 3-65(b)所示。指定正多边形的中心点,捕捉圆心,鼠标左键点选作为正六边形的中心,并选择内接于圆选项,如图 3-65(c)。指定圆的半径,捕捉圆的最右点。绘制结果如图 3-65(d)所示。

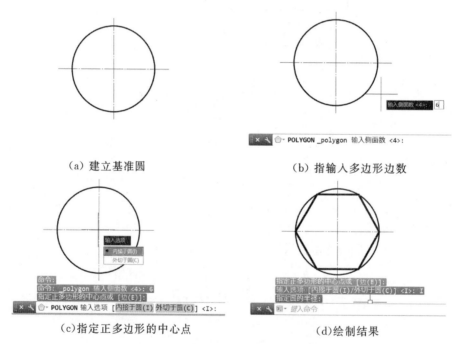

(a) 建立基准圆　　　　　　　　　　(b) 指输入多边形边数

(c)指定正多边形的中心点　　　　　　(d)绘制结果

图 3-65 圆内接【多边形】绘制过程

② 利用【多边形】命令绘制如图 3-66 所示的圆外切六边形。具体操作步骤如下。

通过【圆】和【直线】命令建立图形,如图 3-67(a)所示。启动【多边形】命令,根据命令行提示,输入多边形的边数"6",如图 3-67(b)所示。指定正多边形的中心点,捕捉圆心,鼠标左键点选作为正六边形的中心,并选择外切于圆选项,如图 3-67(c)所示。指定圆的半径,捕捉圆的最右点。绘制结果如图 3-67(d)所示。

【内接于圆(I)】:选择该选项,是指定多边形中心到多边形顶点的距离。

【外切于圆(C)】:选择该选项,是指定多边形中心到多边形边的距离。

③ 通过边长绘制多边形

在执行绘制多边形命令并输入边数之后,命令行中选项含义如下。

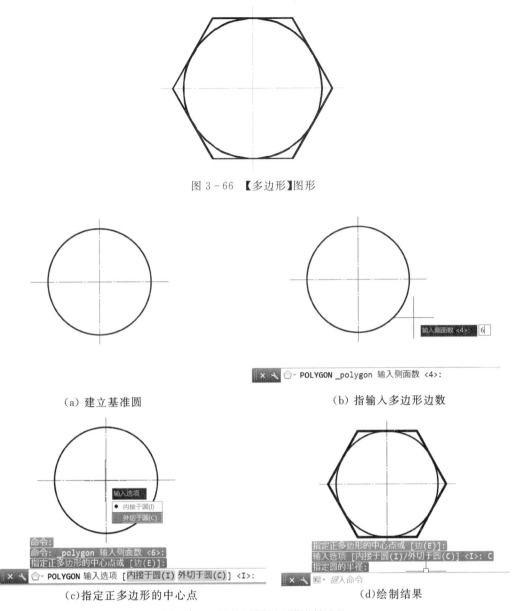

图 3 - 66　【多边形】图形

（a）建立基准圆　　　　　　　　　　（b）指输入多边形边数

（c）指定正多边形的中心点　　　　　　（d）绘制结果

图 3 - 67　圆外切【多边形】绘制过程

【边（E）】：选择该选项，则只要指定多边形的一条边，系统就会按逆时针的方向创建该正多边形。如图 3 - 68 所示。

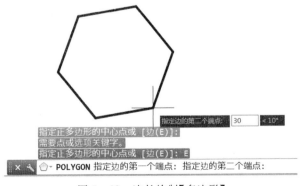

图 3 - 68　边长绘制【多边形】

3.9 绘制椭圆与椭圆弧

椭圆和椭圆弧类似,都是由到两点之间的距离之和为定值的点集合而成。

3.9.1 绘制椭圆

1. 概述

椭圆是一种在建筑制图中常见的平面图形,它是由距离两个定点(焦点)的长度之和为定值的点组成的。

2.【椭圆】命令启动

在 AutoCAD 2018 中调用【椭圆】命令通常有以下方法:

⊙ 选项板:单击【选项卡面板】→【绘图】→【椭圆】按钮,如图 3 - 69 所示。

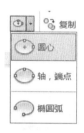

图 3 - 69 启动绘制【椭圆】的命令

⊙ 菜单栏:选择【绘图】→【椭圆】菜单命令。

⊙ 命令行:在命令行中输入【Ellipse/El】命令并按【Enter】键确认。

3. 操作简述

下面将对两种方式绘制椭圆的过程进行详细介绍,首先新建一个图形文件".dwg"格式,具体操作步骤如下所示。

(1)【圆心】绘制法

启动【椭圆】命令,指定椭圆的中心点,如图 3 - 70(a)所示。根据命令行提示,指定轴的端点,如图 3 - 70(b)所示。指定另一条半轴长度,如图 3 - 70(c)所示。绘制结果如图 3 - 70(d)所示。

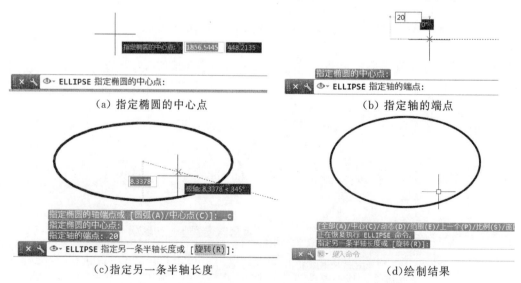

(a)指定椭圆的中心点　　　　　　　　　(b)指定轴的端点

(c)指定另一条半轴长度　　　　　　　　(d)绘制结果

图 3 - 70 圆心绘制【椭圆】

（2）【轴、端点】绘制法

启动【椭圆】命令，指定椭圆的轴端点，如图 3－71(a)所示。根据命令行提示，指定轴的另一个端点，如图 3－71(b)所示。指定另一条半轴长度，如图 3－71(c)所示。绘制结果如图 3－71(d)所示。

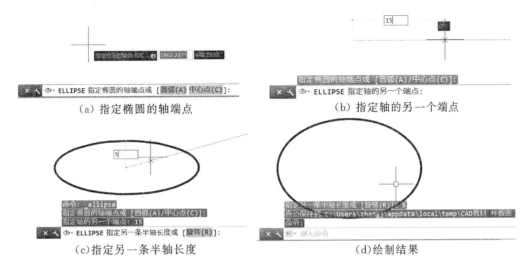

（a）指定椭圆的轴端点　　　　　　　　　　（b）指定轴的另一个端点

（c）指定另一条半轴长度　　　　　　　　　　（d）绘制结果

图 3－71　轴、端点绘制【椭圆】

4.选项含义

【指定椭圆的轴端点】：根据两个端点定义椭圆的第一条轴，第一条轴的角度确定了整个椭圆的角度。第一条轴既可以定义椭圆的长轴，也可定义其短轴。

【圆弧(A)】：用于创建一段椭圆弧，与"单击默认【选项卡面板】→【绘图】→【椭圆弧】按钮 椭圆弧 "功能相同。其中第一条轴的角度确定了椭圆弧的角度。第一条轴既可以定义椭圆弧长轴，也可以定义其短轴，选择该选项即进入椭圆弧的绘制过程。

3.9.2　绘制椭圆弧

1.概述

椭圆弧为椭圆上某一角度到另一角度的一段，在绘制椭圆弧前必须先绘制一个椭圆。

2.绘制【椭圆弧】

在 AutoCAD 2018 中调用【椭圆弧】通常有以下方法：

⊙ 选项板：单击【选项卡面板】→【绘图】→【椭圆弧】按钮 椭圆弧 。

⊙ 菜单栏：选择【绘图】→【椭圆】→【圆弧】菜单命令。

⊙ 命令行：在命令行中输入【Ellipse/El】命令并按【Enter】键，然后输入"a"绘制圆弧。

3.操作简述

下面将对椭圆弧的创建过程进行详细介绍，具体操作步骤如图 3－72 所示。

启动【椭圆弧】命令，指定椭圆弧的轴端点，如图 3－72(a)所示。根据命令行提示，指定轴的另一个端点，如图 3－72(b)所示。指定另一条半轴长度，如图 3－72(c)所示。指定椭圆弧起点角度，如图 3－72(d)所示。指定椭圆弧端点角度，如图 3－72(e)所示。绘制结果如图 3－72(f)所示。

4.选项含义

【起点角度】：指定椭圆弧端点的两种方式之一，光标与椭圆中心点连线的夹角为椭圆端点位置的角度。

【参数(P)】：指定椭圆弧端点的另一种方式，该方式同样是指定椭圆弧端点的角度，但通过以下矢量参数方程式创建椭圆弧。

$$p(u) = c + a\cos(u) + b\sin(u)$$

式中，c 是椭圆的中心点；a 和 b 分别是椭圆的长轴和短轴；u 为光标与椭圆中心点连线的夹角。

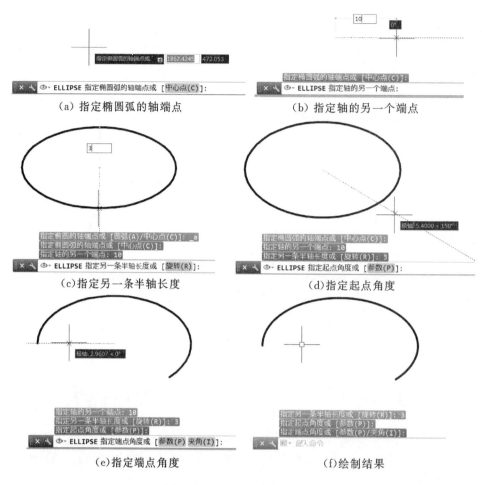

图 3-72 【椭圆弧】的绘制

【包含角度(I)】:定义从起点角度开始的包含角度。

【中心点(C)】:通过指定的中心点创建椭圆。

【旋转(R)】:通过绕第一条轴旋转圆来创建椭圆。这个操作相当于将一个圆绕椭圆轴翻转一个角度后的投影视图。

3.10 绘制其他曲线

3.10.1 绘制样条曲线

1.概述

样条曲线是经过或接近一系列给定点的光滑曲线,可以控制曲线与点的拟合程度。在 AutoCAD 2018 中绘制样条曲线通常有两种方法。比较常用的是用拟合点绘制样条曲线,默认情况下,拟合点将与样条曲线重合;另外一种是使用控制点绘制样条曲线,默认情况下,使用控制点方式绘制样条曲线将会定义控制框,控制框提供了一种简便的方法,用来设置样条曲线的形状。

2.使用拟合点绘制【样条曲线】

在 AutoCAD 2018 中调用拟合点绘制【样条曲线】命令通常有以下方法:

⊙ 选项板:单击【选项卡面板】→【绘图】→【样条曲线拟合】按钮 $\curvearrowright$ 。

⊙ 菜单栏:选择【绘图】→【样条曲线】→【拟合点】菜单命令。

⊙ 命令行:在命令行中输入【Spline/Spl】命令并按【Enter】键,然后按命令行提示进行操作。

3.操作简述

根据【点】的绘制方法,绘制如图 3－73(a)所示所示的几个点。启动拟合点绘制【样条曲线】命令,根据命令行提示,指定样条曲线的第一点,如图 3－73(b)所示。绘图区域依次捕捉如下图所示节点绘制样条曲线,如图 3－73(c)所示。绘制结果如图 3－73(d)所示。

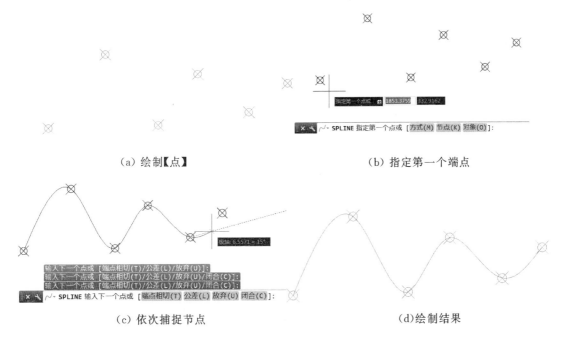

(a) 绘制【点】　　　　　　　　　　　　　(b) 指定第一个端点

(c) 依次捕捉节点　　　　　　　　　　　　(d)绘制结果

图 3－73　拟合点绘制【样条曲线】

4.使用控制点绘制【样条曲线】

在 AutoCAD 2018 中调用控制点绘制【样条曲线】命令通常有以下方法:

⊙ 选项板:单击【选项卡面板】→【绘图】→【样条曲线控制点】按钮 。

⊙ 菜单栏:选择【绘图】→【样条曲线】→【控制点】菜单命令。

⊙ 命令行:在命令行中输入【Spline/Spl】命令并按【Enter】键,然后按命令行提示进行操作。

5.操作简述

根据【点】的绘制方法,绘制如图 3－74(a)所示的几个点。启动控制点绘制【样条曲线】命令,根据命令行提示,指定样条曲线的第一点,如图 3－74(b)所示。绘图区域依次捕捉如图 3－74(c)所示节点绘制样条曲线。输入"c",按【Enter】键结束样条曲线命令,绘制结果如图 3－74(d)所示。

6.编辑样条曲线

在 AutoCAD 2018 中,绘制样条曲线后可根据实际情况对其进行编辑操作。编辑【样条曲线】命令通常有以下方法:

⊙ 选项板:单击【选项卡面板】→【修改】→【编辑样条曲线】按钮 。

⊙ 菜单栏:选择【修改】→【对象】→【样条曲线】菜单命令。

⊙ 命令行:在命令行中输入【Splinedit/Spe】命令并按【Enter】键,然后按命令行提示进行操作。

7.操作简述

下面举例使用拟合点绘制样条曲线的编辑过程。具体操作步骤如下。

根据【样条曲线】的绘制方法,绘制如图 3－75(a)所示的样条曲线。启动【编辑样条曲线】命令,根据命令行提示,在绘图区域选择样条曲线,如图 3－75(b)所示、3－74(c)所示。输入"c",按【Enter】键结束样条曲线命令,绘制结果如图 3－74(d)所示。

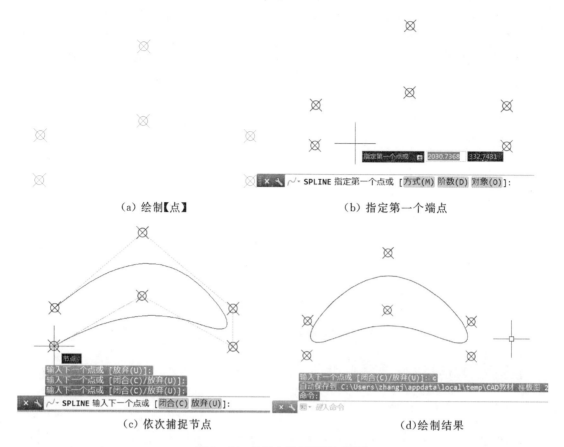

（a）绘制【点】　　　　　　　　　　（b）指定第一个端点

（c）依次捕捉节点　　　　　　　　　　（d）绘制结果

图 3-74　控制点绘制【样条曲线】

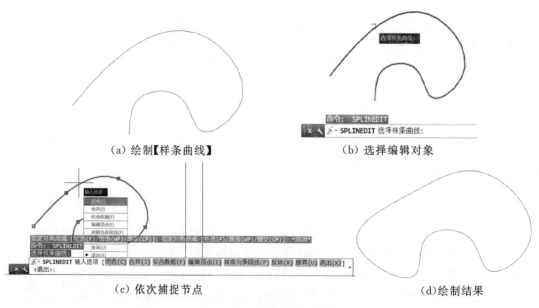

（a）绘制【样条曲线】　　　　　　　　　（b）选择编辑对象

（c）依次捕捉节点　　　　　　　　　　（d）绘制结果

图 3-75　编辑【样条曲线】

8. 选项含义

【闭合（C）】：显示闭合或打开，具体取决于选定的样条曲线是开放的还是闭合的，开放的样条曲线有两个端点，而闭合的样条曲线是一个环。

【合并（J）】：将选定的样条曲线与其他样条曲线、直线、多段线和圆弧在重合端点处合并，以形成一个较大的样条曲线。

【拟合数据(F)】：用于编辑拟合数据，执行该选项后系统将进一步提示编辑拟合数据的相关选项。

【编辑顶点(E)】：用于编辑控制框数据，执行该选项后系统将进一步提示编辑控制框数据的相关选项。

【转换为多段线(P)】：将样条曲线转换为多段线，精度值决定生成的多段线与样条曲线的接近程度，有效值为 0 到 99 的任意整数。

【反转(R)】：反转样条曲线的方向，此选项主要适用于第三方应用程序。

【放弃(U)】：取消上一操作。

【退出(X)】：返回到命令提示。

3.10.2 绘制修订云线

1.概述

利用"修订云线"工具可以绘制类似于云彩的图形对象。在检查或用红线圈阅图形时，可以使用云线来亮显标记，以提高工作效率。"修订云线"工具绘制的图形对象包括"矩形"、"多边形"、"徒手画"三类。

2.绘制【云线】

在 AutoCAD 2018 中调用【修订云线】命令通常有以下方法：

⊙ 选项板：单击【选项卡面板】→【绘图】→【修订云线】按钮，单击下拉列表选择一种绘制方式，如图 3-76 所示。

⊙ 菜单栏：选择【绘图】→【修订云线】菜单命令。

⊙ 命令行：在命令行中输入【Revcloud】命令并按【Enter】键，然后按命令行提示进行操作。

图 3-76 启动【修订云线】命令

3.操作简述

下面举例修订云线的绘制过程。具体操作步骤如下。

启动【矩形修订云线】，选择【矩形】按钮，指定第一个角点，如图 3-77(a)所示。指定第二个角点，绘制结果如图 3-77(b)所示。

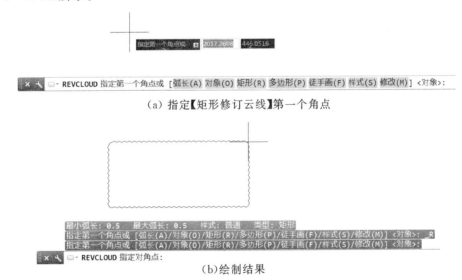

(a) 指定【矩形修订云线】第一个角点

(b)绘制结果

图 3-77 绘制【修订云线】

4.选项含义

【弧长(A)】：指定云线的最小弧长和最大弧长，默认情况下弧长的最小值为 0.5 个单位。

【对象(O)】：可以选择一个封闭图形，如矩形、多边形，并将其转换为云线路径。

【样式(S)】：指定修订云线的方式，包括"普通""手绘"两种样式。

3.11 创建面域

1.概述

面域是具有物理特性（如形心或质量中心）的二维封闭区域，可以将现有面域组合成单个或复杂的面域来计算面积。面域的边界由端点相连的曲线组成，曲线上的每个端点仅连接两条边。

2.绘制【面域】

在 AutoCAD 2018 中调用【面域】命令通常有以下方法：

⊙ 选项板：单击【选项卡面板】→【绘图】→【面域】按钮 ◎。

⊙ 菜单栏：选择【绘图】→【面域】菜单命令。

⊙ 命令行：在命令行中输入【Region/Reg】命令并按【Enter】键，然后按命令行提示进行操作。

3.操作简述

下面举例绘制【面域】的过程。具体操作步骤如下。

利用【圆弧】【直线】命令绘制图形，如图 3－78(a)所示。在创建面域之前，选择圆弧或直线段，可以看到每段图形边界是独立存在的，如图 3－78(b)所示。启动【面域】命令，并按【Enter】键确认，在绘图区域选择整个图形对象作为组成面域的对象，如图 3－78(c)所示。按【Enter】键确认，然后在绘图区域中选择图形边界，结果圆弧和直线组成一个整体，如图 3－78(d)所示。

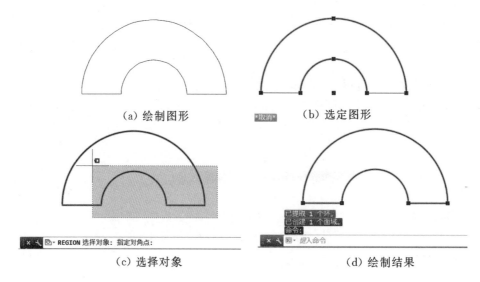

（a）绘制图形　　　　　　（b）选定图形

（c）选择对象　　　　　　（d）绘制结果

图 3－78　绘制【面域】

3.12 图案填充及编辑

1.概述

为了表示某一区域的材质或用料，常对其画上一定的图案。图形中的填充图案描述了对象的材料特性并增加了图形的可读性。通常，填充图案帮助绘图者实现了表达信息的目的，还可以创建渐变色填充，产生增强演示图形的效果。使用填充图案、实体填充或渐变填充来填充封闭区域或选定对象，图案填充常用来表示断面或材料特征。

2.创建【图案填充】

在 AutoCAD 2018 中创建【图案填充】命令通常有以下方法：

⊙选项板：单击【选项卡面板】→【绘图】→【图案填充】按钮 。

⊙菜单栏：选择【绘图】→【图案填充】菜单命令。

⊙命令行：在命令行中输入【Hatch/H】命令并按【Enter】键，然后按命令行提示进行操作。

执行【图案填充】命令后,AutoCAD 自动弹出【图案填充创建】选项卡,如图 3-79 所示。

图 3-79　【图案填充】选项卡面板

【图案填充创建】选项卡中各选项含义如下。

【边界】面板:设置拾取点和填充区域的边界。

【图案】面板:指定图案填充的各种图案形状。

【特性】面板:指定图案填充的类型、背景色、透明度,选定填充图案的角度和比例。

【原点】面板:控制填充图案生成的起始位置。某些图案填充(如砖块图案),需要与图案填充边界上的一点对齐。默认情况下,所有图案填充原点都对应于当前的 UCS 原点。

【选项】面板:控制几个常用的图案填充或填充选项,并可以通过选择【特性匹配】选项使用选定图案填充对象的特性对指定的边界进行填充。

【关闭】面板:单击此面板中的按钮,将关闭图案填充创建。

(3)操作简述

下面举例创建【图案填充】的过程。具体操作步骤如下。

利用【椭弧】、【多边形】命令绘制图形,如图 3-80(a)所示。启动【图案填充】命令,在弹出【图案填充创建】选项卡中单击【图案】右侧的下三角按钮,弹出图案填充的图案选项,选择"ANSI31"图案为填充图案,如图 3-80(b)所示。在【特性】面板中,设置适当的【填充图案比例】,如图 3-80(c)所示。在绘图区域单击拾取图案填充区域,按空格键结束图案填充命令,结果如图 3-80(d)所示。

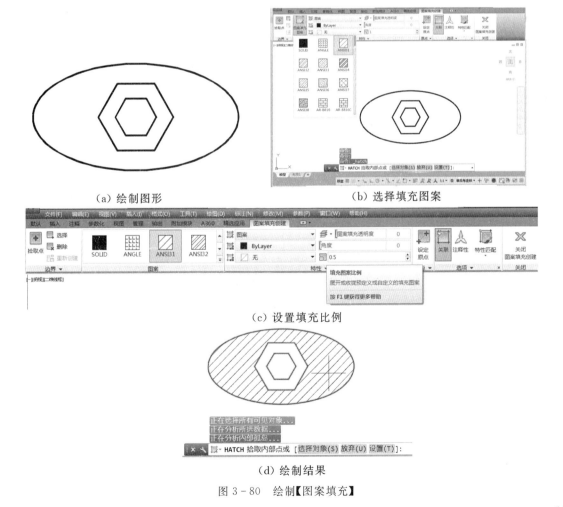

(a) 绘制图形　　　　　　　　　　(b) 选择填充图案

(c) 设置填充比例

(d) 绘制结果

图 3-80　绘制【图案填充】

4. 编辑【图案填充】

修改特定于图案填充的特性,例如,现有图案填充或填充的图案、比例和角度。在 AutoCAD 2018 中调用【图案填充编辑】命令通常有以下方法:

⊙ 选项板:单击【选项卡面板】→【修改】→【编辑图案填充】按钮。

⊙ 菜单栏:选择【修改】→【对象】→【图案填充】菜单命令。

⊙ 命令行:在命令行中输入【Hatchedit/He】命令并按【Enter】键,然后按命令行提示进行操作。

5. 操作简述

下面举例通过将地板砖填充图案改为钢筋混凝土填充。具体操作步骤如下。

利用【圆弧】、【直线】命令绘制图形,如图 3-81(a)所示。启动【图案填充】命令,选择"ANGLE"图案填充图形,如图 3-81(b)所示。启动【图案填充编辑】对话框,如图 3-81(c)所示。在【图案】后面的下拉列表中选择【AR-CONC】选项,如图 3-81(d)。单击【比例】下拉列表,设置适当的比例,如图 3-81(e)所示。结果如图 3-81(f)所示。

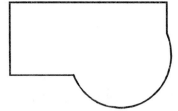

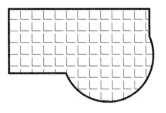

(a) 绘制图形　　　　　　　　　　(b) 对图形进行图案填充

(c) 启动【图案填充编辑】对话框

图 3-81　编辑【图案填充】

（d）重新选择填充图案

（e）设置比例

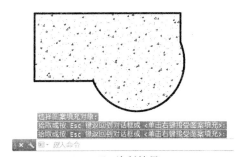

（f）绘制结果

图 3-81 编辑【图案填充】

第4章　编辑平面图形

使用 AutoCAD 2018 绘制复杂图形时,如果仅采用绘图工具栏中的命令,则绘图的效率和准确率都会较低。此时,需要使用 AutoCAD 2018 的图形编辑工具、方法和命令,可以快速地对图形进行修改编辑。

主要的图形编辑命令存在于【修改】菜单栏以及相应的【修改】选项板中,如图 4-1 所示。

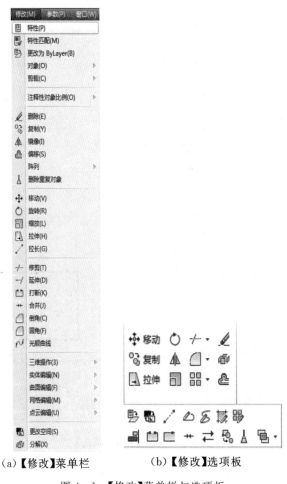

(a)【修改】菜单栏　　(b)【修改】选项板

图 4-1　【修改】菜单栏与选项板

4.1　对象的选择方法与技巧

在编辑图形对象时,首先涉及到的就是如何快速准确地选择对象,掌握对象选择的方法是编辑图形的基础。

在编辑图形过程中,编辑的图形对象的集合称为选择集。选择对象的方法主要有【指点式】【窗口】【交叉窗口】【栏选】【圈围】【圈交】和【索套】选择(自 AutoCAD 2015 之后新增的功能)。还可以选择距离目前操作最近创建的对象,图形中的所有对象,即【全部选择】,以及在选择集中添加对象或删除对象。

4.1.1　选择对象

在执行选择命令中,系统要求用户选择对象时,命令输入栏中计算机提示选择对象,此时用户可以用各种计算机提示的方法在绘图区域以交互方式选择对象,被选中的对象以虚线加亮显示。选择完成后,用户可以用【空格】键、【Enter】键完成选择操作。或者按【Esc】键将选择中断,或放弃刚刚操作的选择集。

1.【指点式】选择

【指点式】选择是最常用的选择方式,执行需要选择对象的命令后,十字光标会变成拾取框"□",用鼠标移动拾取框到图形的对象上,将对象逐个选择。该方法适用于选择单个对象。

2.【窗口】选择

通过拖动十字光标,画出一个矩形的窗口。点击鼠标左键,确定矩形窗口的一个角点,从左向右拖动十字光标(左上至右下或左下至右上),会显示一个浅蓝色底的实线矩形窗口框,如图 4-2(a)所示;全部被包含在窗口内的可见对象可以被选择,只有部分落入窗口内的可见对象不被选择,如图 4-2(b)所示。

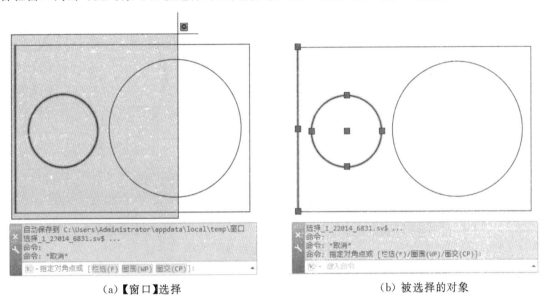

(a)【窗口】选择　　　　　　　　　　(b) 被选择的对象

图 4-2　【窗口】选择对象

3.【交叉窗口】选择

交叉窗口的操作与【窗口】选择类似,从右向左拖动十字光标(右上至左下或右下至左上)随着光标的移动将显示一个浅绿色底的虚线窗口框,如图 4-3(a)所示;包含在该窗口内以及与窗口边界相交的可见对象,都可以被选择上,如图 4-3(b)所示。

除了以上三种常用的方式,还可以使用【栏选】【圈围】和【圈交】对图形对象进行选择。下面以直接选择图形对象为例,对操作方法进行具体的介绍。

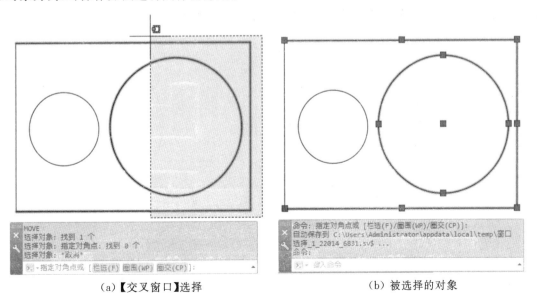

(a)【交叉窗口】选择　　　　　　　　(b) 被选择的对象

图 4-3　【交叉窗口】选择对象

1.【栏选】

点击鼠标左键,使用十字光标,在空白区域拖出【窗口】或者【交叉窗口】的时候,不松开鼠标左键,在命令行中输入 F,即可以采用【栏选(F)】方式进行对象选择。命令行具体显示如下所示。

命令:指定对角点或【栏选(F)/ 圈围(wp)/ 圈交(cp)】:F【Enter】

命令:指定下一个栏选点或【放弃(U)】:// 用十字光标依次单击输入折线的各个端点,如图 4-4(a)所示。

命令:指定下一个栏选点或【放弃(U)】:【Enter】

所有与折线相接触的对象都被选择,如图 4-4(b)所示。

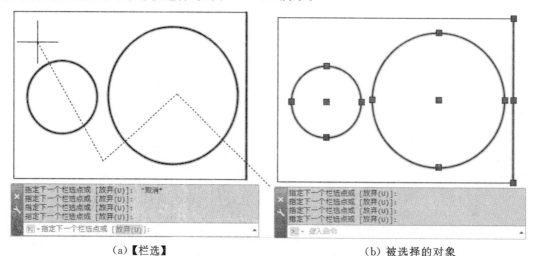

(a)【栏选】　　　　　　　　　　(b) 被选择的对象

图 4-4　【栏选】对象

2.【圈围】选择

点击鼠标左键,使用十字光标,在空白区域拖出【窗口】或者【交叉窗口】的时候,不松开鼠标左键,在命令行中输入 wp,即可采用【圈围(wp)】方式进行图形对象的选择。用十字光标依次单击画出多边形的各个端点,多边形轮廓线为细实线,内部为淡蓝色,被多边形完全包裹的对象会被选择。命令行具体显示如下所示。

命令:指定对角点或【栏选(F)/ 圈围(wp)/ 圈交(cp)】:wp　【Enter】//如图 4-5(a)所示。

命令:指定直线的端点或【放弃(U)】:　// 用十字光标依次单击输入各个端点,则画出实线围成的多边形,如图 4-5(a)所示。

命令:指定直线的端点或【放弃(U)】:　【Enter】

被多边形完全包裹的对象会被选择,选择的结果如图 4-5(b)所示。

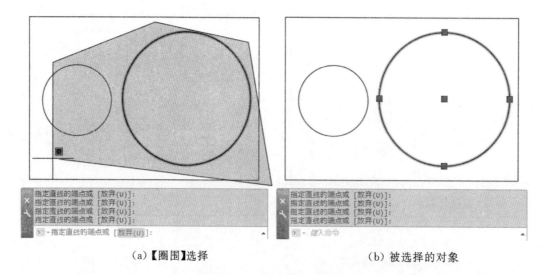

(a)【圈围】选择　　　　　　　　　(b) 被选择的对象

图 4-5　【圈围】选择对象

3.【圈交】选择

点击鼠标左键,使用十字光标,在空白区域拖出【窗口】或者【交叉窗口】的时候,不松开鼠标左键,在命令行中输入 cp,即可采用【圈交(cp)】方式进行图形对象的选择。用十字光标依次单击画出多边形的各个端点,多边形轮廓线为细虚线,内部为淡绿色,与多边形的外轮廓相交的对象会被选择。所画的多边形,其外轮廓不可以相交。命令行具体显示如下所示。

命令:指定对角点或【栏选(F)/ 圈围(wp)/ 圈交(cp)】:cp【Enter】

命令:指定直线的端点或【放弃(U)】:// 用十字光标依次单击输入各个端点,画出细虚线围成的多边形,如图 4-6(a)所示。

命令:指定直线的端点或【放弃(U)】:　【Enter】

与多边形的外轮廓相交的对象会被选择上,选择的结果如图 4-6(b)所示。

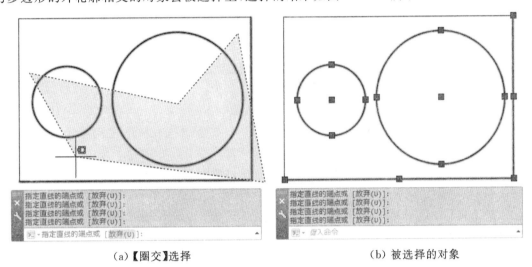

(a)【圈交】选择　　　　　　　　　　　(b) 被选择的对象

图 4-6　【圈交】选择对象

通过上面的操作,发现【圈围】和【窗口】选择对象的方法类似,而【圈交】和【交叉窗口】选择对象的方法类似。

1.【索套】选择

按住鼠标不松拖动形成所经过路径的不规则轨迹,通过扫掠过的面积来确定选择对象范围,由于这个功能不好控制,所以使用的较少,可在选项中关闭这个功能。在菜单栏中选择【工具】→【选项】→【选择集】→【选项模式】,去掉【允许按住并拖动索套】的对勾,并勾选【允许按住并拖动对象】,即可恢复老版本可以按住鼠标拖动出选择矩形的功能,如图 4-7 所示。

2.【全部选择】

选择非冻结层上的所有可见与不可见对象。在执行编辑命令时,需要选择对象,就可以采用【全部选择】,输入 ALL,将所有对象都选择上。

4.1.2　选择方式的设置

用户可以通过设置合适的选择方式,使操作变得更方便快捷。执行【选择方式的设置】命令有如下几种方式。

⊙ 菜单栏:【工具】→【选项】→【选项】对话框→【选择集】选项卡。

⊙ 命令行:输入【Option/ OP 】命令。

执行命令后,系统会弹出如图 4-7 所示的对话框:

对话框中的各项含义具体如下:

①【拾取框大小】:移动滑块,可以调整拾取框的大小。

②【选择集模式】选项组

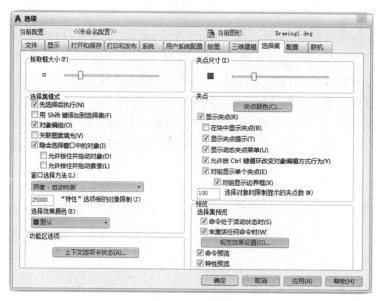

图 4 - 7 【选择集】选项卡

【先选择后执行】:先建立选择集,然后给出命令并执行。如果该选框打开,也可以先给出操作命令再选择需要编辑的对象。

【对象编组】:此项打开,对象组设为可选择,则当选择对象组中的一个成员时,则该组的每一个对象都会被选择。

【关联图案填充】:此项打开,当选择具有关联性的填充图案时,则填充图案的轮廓线也将被选中。

【隐含选择窗口中的对象】:此项打开,在屏幕的空白处拾取一点,则认为要采用【窗口】或【交叉窗口】的方式构造选择集。

【允许按住并拖动对象】:控制窗口选择的方法,此项打开,就可以用鼠标单击两个单独的点来绘制选择窗口。

【允许按住并拖动套索】:控制窗口选择的方法,此项打开,就可以用鼠标单击并拖动来绘制选择套索。

【窗口选择方法】选项组中包含两项:

【"特性"选项板中的对象限制】:可以更改选择对象的数目。

【选择效果颜色】:设置选择效果的颜色。

③【功能区选项】选项组

【上下文选项卡状态】:单击 上下文选项卡状态(A)... 按钮时,可以打开如图 4 - 8 所示的对话框,可以对【从上下文选项卡中调用命令时保留预先选择的选定内容】进行勾选,上下文选项卡的对象最大数量的默认值为 2500。

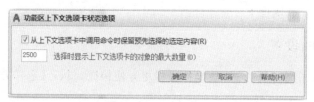

图 4 - 8 上下文选项卡状态选项

④【夹点尺寸】:移动滑块,可以调整夹点的大小。

⑤【夹点】选择组:在对象被选中后,对象上将显示夹点,夹点为蓝色实心小方块。

【夹点颜色】:可以指定不同夹点状态和元素的颜色。

【显示夹点】:控制夹点在选定对象上的显示。在图形中显示夹点会明显降低性能,关闭此选项可以优化性能。

【选择对象时限制显示的夹点数】：选择集包括的对象多于指定数量时，不显示夹点。默认设置值为 100。

⑥【选择集预览】选项组

【命令处于活动状况时】：仅当某个命令处于活动状态并显示【选择对象】提示时，才会显示选择预览。

【未激活任何命令时】：即使未激活任何命令，也可以显示选择预览。

【视觉效果设置】：单击 视觉效果设置(G)... 按钮，弹出如图 4-9 所示的对话框。该对话框中可以对【窗口选择区域颜色】和【窗交选择区域颜色】和【透明度】进行修改。

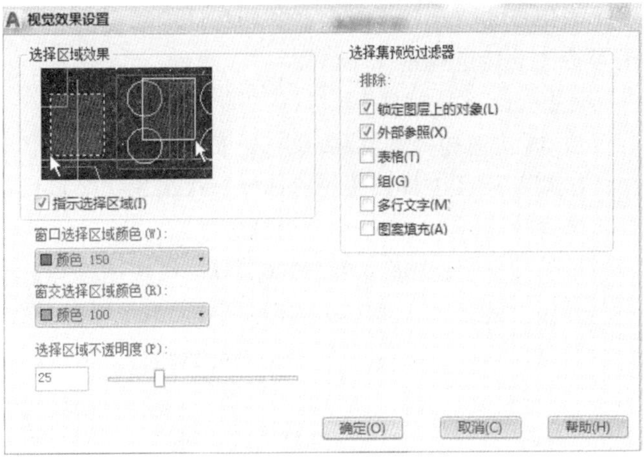

图 4-9 【视觉效果设置】对话框

4.1.3 循环选择对象

1. 概述

当需要选择的对象互相重叠，显示非常密集时，直接用拾取框选择对象，操作会很不方便，很有可能会选择上不需要的对象。此时可以利用【循环选择对象】的功能，选择到需要的图形对象。

2.【循环选择对象】启动

⊙ 【Shift】键＋【空格】键：当执行某一命令时，需要选择对象，此时将光标置于最前面的对象上，然后按住【Shift】键，并反复按【空格】键，当目标图形对象选上后，将【Shift】键松开，并单击鼠标确认目标对象。

⊙ 【选择循环】工具：在状态栏中，启用【选择循环】按钮 🖿，当选择重叠对象时，拾取框旁边出现 🖿 符号时，单击鼠标左键，系统会弹出如图 4-10(b)所示的【循环选择集】对话框。

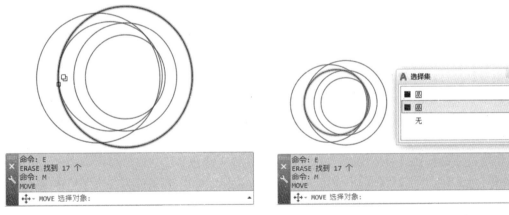

(a) 选择"圆"对象　　　　　　　(b)【循环选择集】选择对象

图 4-10 使用【循环选择集】选择图形

3. 操作简述

如图 4-10 所示，在对话框中可以用拾取框选择需要的图形。启用【选择循环】按钮，将拾取框靠近需要选择的对象，如图 4-10(a)所示；此时则会弹出【循环选择集】对话框，对话框中罗列出有可能被选择的对象，将光标移动到框中列表的目标对象中，此时目标对象会高亮显示，如图 4-10(b)所示。

4.1.4 快速选择对象

1.概述

当用户需要选择具有某些共同特性的对象时,可以用【快速选择】对话框,根据对象的图层、线型和颜色等特性构造选择集。

2.【快速选择对象】启动

启动【快速选择对象】命令有如下几种方式。

⊙菜单栏:【工具】→【快速选择】→【快速选择】对话框。

⊙命令行:输入【Qselect/QS】命令。

⊙快捷键:绘图区域单击鼠标右键→【快速选择】→【快速选择】对话框。

采用上述任何一种方式执行命令后,系统会弹出如图4－11所示的【快速选择】对话框。

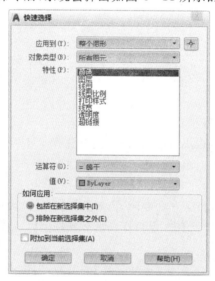

图4－11 【快速选择】对话框

【快速选择】对话框各项说明如下。

【应用到】:指定过滤标准的作用范围。默认的过滤范围是【整个图形】,还可以使用按钮 ✛ ,返回到绘图区域,选择用户需要的图形。

【对象类型】:可过滤对象的类型,默认为所有图元。

【特性】:用于指定过滤对象的特性,如颜色、图层和线型等。

【运算符】:取决于所选的对象,可选择等于、不等于、大于、小于和全部选择。如图4－12所示。

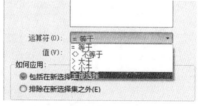

图4－12 【运算符】选择

【值】:指定过滤的特性值。特性值可以是随层、随块或者颜色。

可以在【特性】、【运算符】和【值】中设定多个表达式表示的条件,各条件为逻辑"与"的关系。

【如何应用】选择组中包括两项。

【包括在新选择集中】:符合设定条件的对象创建为新的选择集。

【排除在新选择集之外】:符合设定条件的对象被排除在选择集之外。

3.操作简述

如图4－13(a)所示的图形对象,图形圆均采用相同的黑色绘制,采用【快速选择】的方法,可以很快将图形对象中所有的圆选择上,而不影响其他图形。

使用 ✛ 按钮,将图形对象全部选择,如图4－13(a)所示,【应用到】里面显示为【当前选择】,【对象类型】选择为"圆",【特性】选择为"颜色",【运算符】为"＝等于",【值】为"Bylayer",选择【包括在新选择集中】,最后点击【确定】,如图4－13(b)所示;选中的圆如图4－13(c)所示。

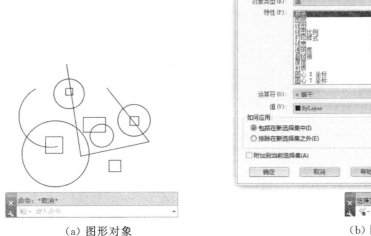

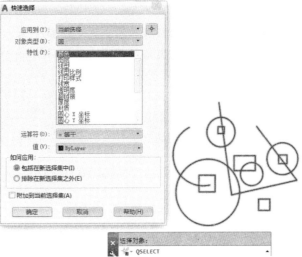

（a）图形对象　　　　　　　　　　　　　　（b）【快速选择】圆

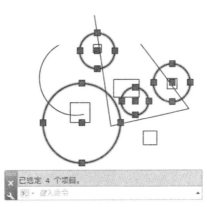

（c）圆组成的新选择集

图 4-13　【快速选择】图形对象中的圆

4.2　夹点编辑图形

4.2.1　夹点的概念

当单击要编辑的图形对象后,被选中图形的特征点(如端点、圆心、象限点)将显示为蓝色的小方块,如图 4-14(a)所示中的这些小方块就是夹点。

（a）夹点　　　　　　　　　　　　　　　　（b）热夹点

图 4-14　夹点及夹点状态

4.2.2 夹点显示方式控制

夹点有两种状态,未激活和激活状态。单击某个未激活的夹点,该夹点被激活,显示成红色的小方块,激活状态的夹点也称之为热夹点,如图 4-14(b)所示中的圆心点。

在 AutoCAD 中,用户可以根据自己的爱好对夹点的外观进行设置,选择【工具】→【选项】命令,打开【选项】对话框,如图 4-15 所示。打开【选择集选项卡】,在其中可以对夹点的大小、颜色等属性进行相关的设置。

图 4-15 【选项】对话框

4.2.3 使用夹点编辑

1.使用夹点拉伸对象

使用夹点拉伸对象是指在不执行任何命令的情况下选择对象,显示其夹点,然后选中某个夹点,将夹点作为拉伸的基点自动进入拉伸编辑方式。

选择夹点后,命令行将出现如下提示:

指定拉伸点或［基点(B)/复制(C)/放弃(U)/退出(X)］:

选项说明:

⊙【基点(B)】:是重新确定拉伸基点。选择此项,AutoCAD 2018 将接着提示指定基点,在此提示下指定一个点作为基点来执行拉伸操作。

⊙【复制(C)】:允许用户进行多次拉伸操作。选择此项,用户可以进行多次拉伸操作,此时用户可以确定一系列的拉伸点,以实现多次拉伸。

⊙【放弃(U)】:可以取消上一次操作。

⊙【退出(X)】:退出当前的操作。

如图 4-16 所示为利用对直线右侧的夹点拉伸实现对直线的拉伸操作。

2.使用夹点移动对象

移动对象仅仅是位置上的平移,对象的方向和大小不会发生改变。要精确地移动对象,可以使用捕捉模式,在夹点编辑状态下确定基点后,在命令提示行输入【MO】,按【Enter】键进入移动模式,命令提示行出现如下提示信息:

指定移动点或［基点(B)/复制(C)/放弃(U)/退出(X)］:

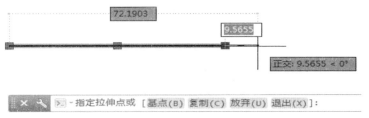

图 4-16　图形利用夹点拉伸

通过输入点的坐标或拾取点的方式来确定平移对象的目标点后，即可以基点为平移的起点，以目标点为终点将所选对象平移到新位置，如图 4-17 所示。

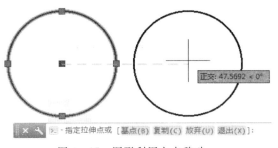

图 4-17　图形利用夹点移动

3. 使用夹点旋转对象

在夹点编辑模式下，确定基点后，在命令提示行输入【RO】，按【Enter】键，进入旋转模式，命令提示行将显示如下信息：

指定旋转角度或 ［基点(B)/复制(C)/放弃(U)/参照(R)/退出(X)］：

默认情况下，输入旋转的角度值后或通过拖动方式确定旋转角度后，即可将对象绕基点旋转指定的角度，如图 4-18 所示。

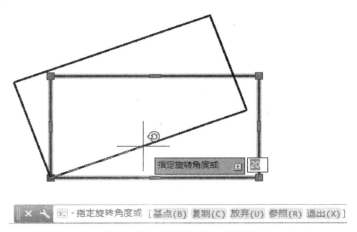

图 4-18　图形利用夹点旋转

4. 使用夹点比例缩放

在夹点编辑模式下，确定基点后，在命令提示行输入【SC】进入缩放模式，命令提示行将显示如下信息：

指定比例因子或 ［基点(B)/复制(C)/放弃(U)/参照(R)/退出(X)］：

默认情况下，当确定了比例因子后，AutoCAD 2018 将相对于基点进行缩放对象操作。

如图 4-19 所示为通过夹点缩放命令实现对平面图形的比例缩放操作。

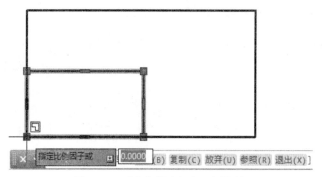

图 4-19　图形利用夹点比例缩放

4.3　放弃与重做

4.3.1　放弃

1.概述

在 AutoCAD 2018 中,系统提供了图形的恢复功能。使用图形恢复功能,可以取消绘图过程中的操作。

2.【放弃】命令启动

启动【放弃】命令的方式有如下几种。

⊙ 标题栏:单击【自定义快速访问】工具栏中的【放弃】按钮 ⇦ 。

⊙ 菜单栏:在下拉式菜单选择【编辑】→【放弃】菜单命令。

⊙ 命令行:输入执行【Undo】或【U】命令。

⊙ 快捷键:【Ctrl＋Z】。

4.3.2　重做

1.概述

在 AutoCAD 中,系统提供了图形的重做功能。使用图形重做功能,可以重新执行放弃的操作。

2.【重做】命令启动

启动【重做】命令的方式有如下几种。

⊙ 标题栏:单击【自定义快速访问】工具栏中的【重做】按钮 ⇨ 。

⊙ 菜单栏:在菜单栏中选择【编辑】→【重做】菜单命令。

⊙ 命令行:输入【Redo】命令。

4.4　删除与恢复对象

4.4.1　删除对象

1.概述

【删除】命令用于删除对象。可以先执行删除命令,再选择需要删除的对象;也可以先选择需要删除的对象,再执行删除命令。

2.【删除】命令启动

启动【删除】命令有如下三种方式。

⊙ 菜单栏:【修改】→【删除】。

⊙ 选项板:单击默认【选项卡面板】→【编辑】→【删除】按钮 ✐。

⊙ 命令行:输入【Erase/E】命令。

4.4.2 删除重复对象

1.概述

【删除重复对象】命令可用于删除图形中很多重叠的图形对象。在绘图中,经常会有很多图线重复,显示是一个图形对象,实际上是许多图形对象线重叠在一起。此时对图线的利用或再修改,带来了一定的难度,可以使用【删除重复对象】的命令,删除重复的图线。

2.【删除重复对象】命令启动

启动【删除重复对象】命令有如下三种方式。

⊙ 菜单栏:【修改】→【删除重复对象】。

⊙ 选项板:单击默认【选项卡面板】→【编辑】→【删除重复对象】按钮 ▲。

⊙ 命令行:输入【Overkill/OV】命令。

3.操作简述

如图 4-20(a)所示的一段直线,是由一条粗实线,一条虚线和一条点画线重合在一起,点画线在最上层;执行【删除重复对象】命令,用【窗口】或者【交叉窗口】(注意:不能用拾取框选择,这样的话只能选中1个对象)选择该对象,3 个对象被选中,如图 4-20(b)所示;按【Enter】键,弹出如图 4-20(c)所示的【删除重复对象】对话框,可以忽略对象的颜色、图层特性和线性;点击【确定】按钮后,即可将该段重复的线合并为一条点画线【最上层的线保留】,如图 4-20(d)所示。

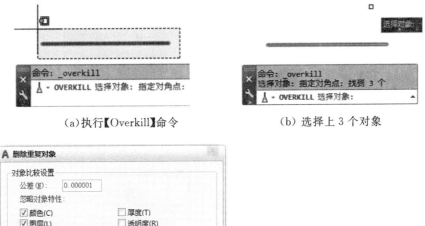

(a)执行【Overkill】命令 　　　　　　　　(b) 选择上 3 个对象

(c)【删除重复对象】对话框 　　　　　　　(d) 删除重复对象后的结果

图 4-20 【删除重复对象】

4.4.3 恢复对象

1.概述

【Oops】命令可用于恢复最近的一次绘图操作中通过【删除】,【块】或【写块】命令删除的对象。不能使用 Oops 恢复通过【清理】命令删除的图层上的对象。

(2)【Oops】命令启动

启动【Oops】命令有一种方式。

⊙ 命令行:输入【Oops/OO】命令。

4.5 图形变换

4.5.1 移动

1.概述

【移动】命令可以将图形按照指定的方向和距离进行移动。移动后对象并不改变其方向和大小。

2.【移动】命令启动

启动【移动】命令的方式有如下几种。

⊙ 选项板:单击【修改】选项板中的【移动】按钮 。

⊙ 菜单栏:在菜单栏中选择【修改】→【移动】菜单命令。

⊙ 命令行:输入【Move/M】命令。

3.操作简述

启动【移动】命令,如图 4－21(a)所示;在命令行信息提示时,用鼠标框选的方式选择俯视图,如图 4－21(b)所示;选完后按【Enter】键,系统要求选择基点,鼠标单击俯视图周围绘图区域任一点为基点,并打

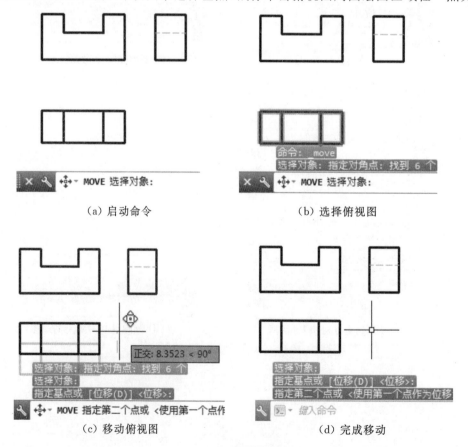

(a) 启动命令　　　　(b) 选择俯视图

(c) 移动俯视图　　　　(d) 完成移动

图 4－21 【移动】图形

开【正交】选项,系统提示选择第二个点,把鼠标向上移动到适当位置,如图 4-21(c)所示;单击即可完成作图,如图 4-21(d)所示。

4.选项含义

在执行【移动】命令之后,命令行中各选项含义如下:

【选择对象】:选择要移动的对象。

【指定基点】:选择要移动对象的基准点。

【位移】:输入要移动的距离。

【指定第 2 个点】:选择基点要移动到的位置。

4.5.2　旋转

1.概述

【旋转】命令用于将选择对象围绕指定的基点进行旋转一定的角度。在旋转对象时,如果输入的角度为正值,系统将按逆时针方向旋转;如果输入的角度为负值,则按顺时针方向旋转。

2.【旋转】命令启动

启动【旋转】命令的方式有如下几种。

⊙ 选项板:单击【修改】选项板中的【旋转】按钮 。

⊙ 菜单栏:在菜单栏中选择【修改】→【旋转】菜单命令。

⊙ 命令行:输入【Rotate/Ro】命令。

3.操作简述

启动【移动】命令,如图 4-22(a)所示;命令行信息提示时,用鼠标框选的方式选择图形,如图 4-22(b)所示;选完后按【Enter】键,系统要求选择基点,鼠标选择点 A 为基点,如图 4-22(c)所示;系统提示输入旋转角度,输入-90 后按【Enter】键,得到旋转后的图形,如图 4-22(d)所示。

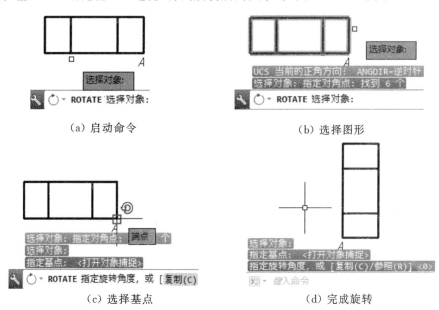

(a) 启动命令　　　　　　　　　　(b) 选择图形

(c) 选择基点　　　　　　　　　　(d) 完成旋转

图 4-22　【旋转】图形

4.选项含义

在执行【旋转】命令之后,命令行中各选项含义如下。

【选择对象】:选择要旋转的对象。

【指定基点】:选择要旋转对象的基准点。

【指定旋转角度】:输入对象要旋转的角度。

【复制】:旋转复制方式旋转,源对象保留。

【参照】：如果不知道应该旋转的角度，可以采用参照旋转的方式。

4.5.3 缩放

1.概述

【缩放】命令可以将对象按指定的比例因子改变大小，从而改变对象的尺寸，但不改变其状态。在缩放对象时，可以把整个对象或者对象的一部分沿 X、Y、Z 方向以相同的比例放大或缩小，由于三个方向上的缩放比例相同，因此保证了对象的形状不会发生变化。

2.【缩放】命令启动

启动【缩放】命令的方式有如下几种。

⊙选项板：单击【修改】选项板中的【缩放】按钮 。

⊙菜单栏：在菜单栏中选择【修改】→【缩放】菜单命令。

⊙命令行：输入【Scale/Sc】命令。

3.操作简述

启动【缩放】命令，如图 4 - 23(a)所示；命令行信息提示时，用鼠标框选的方式选择图形，如图 4 - 23(b)所示；选完后按【Enter】键，系统要求选择基点，鼠标选择点 A 为基点，如图 4 - 23(c)所示；系统提示输入比例因子，输入 2 后按【Enter】键，得到缩放后的图形，如图 4 - 23(d)所示。

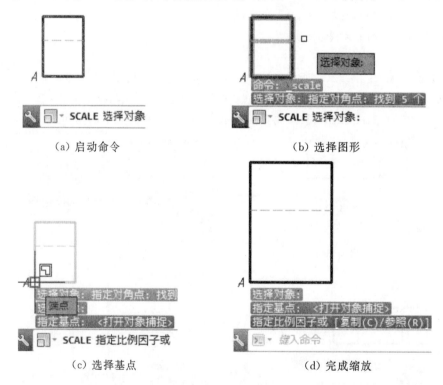

(a) 启动命令 　　　　　 (b) 选择图形

(c) 选择基点 　　　　　 (d) 完成缩放

图 4 - 23 【缩放】图形

4.选项含义

在执行【比例缩放】命令之后，命令行中各选项含义如下。

【选择对象】：选择要缩放的对象。

【指定基点】：选择要缩放对象的基准点。

【指定比例因子】：对象要放大或缩小的比例。

【复制】：旋转复制对象缩放，源对象保留。

【参照】：如果不知道新的长度的具体值，而是知道参考长度，则在新的长度或点(P)提示下，输入 P，然后拾取参考长度的两个端点，确定新的长度值。

4.5.4　拉长

1.概述

【拉长】命令可以精确的修改圆弧的包含角和某些对象的长度。可以修改开放直线、圆弧、开放多线段、椭圆弧和开放样条曲线的长度。

可以用以下几种方法改变对象长度：

⊙ 动态拖动对象的端点。

⊙ 按总长度或角度的百分比指定新长度或角度。

⊙ 指定从端点开始测量的增量长度或角度。

⊙ 指定对象的总绝对长度或包含角。

2.【拉长】命令启动

启动【拉长】命令的方式有如下几种。

⊙选项板：单击【修改】选项板中的【拉长】按钮 。

⊙菜单栏：在菜单栏中选择【修改】→【拉长】菜单命令。

⊙命令行：输入【Lengthen/Len】命令。

3.操作简述

启动【拉长】命令，如图 4－24(a)所示；命令行信息提示选择要测量的对象，输入 DY 后按【Enter】键，如图 4－24(b)所示；命令行信息提示选择要修改的对象，鼠标选择圆弧后如图 4－24(c)所示；命令行信息提示指定新端点，鼠标选择直线右端点得到拉长后的图形，如图 4－24(d)所示。

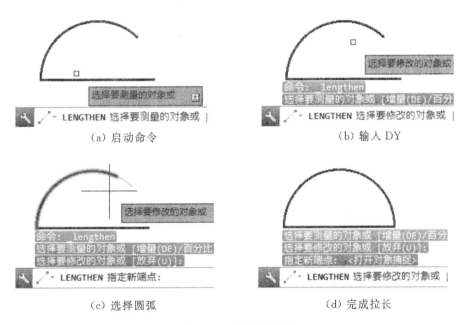

（a）启动命令　　　　　　　　　（b）输入 DY

（c）选择圆弧　　　　　　　　　（d）完成拉长

图 4－24　【拉长】图形

4.选项含义

在执行【拉长】命令之后，命令行中各选项含义如下：

【增量(DE)】：是以指定的增量修改对象的长度，或修改圆弧的度数，该增量从距离选择点最近的端点处开始测量，正值拉伸对象，负值修剪对象。

【百分数(P)】：是按照对象总长度的指定百分数修改对象长度，大于 100％拉长对象，小于 100％缩短对象。

【全部(T)】：是通过指定从固定端点测量的总长度的绝对值来设置选定对象的长度，全部选项也按照指定的总角度设置选定圆弧的包含角。

【动态(DY)】:是通过拖动选定对象的端点之一来改变其长度,其他端点保持不变,动态方式对样条曲线无效。

4.5.5 拉伸

1.概述

【拉伸】命令用于移动图形对象的指定部分,同时保持与图形对象未移动部分相连接。凡是与直线、圆弧、图案填充、多线段等对象的连线都可以拉伸。在拉伸的过程中需要指定一个基点,然后用窗交的方式选择拉伸对象,将对象捕捉、相对坐标输入和夹点编辑等结合在一起可以实现精确拉伸。

2.【拉伸】命令启动

启动【拉伸】命令的方式有如下几种。

⊙ 选项板:单击【修改】选项板中的【拉伸】按钮。

⊙ 菜单栏:在菜单栏中选择【修改】→【拉伸】菜单命令。

⊙ 命令行:输入【Stretch/S】命令。

3.操作简述

启动【拉伸】命令,如图 4 - 25(a)所示;命令行信息提示选择要拉伸的对象,鼠标框选图形右侧部分,如图 4 - 25(b)所示;选择完后按【Enter】键,命令行信息提示选择基点,如图 4 - 25(c)所示;鼠标选择图形附近任一点为基点后可对图形进行拉伸,如图 4 - 25(d)所示。

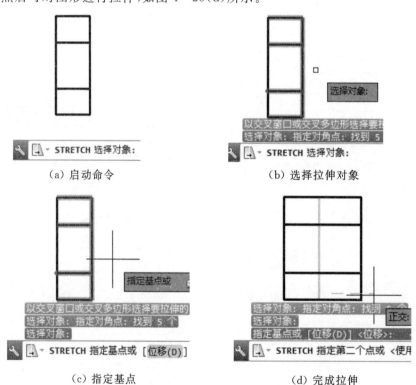

（a）启动命令 （b）选择拉伸对象

（c）指定基点 （d）完成拉伸

图 4 - 25 【拉伸】图形

4.选项含义

在执行【拉伸】命令之后,命令行中各选项含义如下。

【选择对象】:选择要拉伸的对象。

【指定基点】:选择要拉伸对象的起始点。

【位移】:对象要拉伸的尺寸。

【指定第二个点】:基点要拉伸到的位置。

4.5.6　对齐

1.概述

【对齐】命令可以将一个对象与另一个对象对齐,对齐的对象可以是二维图形也可以是三维实体。对齐命令常在零件的装配时使用。在进行对象对齐时,首先选择要对齐的对象,再一一指定源点和目标点,并确定是否将对象缩放到对齐点,通过端点对象捕捉可以精确的对齐对象。对齐命令实质上是移动、旋转、缩放命令的综合。对象先移动和旋转到指定位置,然后缩放。第一个目标点是缩放的基点,第一个源点和第二个源点之间的距离是参照长度,第一个目标点和第二个目标点之间的距离是新的参照长度。

2.【对齐】命令启动

启动【对齐】命令的方式有如下几种。

⊙ 选项板:单击【修改】选项板中的【对齐】按钮。

⊙ 菜单栏:在菜单栏中选择【修改】→【三维操作】→【对齐】菜单命令。

⊙ 命令行:输入【Align/Al】命令。

3.操作简述

启动【对齐】命令,如图 4－26(a)所示;命令行信息提示选择要对齐的对象,鼠标选择底下的图形,如图 4－26(b)所示;选择完后按【Enter】键,命令行信息提示指定第一个源点,鼠标选择点 A,如图 4－26(c)所示;选择后,命令行信息提示指定第一个目标点,鼠标选择点 C,如图 4－26(d)所示;选择后,命令行信息提示指定第二个源点,鼠标选择点 B,如图 4－26(e)所示;选择后,命令行信息提示指定第二个目标点,鼠标选择点 D,如图 4－26(f)所示;选择后,命令行信息提示指定第三个源点或继续,如图 4－26(g)所示;直接按【Enter】键,命令行信息提示是否基于对齐点缩放对象,继续按【Enter】键,得到对齐后的图形,如图 4－26(h)所示。

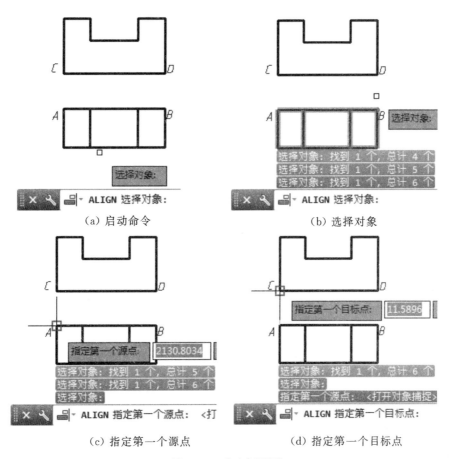

（a）启动命令　　　　　　　　（b）选择对象

（c）指定第一个源点　　（d）指定第一个目标点

图 4－26　【对齐】图形

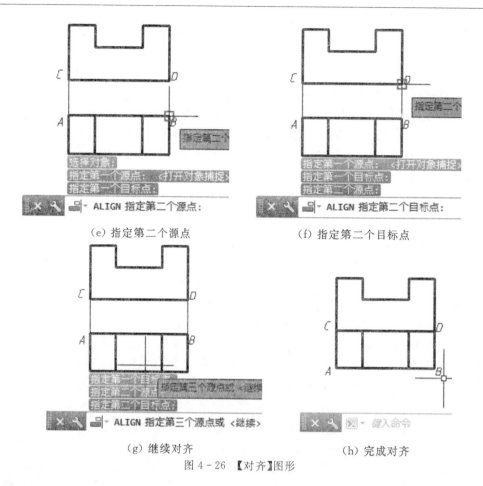

（e）指定第二个源点　　　　　　　（f）指定第二个目标点

（g）继续对齐　　　　　　　　　（h）完成对齐

图 4-26　【对齐】图形

4.选项含义

在执行【对齐】命令之后,命令行中各选项含义如下:

【选择对象】:选择要对齐的对象。

【指定第一个源点】:选择要对齐对象上第一个基准点。

【指定第一个目标点】:选择目标对象上与对齐对象一个基准点要对齐的点。

【指定第二个源点】:选择要对齐对象上第二个基准点。

【指定第二个目标点】:选择目标对象上与对齐对象二个基准点要对齐的点。

【指定第三个源点】:选择要对齐对象上第三个基准点。若是二维图形可直接回车省略。

【指定第三个目标点】:选择目标对象上与对齐对象三个基准点要对齐的点。若是二维图形可直接回车省略。

【是否基于对齐点缩放对象】:要对齐对象可以按目标对象目标点进行比例缩放。

4.6　复制、镜像、阵列与偏移

在 AutoCAD 2018 中可以通过【复制】【镜像】【阵列】和【偏移】命令将会产生多个形状相同的图形。

4.6.1 复制对象

1.概述

【复制】命令可以将当前的图形进行反复复制,复制的图形与原对象位于相同的图层,具有相同的特性。

除了使用【复制】命令,还可以使用【剪贴板】命令复制图形。【剪贴板】复制图形不仅可以在图形内,还可以在多个图形文件之间复制图形,但是无法对所复制的图形进行精确的定位。

2.【复制】命令启动

(1)启动【复制】命令有如下三种方式。

⊙ 菜单栏:【修改】→【复制】。

⊙ 选项板:单击默认【选项卡面板】→【编辑】→【复制】按钮 ⁰ᵒ³。

⊙ 命令行:输入【Copy/CO】命令 。

(2)启动【复制】命令后,命令行的主要信息提示有:

命令:Copy【Enter】

Copy 选择对象:【Enter】

Copy 指定基点或[位移(D)/模式(O)]<位移>:

Copy 指定第二个点或[阵列(A)]<使用第一个点作为位移>:

Copy 指定第二个点或【阵列(A)/ 退出(E)/放弃(U)】<退出>:

(3)命令行选项说明如下

【指定基点】:复制图形对象的参考点,需要用十字光标在图形上选取一个点,以该点为基准,对图形进行复制。

【位移】:源图形对象和目标图形对象之间的位移距离。

【模式】:设置【复制】的模式为【单个复制】或者【多重复制】。系统默认为【多重复制】。

【阵列】:可以将源图形对象进行线性阵列式的复制,副本数量需要输入。

【指定第二个点】:以第一个点为基点,通过指定第二个点确定目标图形对象的位移距离。

【退出】:结束该命令。

【放弃】:放弃前一次【复制】操作。

3.操作简述

如图 4-27 所示,使用【复制】命令,将"花"图形对象依次复制到直线端点的目标位置。执行【拷贝】命令,如图 4-27(a)所示;选择需要复制的对象"花"图形,如图 4-27(b)所示;选择"花"图形中心点为基点,如图 4-27(c)所示;分别依次拷贝图形,指定每一个目标点为直线段的端点,最后得到目标图形,如图 4-27(d)所示。

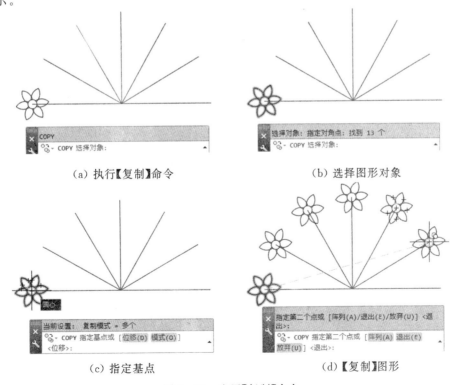

(a) 执行【复制】命令   (b) 选择图形对象

(c) 指定基点   (d)【复制】图形

图 4-27 应用【复制】命令

4.6.2 镜像命令

1.概述

【镜像】命令是利用两点定义的镜像轴来镜像复制图形,创建出与源图形对称的图形。

2.【镜像】命令启动

(1)启动【镜像】命令有如下三种方式。

⊙ 菜单栏:【修改】→【镜像】。

⊙ 选项板:单击默认【选项卡面板】→【编辑】→【镜像】按钮 ◢◣。

⊙ 命令行:输入【Mirror/MI】命令。

(2)启动【镜像】命令后,命令行的主要信息提示有:

命令:Mirror【Enter】

Mirror 选择对象:【Enter】

Mirror 指定镜像线的第一点:

Mirror 指定镜像线的第二点:

Mirror 要删除源对象吗【是(Y)/ 否(N)/】＜否＞:【Enter】

(3)命令行选项说明如下。

【指定镜像线的第一点】:用十字光标确定镜像轴上的第一个点。

【指定镜像线的第二点】:用十字光标确定镜像轴上的第二个点。

【要删除源对象吗[是(Y)/否(N)]＜N＞】:选择是否删除源对象,是(Y)为删除,否(N)为保留源对象。否(N)为默认的选项。

3.操作简述

(1)【镜像】图形

将已绘制的楼梯扶手断面图的一半,利用【镜像命令】,绘制出另外一半图形。该扶手断面为以竖向对称线为镜像对称的图形,执行【镜像】命令,如图 4－28(a)所示;【选择对象】选择已知的一半图形,如图4－28(b)所示,【指定镜像线的第一点】选择竖向对称线的上方的点,如图 4－28(c)所示;【指定镜像线的第一点】选择竖向对称线的下方的点,如图 4－28(d)所示;不删除源对象,得到目标图形,如图 4－28 (e),(f)所示。

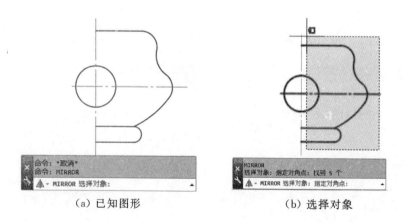

(a) 已知图形　　　　　　　　(b) 选择对象

图 4－28 【镜像】图形

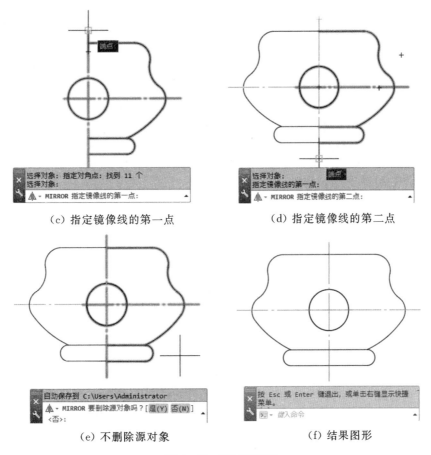

（c）指定镜像线的第一点　　　　　　（d）指定镜像线的第二点

（e）不删除源对象　　　　　　　　（f）结果图形

图 4 - 28 【镜像】图形

（2）【镜像】文字

默认情况下，镜像"文字"对象时，不更改文字的方向。如果确实要反转文字，可以在命令行中键入【MIRRTEXT】，并将【MIRRTEXT】系统变量设置为 1。在命令行中输入【MIRRTEXT】系统变量，其初始默认值为 0。具体如图 4 - 29 所示。

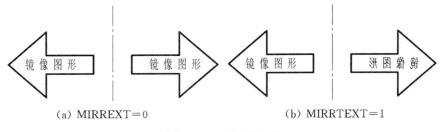

（a）MIRREXT＝0　　　　　　　　　（b）MIRRTEXT＝1

图 4 - 29 【镜像】文字

4.6.3　阵列

1.概述

【阵列】命令是按照指定方式创建目标图形对象。AutoCAD 2018 给我们提供了三种阵列的方法，分别是【矩形阵列】【路径阵列】和【环形阵列】。

2.【阵列】命令启动

启动【阵列】命令有如下三种方式。

⊙ 菜单栏：【修改】→【阵列】。

⊙ 选项板：单击默认【选项卡面板】→【编辑】→【阵列】按钮 ⊞ ▾。

⊙ 命令行:输入【Array/AR】命令。

3.矩形阵列

(1)概述

【矩形阵列】命令是在水平和竖直方向按照指定的行距和列距创建目标图形对象。

(2)【矩形阵列】命令启动

启动【矩形阵列】命令有如下三种方式。

⊙ 菜单栏:【修改】→【阵列】。

⊙ 选项板:单击默认【选项卡面板】→【编辑】→【阵列】→【矩形阵列】██████。

⊙ 命令行:输入【Arrayrect/AR】命令。

选择矩形阵列后,将出现矩形阵列预览,命令行的主要信息提示有:

命令:Arrayrect【Enter】。

Arrayrect 选择对象:【Enter】

类型＝矩形　关联＝是

Arrayrect 选择夹点以编辑阵列或[关联(AS)/基点(B)/间距(S)/列数(COL)/行数(R)/层数(L)/退出(X)]＜退出＞:

命令行选项说明如下。

【关联】:阵列中的所有图形都不是独立的,可以对阵列特性进行编辑,如改变间距、项目数和轴间角等。编辑项目的源对象时,其他的各项目也会随着改变或采用替代项目特性来编辑。非关联指的是阵列中的项目为独立的对象,更改一个项目不影响其他项目。

【基点】:阵列对象的基准点,默认为单一对象的中心,也可以设置其他的点。

【计数】:指定行数和列数并使用户在移动光标时可以动态观察结果,该方法比"行和列"选项更快捷。

【间距】:指定行间距和列间距,同时用户在移动光标时可以动态观察结果。

【列数】:确定列数。

【行数】:确定行数。

【层数】:指定阵列中的层数。

(3)操作简述

执行【矩形阵列】命令,将正六边形阵列为 4 行 4 列,满足行距 15mm,列距 20mm 的图形,如图 4－30(a)所示。执行【矩形阵列】命令,选择正六边形图形对象,如图 4－30(b)所示;选择六边形对象,按【Enter】键,绘图界面显示出 3 行 4 列的矩阵图形,如图 4－30(c)所示。按照目标图形的要求,对参数进行修改。可以直接点击命令提示语或者输入命令中对应的字母进行交互,调整矩形阵列的参数值。

①方法一:与命令行交互

输入行数为 4,如图 4－30(d)所示;指定行距为 15,如图 4－30(e)所示;输入列数为 4,如图 4－30(f)所示;指定列距为 20,见图 4－30(g)所示;最后得到结果图形。

②方法二:编辑夹点与命令行交互结合

可以直接通过拖动夹点,向计算机发出命令,由此调整间距、行数和列数。下面对每一个夹点的功能进行介绍,夹点编号如图 4－31 所示。

【1 号夹点】:是基点,十字光标放置在该夹点上并点击左键拖动鼠标,可以实现移动阵列且源对象不受影响。单击【1 号夹点】,可以继续在命令行中对阵列进行编辑。

【2 号夹点】:用十字光标单击【2 号夹点】,并拖动【2 号夹点】可以改变每一列之间的距离。

【3 号夹点】:如果十字光标悬停在该夹点上,可以选择对列数、列总间距和轴间角进行设置。轴间角是矩形阵列两个方向矢量 X、Y 轴的夹角,默认为 90°。改变夹角时,Y 轴不变,只改变的是 X 轴对 Y 轴的夹角。若用十字光标单击【3 号夹点】,并拖动【3 号夹点】可以只改变列的数量。

【4 号夹点】:用十字光标单击【4 号夹点】,并拖动【4 号夹点】可以改变每一行之间的距离。

【5 号夹点】:如果十字光标悬停在该夹点上,可以选择对行数、行总间距和轴间角进行设置。轴间角

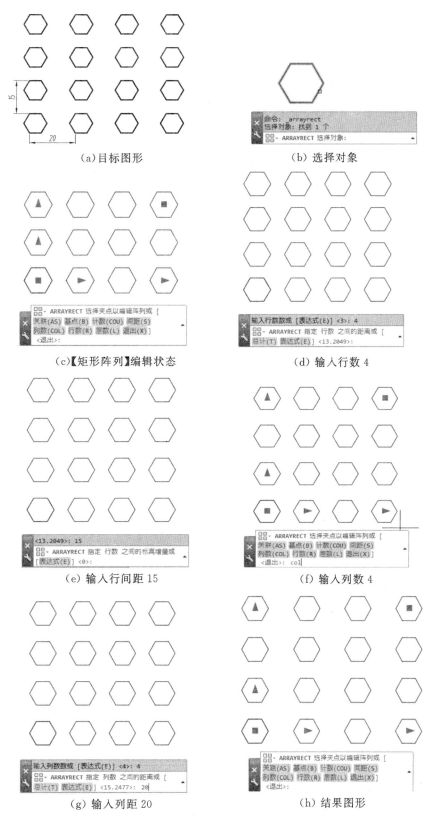

（a）目标图形　　　　　　　　　　（b）选择对象

（c）【矩形阵列】编辑状态　　　　　　（d）输入行数 4

（e）输入行间距 15　　　　　　　　（f）输入列数 4

（g）输入列距 20　　　　　　　　（h）结果图形

图 4 - 30　【矩形阵列】方法一

是矩形阵列两个方向矢量 X、Y 轴的夹角，默认为 90°。改变夹角时，X 轴不变，只改变的是 Y 轴对 X 轴的夹角。若用鼠标单击【5 号夹点】，并拖动【5 号夹点】可以只改变行的数量。

　　【6 号夹点】：用十字光标单击【6 号夹点】，并拖动【6 号夹点】可以在不改变行、列距离的情况下，改变行和列的数量。

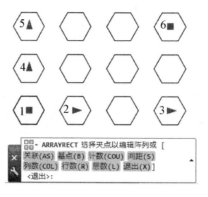

图 4-31 【矩形阵列】预览

重新执行【矩形阵列】命令，进入【矩形阵列】编辑状态，如图 4-32(a)所示；将十字光标点击【2 号夹点】，在命令行中输入列距为 20，如图 4-32(b)所示；将十字光标点击【4 号夹点】，在命令行中输入行距 15，如图 4-32(c)所示；将十字光标点击【5 号夹点】，在命令行中输入行数 4，如图 4-32(d)所示。最后完成目标图形。

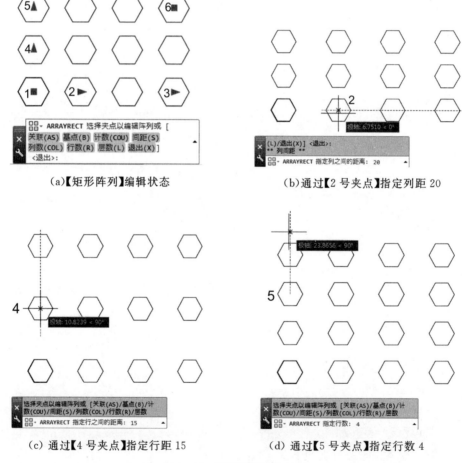

(a)【矩形阵列】编辑状态　　　　　　　(b)通过【2 号夹点】指定列距 20

(c)通过【4 号夹点】指定行距 15　　　　(d)通过【5 号夹点】指定行数 4

图 4-32 【矩形阵列】方法二

以上通过命令行交互和夹点编辑，完成了六边形图形的阵列。下面可以继续对夹点进行编辑，使矩形阵列完成一定角度的旋转。

③改变轴角度

将十字光标悬停在【3 号夹点】和【5 号夹点】上，会弹出编辑菜单，选择【轴角度】可以设置矩形阵列后图形 X 轴和 Y 轴的相对轴角度。下面依次设置矩形阵列后的图形 X 轴相对 Y 轴方向的轴角度 60 度，Y

轴方向相对 X 轴方向的轴角度为 90 度。

　　将十字光标悬停在【3 号夹点】，编辑菜单显示【列数】、【列间距】和【轴角度】，如图 4 - 33（a）所示；选择【轴角度】，并在命令行中输入【轴角度】为 60 度，完成 X 轴对 Y 轴方向的轴角度 60 度，如图 4 - 33（c）

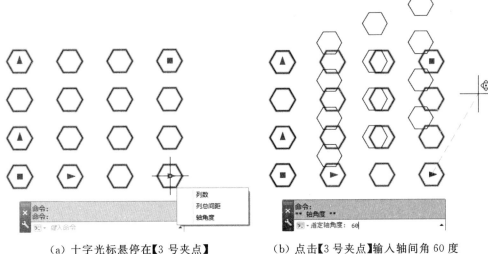

　　　（a）十字光标悬停在【3 号夹点】　　　　　　　　（b）点击【3 号夹点】输入轴间角 60 度

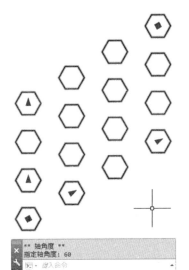

　　　（c）X 轴对 Y 轴方向的轴角度为 60 度　　　　　　（d）十字光标悬停在【5 号夹点】

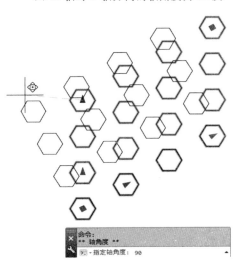
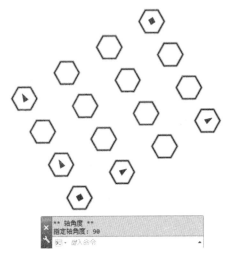

　　　（e）点击【5 号夹点】输入轴角度 90 度　　　　　　　（f）结果图形

图 4 - 33　【矩形阵列】编辑轴角度

所示;将十字光标悬停在 5 号夹点,如图 4-33(d)所示;选择【轴角度】,并在命令行中输入【轴角度】90度,完成 Y 轴对 X 轴方向的轴角度为 60 度,如图 4-33(e)所示。最后得到结果图形如图 4-33(f)所示。

4.路径阵列

(1)概述

【路径阵列】将选定的图形对象的复制对象沿着路径或者部分路径进行均匀分布,创建目标图形对象。

(2)【路径阵列】命令启动

启动【路径阵列】命令有如下三种方式。

⊙菜单栏:【修改】→【阵列】。

⊙选项板:单击默认【选项卡面板】→【编辑】→【阵列】→【路径阵列】按钮 。

⊙命令行:输入【Arraypath/AR】命令。

选择路径阵列后,将出现路径阵列预览,命令行的主要信息提示有:

命令:Arraypath【Enter】

Arraypath 选择路径曲线:【Enter】

Arraypath 选择夹点以编辑阵列或[关联(AS)/方法(M)/基点(B)/切向(T)/项目(I)/行(R)/层(L)/对其项目(A)/Z 方向(Z)/退出(X)]<退出>:

命令行选项说明如下。

【路径曲线】:路径可以是直线、多段线、三维多段线、样条曲线、螺旋、圆弧、圆或椭圆等。

【方法】:设置每个项目沿路径是等距分布还是定数分布。

【切向】:设置每个元素对路径的位置,有切向和法向两种位置关系。切向和法向都需要设定一个基点,阵列后该基点始终和路径相交。切向路径阵列的基点始终与路径贴合,路径切向与 1 到 2 点所指的方向一致,如图 4-34 所示;法向路径与平面图形的法向一致,如图 4-35 所示。

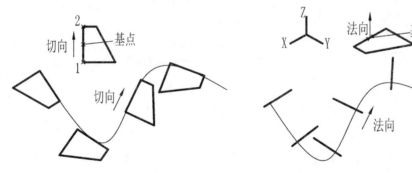

图 4-34　切向路径阵列　　　　　图 4-35　法向路径阵列

【项目】:指定元素间的距离和元素的个数。

【行】:设置元素的行数、行间距和每行之间的标高增量。

【对齐项目】:设置阵列项目是否与路径的方向相切。

【方向】:控制是否保持项目的原始 Z 方向或沿着三维路径自然倾斜项目。

(3)操作简述

执行【路径阵列】命令,使"五角星"图形,沿着曲线路径进行阵列,每个项目之间的间距为 20mm,项目个数为 5,得到如图 4-36 所示的目标图形。

图 4-36　目标图形

方法一：命令行交互

执行【路径阵列】命令，选择对象"五角星"图形，如图 4-37（a）所示，选择路径"波浪线"，如图 4-37（b）所示。按【Enter】键后，出现路径阵列预览图形，如图 4-37（c）所示；点击【项目(I)】，输入项目间距为 20，输入项目个数为 5，如图 4-37（d），（e）所示；得到结果图形，如图 4-37（f）所示。

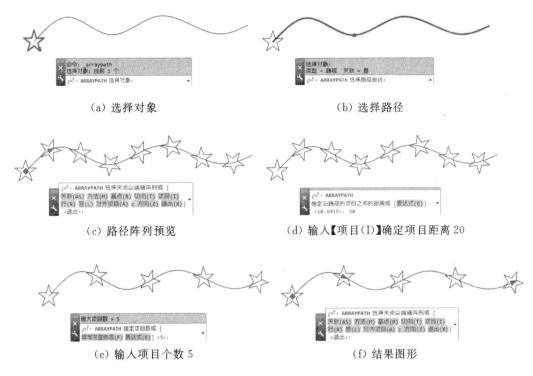

（a）选择对象　　　　　　　　　　　　（b）选择路径

（c）路径阵列预览　　　　　　　（d）输入【项目(I)】确定项目距离 20

（e）输入项目个数 5　　　　　　　　　（f）结果图形

图 4-37　方法一【路径阵列】

方法二：编辑夹点与命令行交互结合

可以直接通过拖动夹点，给计算机发出命令，由此调整项目间距和项目个数。下面对每一个夹点的功能进行介绍。重新执行【路径阵列】命令，得到路径阵列预览图，图中有两个夹点，编号为 1 和 2，如图 4-38(a)所示。

【1 号夹点】：是基点，鼠标悬停在该夹点上，可以进行设定行数和层数。

【2 号夹点】：设置每个项目之间的间距和项目个数。

重新执行【路径阵列】命令，进入【路径阵列】编辑状态，如图 4-38(a)所示；将十字光标点击【2 号夹点】，在命令行中输入项目间距 20，如图 4-38(b)所示；得到结果图形，如图 4-38(c)所示。

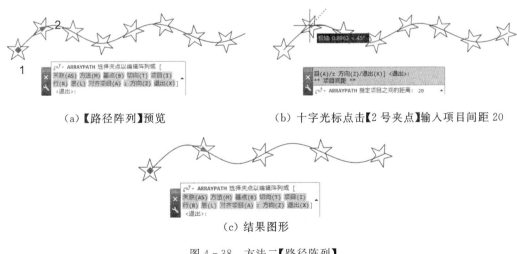

（a）【路径阵列】预览　　　　　（b）十字光标点击【2 号夹点】输入项目间距 20

（c）结果图形

图 4-38　方法二【路径阵列】

5. 环形阵列

(1) 概述

【环形阵列】将选定的对象均匀围绕中心点或旋转轴进行阵列,创建目标图形对象。

(2)【环形阵列】命令启动

启动【环形阵列】命令有如下三种方式。

⊙ 菜单栏:【修改】→【阵列】。

⊙ 选项板:【选项卡面板】→【编辑】→【阵列】→【环形阵列】按钮 。

⊙ 命令行:输入【Arraypolar/AR】命令。

选择环形阵列后,将出现环形阵列预览,命令行的主要信息提示有:

命令:Arrayploar【Enter】

Arrayploar 选择对象:【Enter】

指定阵列的中心点或[基点(B)/旋转轴(A)]:

选择夹点以编辑阵列或[关联(AS)/基点(B)/项目(I)/项目间角度(A)/填充角度(F)/行(ROW)/层(L)/旋转项目(ROT)/退出(X)]<退出>:

命令行选项说明如下。

【项目】:输入环形阵列的项目个数。

【项目间角度】:指定项目间的角度。

【填充角度】:指定填充角度。

【行】:输入行数、行间距和行之间的标高增量。

【旋转项目】:设置是否旋转阵列项目。如果为否,则项目不会围绕圆心进行旋转

(3) 操作简述

执行【环形阵列】命令,使车轮辐条图形,绕着车轮中心进行【环形阵列】,每个辐条夹角为 30 度,填充角度为 360 度,项目个数为 12 个,得到如图 4-39 所示的图形。

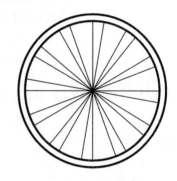

图 4-39　目标图形

方法一:命令行交互

选择单根"辐条"图形,选择圆心为阵列中心,如图 4-40(a),(b)所示;得到【环形阵列】预览,如图 4-40(c)所示;点击【项目间角度(A)】,在命令行中输入项目间角度为 30,如图 4-40(d)所示;选择【项目(I)】,输入项目数 12,如图 4-40(e)所示;选择【填充角度(F)】,输入填充角度为 360,如图 4-40(f)所示;最后得到结果图形,如图 4-40(g)所示。

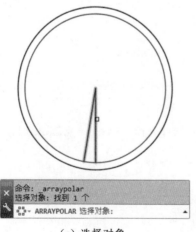

（a）选择对象

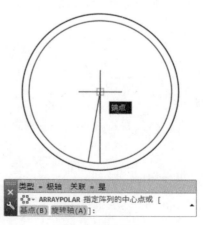

（b）选择阵列中心

图 4-40　方法一【环形阵列】

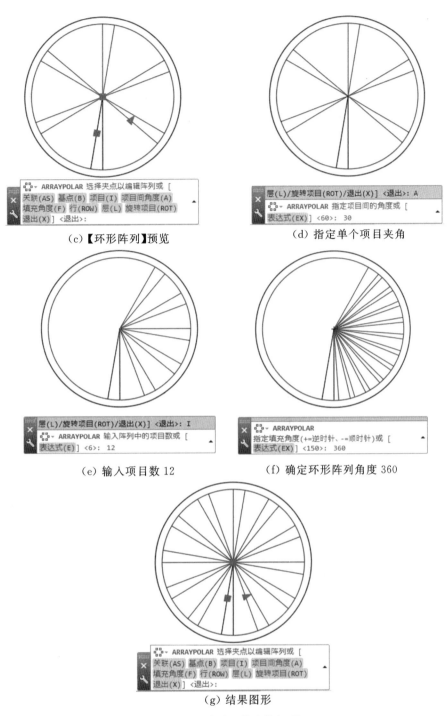

（c）【环形阵列】预览　　　　　　　　（d）指定单个项目夹角

（e）输入项目数 12　　　　　　　　　（f）确定环形阵列角度 360

（g）结果图形

图 4 - 40　方法一【环形阵列】

方法二：编辑夹点与命令行交互结合

可以直接通过拖动夹点，给计算机发出命令，由此调整项目夹角和项目个数。下面对每一个夹点的功能进行介绍。重新执行【环形阵列】命令，进入【环形阵列】编辑状态，有 4 个夹点，编号如图 4 - 41(a)所示。

【1 号夹点】：是基点，悬停在该夹点可以对环形阵列的半径、行数和层数等参数进行设置。

【2 号夹点】：项目间的角度，在环形阵列第一行的第二个项目上显示夹点间的角度。仅当阵列中有 3 个或更多项目时才显示此夹点。

【3 号夹点】：环形阵列所围绕的中心点。

当用十字光标点击【2 号夹点】并移动时，环形阵列的项目数会围绕【3 号夹点】发生旋转改变，此时松开鼠标，会出现第 4 个夹点，如图 4 - 41(b)所示。

【4 号夹点】：悬停在该夹点，可对环形阵列的项目数和填充角度等参数进行设置。

用鼠标将图中的所有辐条选中，同时出现 4 个夹点，接着用十字光标点击【2 号夹点】，输入项目间的角度为 30，如图 4−41(c)所示；再用十字光标悬停在【4 号夹点】，并在旁边弹出的菜单中，选择【项目数】，如图 4−41(d)所示；在命令输入行中输入项目数 12，如图 4−41(e)所示；再次将十字光标悬停在 4 号夹点，在弹出的菜单中选择【填充角度】，同时在命令输入行中输入填充角度为 360，如图 4−41(f)所示；最后得到结果图形，如图 4−41(g)所示。

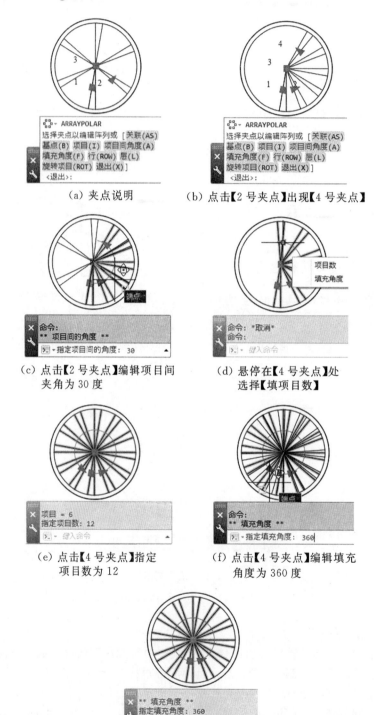

图 4−41 【环形阵列】方法二

6.【编辑阵列】

对阵列后得到的图形进行编辑,可以直接用十字光标点选图形对象,对控制图形的各个夹点进行操作,可以达到对阵列图形的编辑。上面已经详细阐述过,这里不再赘述。

(1)概述

AutoCAD 2018 同时为用户还提供了一些常用的编辑工具,里面包含对【阵列】图形的编辑。

(2)【编辑阵列】命令启动

启动【编辑阵列】命令有如下三种方式。

⊙ 菜单栏:【修改】→【对象】→【阵列】。

⊙ 选项板:单击默认【选项卡面板】→【编辑】→【阵列编辑】按钮 🞧。

⊙ 命令行:输入【Arrayedit/AR】命令。

(3)操作简述

将如图 4-42(a)所示的 4 行×4 列的阵列图形增加 1 行,其余特性不变。执行【编辑阵列】命令,选择阵列图形,如图 4-42(a)所示;弹出的快捷菜单,如图 4-42(b)所示;或者命令行中选择【行】,并输入行数为 5,如图 4-42(c)所示;得到结果图形,如图 4-42(d)所示。

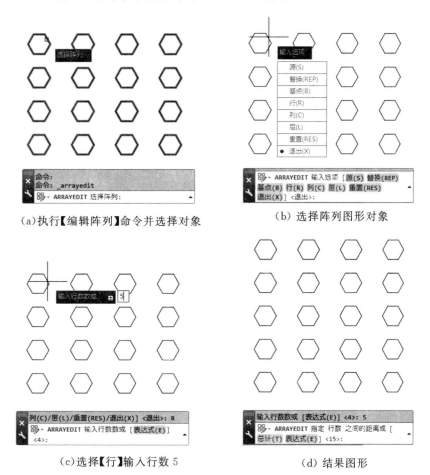

(a)执行【编辑阵列】命令并选择对象　　　　(b)选择阵列图形对象

(c)选择【行】输入行数 5　　　　(d)结果图形

图 4-42　【编辑阵列】命令的使用

4.6.4　偏移复制

1.概述

【偏移复制】命令用于根据指定距离构造所选对象的等距曲线。可以作为偏移的对象有:直线、圆、圆弧、椭圆、椭圆弧、二维多段线、构造线、射线和样条曲线等。

2.【偏移复制】命令启动

启动【偏移复制】命令有如下三种方式。

⊙ 菜单栏:【修改】→【偏移复制】。

⊙ 选项板:单击默认【选项卡面板】→【编辑】→【偏移】按钮⚒。

⊙ 命令行：输入【Offset/O】命令。

启动【偏移复制】命令后,命令行的主要信息提示有：

命令:Offset【Enter】

Offset 指定偏移距离或[通过(T)/删除(E)/图层(L)]<通过>： // 指定偏移距离

Offset 指定要偏移的那一侧上的点,或[退出(E)/多个(M)/放弃(U)]:

命令行选项说明如下。

【指定偏移距离】:输入偏移距离,可以直接键入距离值,也可以用鼠标单击两点之间的距离来定义。

【通过】:创建通过指定点的对象。

【删除】:偏移源对象后将其删除。

【图层】:将偏移对象创建在当前图层上还是源对象所在的图层上。

【多个】:不用再重复输入偏移距离,将当前偏移距离重复进行偏移操作。

3.操作简述

使用【偏移复制】命令,图 4-43(a)所示为多段直线段首尾相接组成的一个 L 形图形,对该图形的轮廓线向外侧进行偏移复制,偏移距离为 5,得到目标图形如图 4-43(b)所示。

①使用【直线】命令绘制的图形,需要多次不断地选择需要偏移复制的对象。执行【偏移复制】命令,指定偏移距离为 5,如图 4-44(a)所示;依次选择需要【偏移复制】的对象,如图 4-44(b)所示;选择要偏移的那一

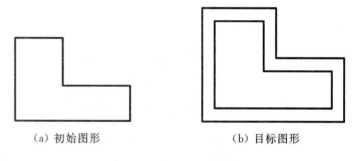

(a) 初始图形　　　　　(b) 目标图形

图 4-43　【偏移复制】图形

侧上的点,十字光标依次向外侧【指点式】选择,如图 4-44(c)所示;需要得到目标图形,还需要使用【修剪】和【延伸】命令进行编辑。

(a) 指定偏移距离 5　　　(b) 选择需要偏移复制的对象　　　(c) 指定需要偏移的那一侧上的点

图 4-44　【偏移复制】L 形图形方法一

②使用【多段线】命令绘制的 L 图形,偏移复制时,可以整体选择初始图形,快速得到目标图形。执行【偏移复制】命令,指定偏移距离为 5,如图 4-45(a)所示;选择需要【偏移复制】的对象,如图 4-45(b)所示;选择要偏移的那一侧上的点,十字光标向外侧点选,如图 4-45(c)所示;得到的目标图形,如图 4-45(d)所示。

③ 偏移复制的系统变量 OFFSETGAPTYPE 可用于控制偏移复制多段线的间隔闭合方式。默认值为 0 时,偏移复制后得到的图形如图 4-45(d)所示。

在命令行中输入 OFFSETGAPTYPE,使其值等于 1,如图 4-46(a)所示,则【偏移复制】后的图形是用圆弧线段连接多段线段,圆弧的半径等于偏移距离 5mm,如图 4-46(b)所示。

若在命令行中输入 OFFSETGAPTYPE,使其值等于 2,如图 4-47(a)所示,则【偏移复制】后的图形是用倒角线段连接的多段线段,倒角的垂直距离等于偏移距离 5mm,如图 4-47(b)所示。

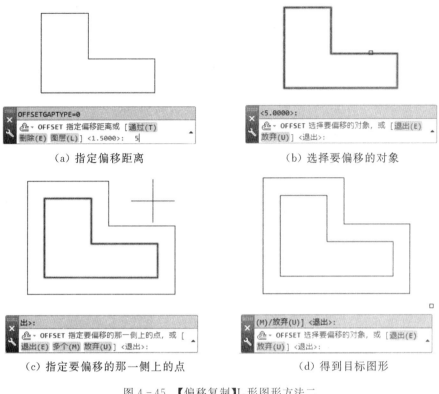

（a）指定偏移距离　　　　　　　　　　（b）选择要偏移的对象

（c）指定要偏移的那一侧上的点　　　　（d）得到目标图形

图 4-45　【偏移复制】L 形图形方法二

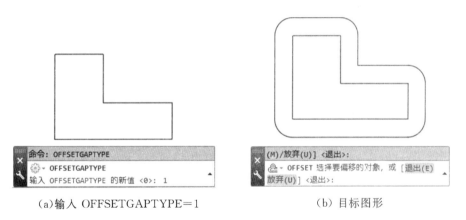

（a）输入 OFFSETGAPTYPE＝1　　　　　（b）目标图形

图 4-46　系统变量 OFFSETGAPTYPE＝1

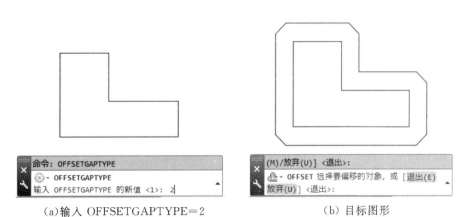

（a）输入 OFFSETGAPTYPE＝2　　　　　（b）目标图形

图 4-47　系统变量 OFFSETGAPTYPE＝2

4.7 图形修整

4.7.1 修剪

1.概述

【修剪】命令是通过指定的边界对图形对象进行修剪。修剪的对象可以是直线、多线段、圆弧、圆、样条曲线、尺寸、文本等对象。作为修剪的边界可以是除图块、网格、三维面和轨迹线以外的任何对象。

2.【修剪】命令启动

启动【修剪】命令的方式有如下几种。

⊙选项板:单击【修改】选项板中的【修剪】按钮 。

⊙菜单栏:在菜单栏中选择【修改】→【修剪】菜单命令。

⊙命令行:输入【Trim/Tr】命令。

3.操作简述

启动【修剪】命令,如图 4-48(a)所示。命令行信息提示选择要修剪到的位置,鼠标选择图形上的直线 AB,如图 4-48(b)所示;选择完后按【Enter】键,系统提示选择要修剪掉的部分,如图 4-48(c)所示;鼠标选择图形上的直线 BC 完成修剪,如图 4-48(d)所示。

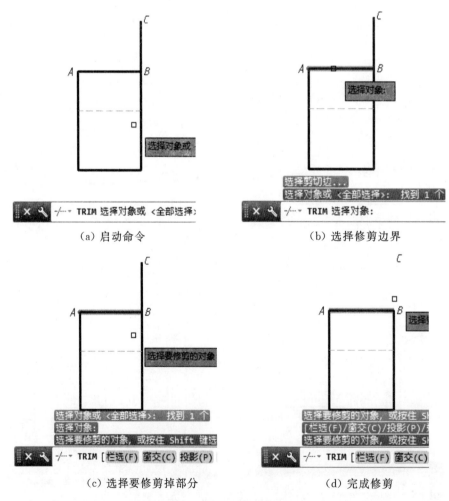

(a) 启动命令　　　　　　　　　　　(b) 选择修剪边界

(c) 选择要修剪掉部分　　　　　　　(d) 完成修剪

图 4-48 【修剪】图形

4.选项含义

在执行【修剪】命令之后,命令行中各选项含义如下:

【选择对象】:选择要修剪的对象。

【栏选(F)】:启用栏选的选择方式来选择对象。

【窗交(C)】:启用窗交的选择方式来选择对象。

【投影(P)】:修剪对象时使用的投影方法。以三维空间中的对象在二维平面上的投影边界作为修剪边界,可以指定 UCS 或视图作为投影平面,默认状态下的修剪将剪切边和待修剪的对象投影到当前用户坐标系(UCS)的 XY 平面上。

【边(E)】:用来确定修剪边的方式。包括“延伸”和“不延伸”选项,其中“延伸”是指延伸边界,被修剪的对象按照延伸边界进行修剪;“不延伸”表示不延伸修剪边,被修剪对象仅在与修剪边相交时才可以进行修剪。

【删除(R)】:删除选择的对象。

【放弃(U)】:用于取消由修剪命令最近所完成的操作。

4.7.2　延伸

1.概述

【延伸】命令和【修剪】命令的作用正好相反,可以将对象精确地延伸到其他对象定义的边界。【延伸】命令和【修剪】命令的操作方法也类似,需要指定边界线段和要延伸的线段。在【修剪】命令中按住【Shift】键可以执行延伸命令。同样,在【延伸】命令中按住【Shift】键可以执行【修剪】命令。

2.【延伸】命令启动

启动【延伸】命令的方式有如下几种。

⊙ 选项板:单击【修改】选项板中的【延伸】按钮 。

⊙ 菜单栏:在菜单栏中选择【修改】→【延伸】菜单命令。

⊙ 命令行:输入【Extend/Ex】命令。

3.操作简述

启动【延伸】命令,如图 4 - 49(a)所示;命令行信息提示选择要延伸到的位置,鼠标选择图形上的直线

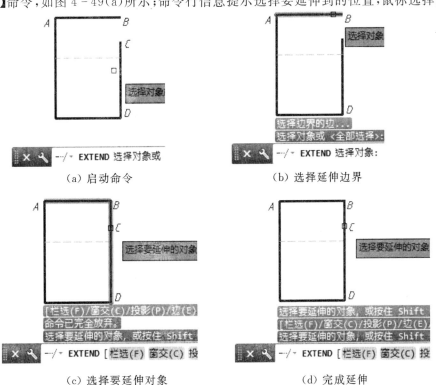

（a）启动命令　　　　　　　（b）选择延伸边界

（c）选择要延伸对象　　　　　（d）完成延伸

图 4 - 49　【延伸】图形

AB,如图 4-49(b)所示;选择完后后按【Enter】键,系统提示选择要延伸的对象,如图 4-49(c)所示;鼠标选择图形上的直线 CD 完成延伸,如图 4-49(d)所示。

4.选项含义

【延伸】命令选项中提示的各项含义与【修剪】命令中的相同。执行【延伸】命令进行延伸对象的过程中,可随时选择【放弃(U)】选项取消上一次的延伸操作。

4.7.3 光顺曲线

1.概述

【光顺曲线】命令是在两条选定的直线或曲线之间的间隙创建样条曲线。

2.【光顺曲线】命令启动

启动【光顺曲线】命令的方式有如下几种。

⊙ 选项板:单击【修改】选项板中的【光顺曲线】按钮 。

⊙ 菜单栏:在菜单栏中选择【修改】→【光顺曲线】菜单命令。

⊙ 命令行:输入【Blend】命令。

3.操作简述

启动【光顺曲线】命令,如图 4-50(a)所示;命令行信息提示选择第一个对象,鼠标选择图形上的直线 AB,如图 4-50(b)所示;命令行信息提示选择第二个点,鼠标放在直线 CD 上,如图 4-50(c)所示;在靠近点 C 处鼠标单击,完成光顺曲线操作,如图 4-50(d)所示。

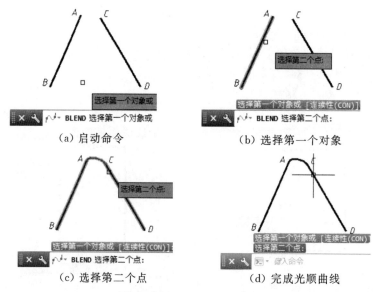

(a) 启动命令　　　　　(b) 选择第一个对象

(c) 选择第二个点　　　　　(d) 完成光顺曲线

图 4-50 【光顺曲线】图形

4.选项含义

在执行【光顺曲线】命令之后,命令行中各选项含义如下:

【选择第一个对象】:选择要光顺连接的第一条直线或曲线。

【连续性(CON)】:在两个对象之间进行光顺连接时,创建的样条曲线有两种模式。当指定为【相切】时,创建一条 3 阶样条曲线,在选定对象的端点处具有相切连续性。当指定为【平滑】时,创建一条 5 阶样条曲线,在选定对象的端点处具有曲率连续性。

【选择第二个点】:在要光顺连接的第二条直线或曲线上选择连接位置。

4.8　打断、合并与分解

用 AutoCAD 2018 绘制图形时,有时候需要将对象分隔为两段,或者将多个对象合并为一个对象。

4.8.1　打断对象

1.概述

【打断】命令可以打断直线、多段线、椭圆、样条曲线、构造线和射线。可以在对象上创建一个间隙或者将一个对象打断成两个具有同一端点的对象,这样将会产生两个对象。【打断】命令无法打断块、尺寸标注、多行文字和面域对象。

2.【打断】命令启动

①启动【打断】命令有如下三种方式。

⊙菜单栏:【修改】→【打断】。

⊙选项板:单击默认【选项卡面板】→【编辑】→【打断】按钮 🗂 🗀。

⊙命令行:输入【Break /BR】命令。

②启动【打断】命令后,命令行的主要信息提示有:

命令:Break【Enter】

Break 选择对象:

Break 指定第二个打断点或［第一点(F)］:【Enter】

③命令行选项说明如下。

【选择对象】:选择需要打断的对象,AutoCAD 2018 默认将选择对象的选择点作为第一个打断点,用户也可以通过【第一点(F)】选项重新制定第一个打断点。

【指定第二个打断点】:指定第二个打断点,就会删除第一个和第二个打断点之间的部分。如果第二个打断点和第一个打断点重合,则对象会被打断为两段,而不删除任何图线。

【第一点(F)】:输入 F,重新定义第一个打断点。

3.操作简述

使用【打断】命令,将矩形上方的第一条边在中点处分成两段。执行【打断】命令,用十字光标选择矩形的第一条水平边,如图 4-51(a)所示;点击【第一点(F)】,选择中点为第一个打断点,如图 4-51(b)所

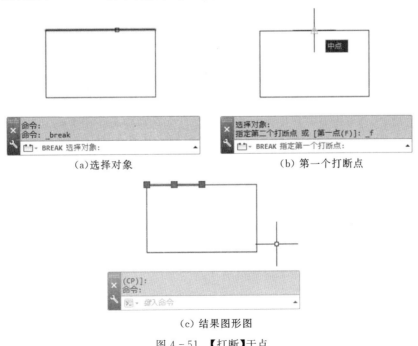

(a)选择对象　　　　　　　　　　　(b) 第一个打断点

(c) 结果图形图

图 4-51　【打断】于点

示;【Enter】得到结果图形,如图 4-51(c)所示。

使用【打断】命令,将图 4-52(a)所示的圆之间的直线段进行打断。执行【打断】命令,用十字光标选择圆内的直线段,如图 4-52(a)所示;点击【第一点(F)】,选择圆上左侧点为第一个打断点,选择圆上右侧的点为第二个打断点,如图 4-52(b),(c)所示;键入【Enter】,得到结果图形,如图 4-52(d)所示。

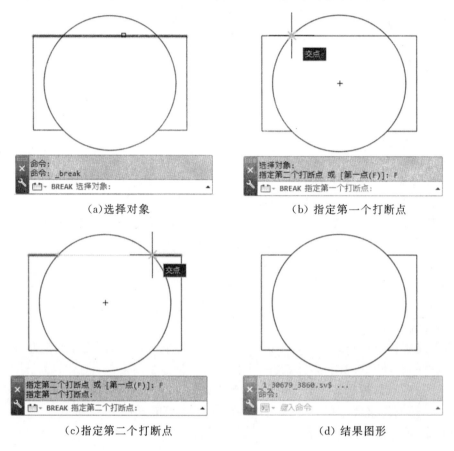

(a)选择对象   (b)指定第一个打断点

(c)指定第二个打断点   (d)结果图形

图 4-52   在两点之间【打断】

4.8.2   合并

1.概述

【合并】命令可以将多段线、直线、圆弧、椭圆弧和样条曲线等独立的线段合并为一个对象。当直线对象之间是共线,且它们之间有间隙,那么直线对象可以合并到源线。多段线对象可以合并到源多段线,并且所有对象必须连续且共面。圆弧可以合并到源圆弧,所有的圆弧对象必须具有相同半径和中心点,但是它们之间可以有间隙,合并时是从源圆弧按照逆时针方向合并圆弧。构造线、射线和闭合的对象无法被合并。

2.【合并】命令启动

①启动【合并】命令有如下三种方式。

⊙菜单栏:【修改】→【合并】。

⊙选项板:单击默认【选项卡面板】→【编辑】→【合并】按钮 ⼗⼗。

⊙命令行:输入【Join/ J】命令。

②启动【合并】命令后,命令行的主要信息提示有:

命令:Join【Enter】

Join 选择源对象或要一次合并的多个对象:

Join 选择要合并的对象:

join 椭圆弧,以合并到源或进行[闭合(L)]:

③命令行选项说明如下。

【选择对象源对象或要一次合并的多个对象】://选择源对象

【选择要合并的对象】:// 选择需要合并的对象

【选择椭圆弧,以合并到源或进行[闭合(L)]】: // 将圆弧转换为圆或将椭圆弧转换为椭圆,可以使用[闭合(L)]。

3.操作简述

使用【合并】命令,将图 4 - 53(a)所示的同圆心的两个椭圆弧合并为一个完整的椭圆弧。执行【合并】命令,如图 4 - 53(a)所示;选择源对象,如图 4 - 53(b)所示;选择要合并的对象,如图 4 - 53(c)所示;键入【Enter】,得到按照逆时针方向第一次合并的椭圆弧,如图 4 - 53(d)所示;再次执行【合并】命令,选择源对象,如图 4 - 53(e)所示;选择后键入【Enter】,点选【闭合(L)】,如图 4 - 53(f)所示;得到目标结果图形,如图 4 - 53(g)所示。

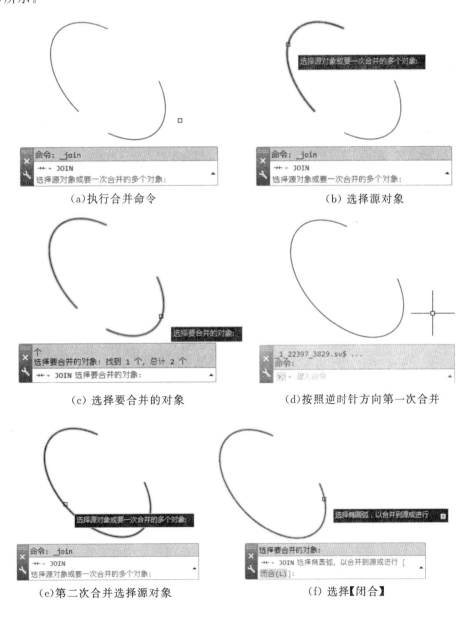

(a)执行合并命令　　　　　　　　　(b) 选择源对象

(c) 选择要合并的对象　　　　　　　(d)按照逆时针方向第一次合并

(e)第二次合并选择源对象　　　　　　(f) 选择【闭合】

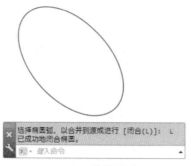

（g）结果图形

图 4-53 【合并】对象

4.8.3　分解

1.概述

【分解】命令可以分解多段线、图块、尺寸标注等复合对象,分解后形状不会发生变化,各部分可以独立进行编辑和修改。图形对象的图层、颜色、线型等特性将按一定规则进行处理,保留原有的特性或放置到当前层。【Xplode】命令同样可以分解对象,但是填充图案例外,同时还会改变对象的特性。该命令是不可逆的,特别是针对图案填充、尺寸标注和三维实体要谨慎使用。

2.【分解】命令启动

①启动【分解】命令有如下三种方式。

⊙菜单栏:【修改】→【分解】。

⊙选项板:单击默认【选项卡面板】→【编辑】→【分解】按钮🗔。

⊙命令行:输入【Explode/EX】,【Xplode/XP】命令。

②下面罗列了一些常用图形,经过分解后发生的变化:

【多段线】:放弃所有关联的宽度或切线信息,对于有宽度的多段线,将沿多段线中心生成直线和圆弧。

【多线】:分解成直线和圆弧。

【面域】:分解成直线、圆弧或样条曲线。

【多行文字】:分解成单行文字对象。

【标注和引线】:根据标注和引线的不同,可分解成直线、实体(如箭头)、多行文字等。

【图块】:图块一次只能分解一层。如果一个块内包含其他图块或多段线,分解后这些多段线和图块或保留,如果需要分解这些图形需要再次炸开。

4.9　倒角与圆角

4.9.1　倒角

1.概述

【倒角】命令是使用一条线段连接两个非平行的图线,用于倒角的图线一般有直线、多线段、矩形、多边形等,不能倒角的图线有圆、圆弧、椭圆和椭圆弧等。执行倒角命令时,要先设定倒角距离,然后指定倒角线。

2.【倒角】命令启动

启动【倒角】命令的方式有如下几种。

⊙选项板:单击【修改】选项板中的【倒角】按钮🟦。

⊙菜单栏:在菜单栏中选择【修改】→【倒角】菜单命令。

⊙命令行:输入【Chamfer/Cha】命令。

3.操作简述

启动【倒角】命令,如图 4 - 54(a)所示;命令行信息提示选择第一条直线,鼠标选择图形上的直线 AD,如图 4 - 54(b)所示;命令行信息提示选择第二条直线,鼠标选择图形上的直线 AB,完成图形左上角倒角,如图 4 - 54(c)所示;依次重复以上过程,可以完成对整个图形四个角进行倒角操作,如图 4 - 54(d)所示。

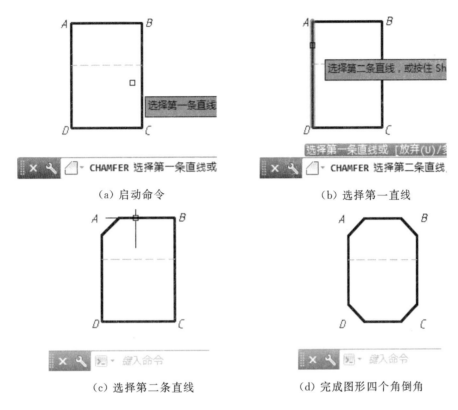

图 4 - 54　图形【倒角】操作

4.选项含义

在执行【倒角】命令之后,命令行中各选项含义如下。

⊙【选择第一条直线】:指定倒角所需的两条边中的第一条边或要倒角的三维实体的边。

⊙【放弃(U)】:恢复在命令中执行的上一个操作。

⊙【多段线(P)】:将对多段线每个顶点处的相交直线段作倒角处理,倒角将成为多段线新的组成部分。

⊙【距离(D)】:设置选定边的倒角距离值。执行该选项后,系统会继续提示,指定第一个倒角距离和指定第二个倒角距离。

⊙【角度(A)】:通过第一条线的倒角距离和第二条线的倒角角度设定倒角距离。选择该选项后,命令行中提示指定第一条直线的倒角长度和指定第一条直线的倒角角度。

⊙【修剪(T)】:用于确定倒角时是否对相应的倒角边进行修剪。选择该选项后,命令行中提示输入并执行修剪模式选项【修剪(T)/不修剪(N)】。

⊙【方式(E)】:设置用两个距离还是用一个距离和一个角度的方式来倒角。

⊙【多个(M)】:可重复对多个图形进行倒角修改。

4.9.2 圆角

1.概述

【圆角】命令是使用一段给定半径的圆弧光滑连接两条图线,一般情况下,用于圆角的图线有直线、多段线、样条曲线、圆弧和椭圆弧等。直线【圆角】命令前应先设定圆弧半径,再进行圆角。

2.【圆角】命令启动

启动【圆角】命令的方式有如下几种。

⊙ 选项板:单击【修改】选项板中的【圆角】按钮 ⬜。

⊙ 菜单栏:在菜单栏中选择【修改】→【圆角】菜单命令。

⊙ 命令行:输入【Fillet/F】命令。

3.操作简述

启动【圆角】命令,命令行信息提示选择第一个对象,如图 4-55(a)所示;鼠标选择图形上的直线 *AD*,命令行信息提示选择第二个对象,如图 4-55(b)所示;鼠标选择图形上的直线 *AB*,完成图形左上角圆角,如图 4-55(c)所示;依次重复以上过程,可以完成对整个图形四个角进行圆角操作,如图 4-55(d)所示。

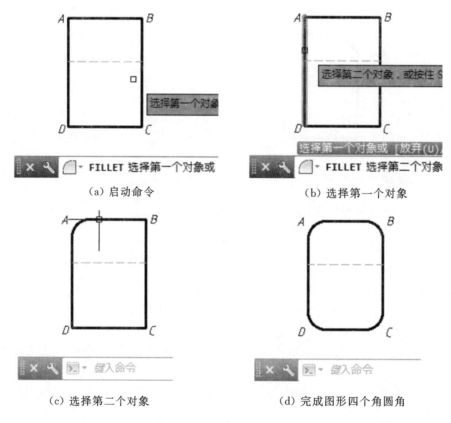

(a) 启动命令   (b) 选择第一个对象

(c) 选择第二个对象   (d) 完成图形四个角圆角

图 4-55　图形【圆角】操作

4.选项含义

在执行【圆角】命令之后,命令行中各选项含义如下。

⊙【选择第一个对象】:选择两个对象中的第一个或二维多段线的第一条线段以定义圆角。

⊙【放弃(U)】:恢复在命令中执行的上一个操作。

⊙【多段线(P)】:在二维多段线中两条直线段相交的每个顶点处插入圆角。圆角成为多段线的新线段(除非【修剪】选项设置为【不修剪】)。

⊙【半径(R)】:设置后续圆角的半径;更改此值不会影响现有圆角。零半径值可用于创建锐角。为两条直线、射线、参照线或二维多段线的直线段创建半径为零的圆角会延伸或修剪对象以使其相交。

⊙【修剪（T）】：控制是否修剪选定对象从而与圆角端点相接。选择修剪对选定对象或线段以与圆角
　端点相接。选择不修剪添加圆角之前，不修剪选定对象或线段。当前值存储在【TRIMMODE】系
　统变量中。

⊙【多个（M）】：允许为多组对象创建外圆角。

⊙【选择第二个对象】：选择第二个对象或二维多段线的第二条线段以定义圆角。可以按住【Shift】
　键，然后选择第二个对象或二维多段线的第二条线段来延伸或修剪选定对象以形成锐角。在按住
　【Shift】键时，将为当前圆角半径值分配临时的零值。

4.10　编辑对象特性

4.10.1　特性

1. 概述

对象【特性】包括常规特性和特殊特性。对象的常规
【特性】包括对象的图层、颜色、线型、线宽、透明度和打印
样式等。此外，对象还具有类型所特有的特殊特性。例
如，圆的特殊特性包括圆的半径和区域。用户可以直接
在【特性】选项板设置和修改对象的某些特性。【特性】选
项板会列出选定单个对象的特性。当选择多个对象时，
选项板将显示多个对象的共有特性。

2.【特性】命令启动

启动【特性】命令有如下三种方式。

⊙ 菜单栏：【修改】→【特性】。

⊙ 选项板：【标准工具栏】→【特性】按钮。

⊙ 命令行：输入【Properties/PR】命令。

3. 操作简述

选中矩形和圆两个图形，点击【特性】按钮，在图形的
旁边会弹出【特性选项板】，在特性选项板中可以修改对
象的特性。同时在左上侧的栏中可以选择是显示单个对
象或者全部两个对象的特性，如图 4 - 56 所示。

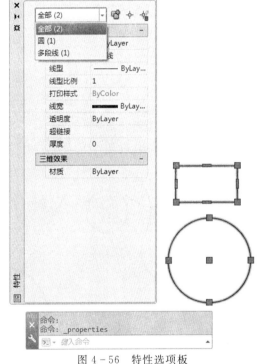

图 4 - 56　特性选项板

4.11　绘图实例

4.11.1　圆弧连接

1. 绘图目标

绘制如图 4 - 57(a)所示的圆弧连接图，不需要进行尺寸标注。具体绘图过程按照图中给出的尺寸
绘制。

2. 操作要点

在 AutoCAD 2018 中调用【直线】【圆】【修剪】等命令。

3. 操作步骤

①新建文件。

②设置绘图环境。

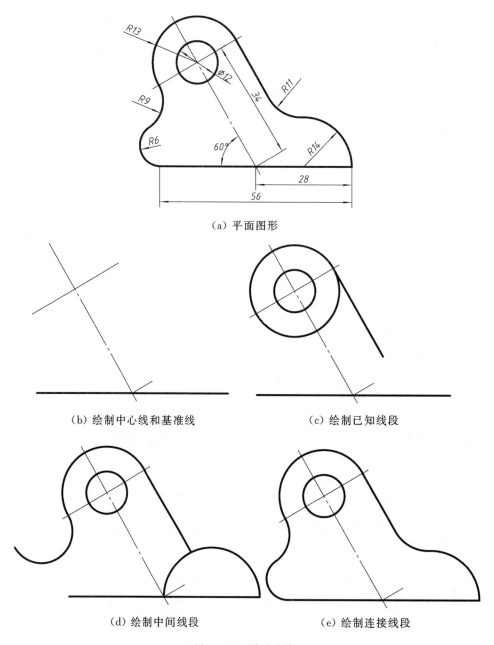

（a）平面图形

（b）绘制中心线和基准线　　　　（c）绘制已知线段

（d）绘制中间线段　　　　（e）绘制连接线段

图 4 - 57　圆弧连接

设置图形界限、单位、打开对象捕捉。

③建立图层：粗实线、细实线、5～6 个。

④图线绘制及编辑。

⊙ 绘制中心线和基准线，结果如 4 - 57(b)所示；用【直线】命令绘制基准直线，打开【极轴】选项，绘制 φ12 圆的两条中心线。

⊙ 绘制已知线段，如 4 - 57(c)所示；用【圆】命令绘制 φ12 和 R13 圆弧，用【直线】命令绘制与 R13 圆弧相切直线。

⊙ 绘制中间线段，如 4 - 57(d)所示；找到 R9 圆弧圆心，用【圆】命令绘制 R9 圆弧。找到 R14 圆弧圆心，用【圆】命令绘制 R14 圆弧。

⊙ 绘制连接线段，如 4 - 57(e)所示；用【圆】→【相切、相切、半径】命令绘制 R6 和 R11 圆弧，用【修剪】命令去除图形上多余线段。

4.11.2 楼梯平面图

1.绘图目标

绘制如图 4 - 58 所示的标准层楼梯平面图,不需要进行尺寸标注。具体绘图过程按照图中给出的尺寸绘制,其中扶手宽度为 50mm。

楼梯平面图是使用假想的水平剖切面,高于楼面,经过标准层门窗洞口的位置将建筑物进行剖切,移走观察者与剖切面之间的部分,将剩余的部分向水平投影面进行投影,此时只关注楼梯间,从而得到楼梯间标准层平面图。

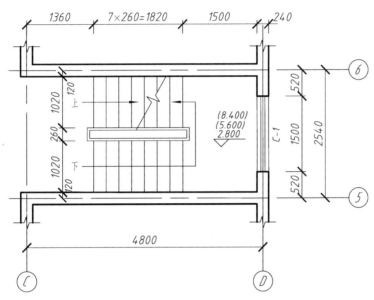

图 4 - 58 楼梯标准层平面图

2.操作要点

在 AutoCAD 2018 中调用【偏移复制】【镜像】【修剪】【多段线】【多线】【多线编辑】和【矩形】等命令。

3.操作步骤

① 新建"DWG"文件。并参照前面内容设置绘图环境,并建立点画线,粗实线,细实线三个图层,并将点画线图层设置为当前层。

② 图线绘制步骤:

⊙ 根据墙体的轴线间尺寸,使用【偏移复制】命令和点画线画出轴线网,水平向的三条轴线间距为 1270mm,竖直向的两条轴线间距为 4800mm,如图 4 - 59(a)所示。

⊙ 用粗实线图层和【多线】命令绘制墙体和窗户,墙体厚度 240,如图 4 - 59(b)所示。楼梯间的墙体是前后对称的,所以用【镜像】命令绘制另一半墙体,如图 4 - 59(c)所示。

⊙ 用【多线编辑】命令对墙体的转角位置进行编辑,采用【T 型打开】,先选择水平段墙体,再选择竖直段墙体,如图 4 - 59 (d)所示。绘制多线和修改多线,具体内容参见第三章。

⊙ 用【多线】命令绘制窗户,如图 4 - 59(e)所示;用【偏移复制】命令绘制梯段的踏面,偏移复制的距离为 260,如图 4 - 59(f)所示。

⊙ 用【矩形】命令绘制梯井,梯井宽度为 260。再使用【修剪】命令将梯井之间的踏面线进行修剪,如图 4 - 59(g)所示。使用【偏移复制】命令,绘制扶手内边缘线,如图 4 - 59(h)所示。

⊙ 画出折断线和上、下的箭头,如图 4 - 59(i)所示。

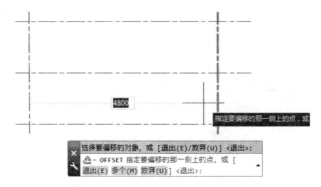

(a)【偏移复制】绘制轴线

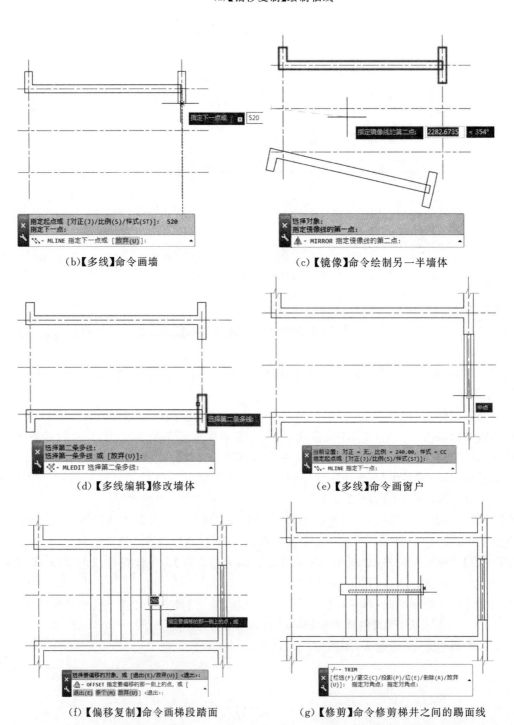

(b)【多线】命令画墙

(c)【镜像】命令绘制另一半墙体

(d)【多线编辑】修改墙体

(e)【多线】命令画窗户

(f)【偏移复制】命令画梯段踏面

(g)【修剪】命令修剪梯井之间的踢面线

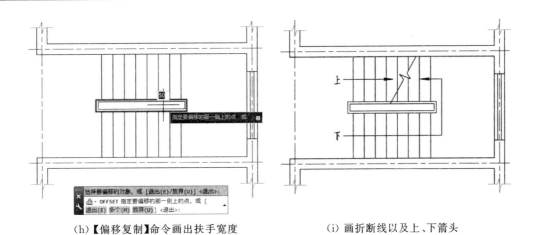

(h)【偏移复制】命令画出扶手宽度　　　　　　(i) 画折断线以及上、下箭头

图 4-59　楼梯标准层平面图

　　建筑平面的图形部分绘制完毕。在绘图过程中，需要熟练掌握【对象捕捉】和【对象追踪】功能，精确地画出图线的位置。接着在学习了尺寸标注的方法之后，同学们可以继续自行完成楼梯平面图的尺寸标注。

第5章　图形尺寸标注

5.1　基本尺寸标注

工程图中,图形只反映产品的投影形状,而图形的尺寸大小和公差则由尺寸标注来实现和保障。尺寸标注是对图形对象形状和位置属性的定量化说明,同时也是后续加工或施工的重要依据。

5.1.1　尺寸标注的规则与组成

对图形进行尺寸标注的规则、组成及类型在国标都有详细的规定。

1.尺寸标注的规则

① 图形的尺寸大小以图形所注的尺寸数值为依据,与图形比例大小及绘图的准确度无关。

② 图形中的尺寸以毫米为单位时,无须标注计量单位的代号或名称;如采用其他单位,必须注明相应的计量单位的代号或名称。

③ 图形中所标注的尺寸,为该图形所示对象的最后完工尺寸,否则应该加以说明。

④ 图形的每一个尺寸,一般只标注一次,并应标注在反映该特征最清晰的位置。

2.尺寸标注的组成

AutoCAD根据标注图形对象的类型,将尺寸标注分为多种标注类型,而每类尺寸标注通常都由尺寸线、尺寸界限、尺寸数字和尺寸终端等要素构成。

3.尺寸标注的类型

AutoCAD提供了十几种标注类别进行图形对象的尺寸标注,分别位于【标注】面板、【引线】面板或【标注】下拉菜单栏中,其基本尺寸标注类型有线性、对齐、直径、半径、角度和坐标标注,另外还有旁注线标注等。图5-1所示为部分基本的尺寸标注类型示例。

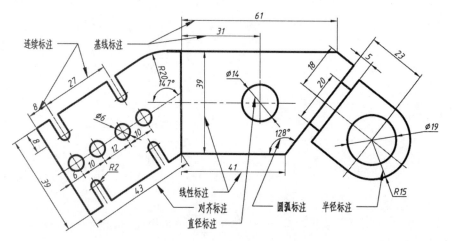

图5-1　尺寸标注类型示例

4.尺寸标注的步骤

依据AutoCAD提供的部分功能的组合,并达到所绘图和标注的尺寸符合国标,一般情况下尺寸标注的步骤大致如下。

①建立若干尺寸标注图层,并对各图层属性进行设置。

②对尺寸标注相关环境进行设置,如尺寸的关联性等。

③设置汉字、数字、字母等文字样式,并对各样式属性进行设置。

④设置尺寸标注样式,其中至少包括线性标注样式、圆与圆弧标注样式及角度标注样式等,并对各标注样式属性进行设置。

⑤进行各类型尺寸的标注。在进行具体标注时,注意图层的转换和标注样式的转换等。

⑥常规尺寸编辑。编辑内容包括对尺寸线位置的编辑、尺寸界线角度的编辑、尺寸数字位置的编辑等。

⑦特殊尺寸编辑。对特殊尺寸标注进行编辑,如机械类的尺寸公差、几何公差及表面结构的标注等。用到的编辑方法如堆叠特性、属性块等。

⑧尺寸标注规整,例如尺寸间距等。

5.1.2　尺寸标注样式管理

尺寸标注样式(Dimension Style)控制尺寸标注各组成部分的格式和外观,建立需要执行的图形对象尺寸标注标准。系统预设标注样式为 Standard,在没有改变尺寸标注样式时,当前尺寸标注样式作为预先设定的标注样式。有时可以根据需要新建立并设置尺寸标注样式。

1.标注样式管理器

(1)【标注样式】启动方式

⊙ 菜单栏:在菜单栏选择【格式】→【标注样式】命令。

⊙ 选项板:在选项卡面板单击【注释】选项卡,在【标注】面板中单击【标注样式】按钮↘。

⊙ 命令行:输入【Dimstyle/D】命令。

启动【尺寸标注样式】的选项板方式如图 5-2(a)所示,单击↘图标打开【标注样式管理器】对话框。也可通过菜单栏打开【标注样式管理器】对话框,如图 5-2(b)所示。

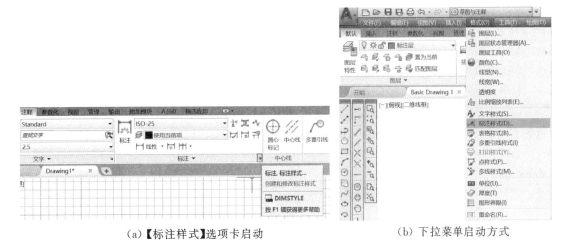

　(a)【标注样式】选项卡启动　　　　　　　(b) 下拉菜单启动方式

图 5-2　启动【标注样式】方式

(2)【标注样式管理器】对话框

【标注样式管理器】对话框如图 5-3 所示,该对话框显示了当前标注样式、【样式】中所有样式列表以及在预览列表中对选中样式的预览图和说明;还可创建新的标注样式、修改现有的标注样式、设置标注样式替代值、设置当前标注样式、比较标注样式、给标注样式重命名、删除标注样式等。

对话框中各选项具体含义如下。

【当前标注样式】:显示当前标注样式。AutoCAD 对所有的标注都指定样式。如果不改变当前标注样式,指定 Standard 为默认标注样式。

【样式】:显示当前图形的所有标注样式。当显示此对话框时,AutoCAD 突出显示当前标注样式。在【列出】下的选项控制显示的标注样式。要设置别的样式为当前标注样式,可以从【样式】下选择一种样式然后选择【置为当前】。

【列出】:提供显示标注样式的选项。

【新建】:显示【创建新标注样式】对话框,在此可以定义新的标注样式。

【修改】：显示【修改标注样式】对话框，在此可以修改标注样式。

【替代】：显示【替代当前样式】对话框，在此可以设置标注样式的临时替代值。对话框的选项与【修改标注样式】对话框的选项相同。

【比较】：显示【比较标注样式】对话框，在此可以比较两种标注样式的特性或浏览一种标注样式的全部特性。

（3）【创建新标注样式】对话框

在【标注样式管理器】对话框中单击【新建】按钮，则打开【创建新标注样式】对话框，如图 5-4 所示。对话框中各选项具体含义如下。

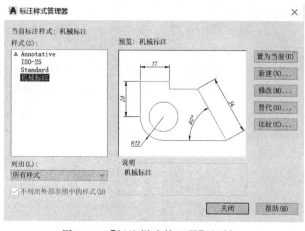

图 5-3 【标注样式管理器】对话框

【新样式名】：指定新的标注样式名。

【基础样式】：设置作为新样式的基础样式。对于新样式，仅修改那些与基础特性不同的特性。

【用于】：创建一种仅适用于特定标注类型的标注子样式。

【继续】：显示【新建标注样式】对话框，从中可以定义新的标注样式特性。

【选项】：标注样式是一组已命名的标注设置，这些标注设置用来决定标注的外观。通过创建样式，可以快速方便地设置所有相关的标注系统变量，并且控制任何标注的布局和外观。

2.【新建标注样式】对话框

在【标注样式管理器】对话框中单击【新建】按钮，打开【创建新标注样式】对话框，设置名称【Basic_Dim_Style】，如图 5-4 所示；单击【继续】按钮，则打开【新建标注样式】对话框，其标注样式为 Basic_Dim_Style，如图 5-5 所示。其中可以设置新的标注样式的各项属性，设置内容包括标注尺寸线、符号和箭头、文字样式、调整尺寸样式、主单位、换算单位以及公差等选项卡中的各项属性内容。

图 5-4 【创建新标注样式】对话框

如重新打开【标注样式管理器】对话框，在【样式列表】中，增加了【Basic_Dim_Style】标注样式，如图 5-6 所示。

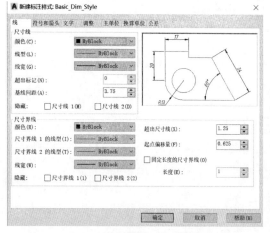

图 5-5 【新建标注样式】对话框

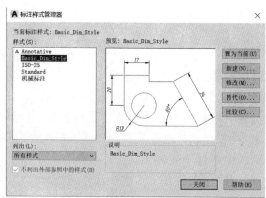

图 5-6 新建的标注样式

3.【修改标注样式】对话框

如已有尺寸标注样式，要对其进行修改，则在【标注样式管理器】对话框的【样式】列表选项中选择要修改的样式名称，并单击【修改】按钮，则打开【修改标注样式】对话框，可对该对话框中的各选项卡进行设置，如图 5-7 所示。其中可对已有的标注样式的各项属性进行修改，其修改内容与【新建标注样式】对话框中的属性内容相同。

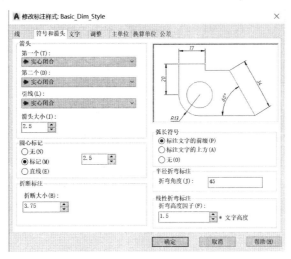

图 5-7　【修改标注样式】对话框

4.【替换标注样式】对话框

如已有尺寸标注样式,要对其进行替代,则在【标注样式管理器】对话框的【样式】列表选项中选择要修改的样式名称,并单击【替代】按钮,则打开【替代当前样式】对话框,可对该对话框中的各选项卡进行替代设置,对话框设置内容与如图 5-7 方法相同。其中可对已有的标注样式的各项属性进行替代,其替代设置内容与【修改标注样式】对话框中的属性内容相同。

5.管理器选项卡说明

在【新建标注样式】【修改标注样式】对话框中各选项卡的内容完全相同,如图 5-6、图 5-7 所示,各选项卡内容含义如下。

(1)【尺寸线与尺寸界线】选项卡

在此选项卡中可对直线的超出标记、基线间距、是否隐藏尺寸界线等属性进行设置,如图 5-8 所示。

(2)【符号和箭头】选项卡

在此选项卡中可对箭头的类型、引线、箭头大小,及圆心标记、折断标注、弧长符号及现行折弯标注等属性进行设置,如图 5-9 所示。

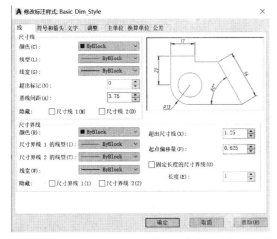

图 5-8　【尺寸线与尺寸界线】选项卡

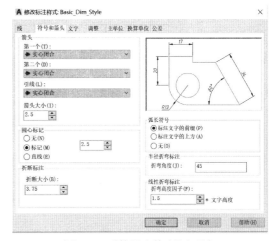

图 5-9　【符号和箭头】选项卡

(3)【文字】选项卡

在【文字】选项卡中可以对标注文字的格式、放置和对齐等属性进行设置,如图 5-10 所示。

(4)【调整】选项卡

在【调整】选项卡中可以对文字、箭头、引线和尺寸线的位置等属性进行设置,如图 5-11 所示。

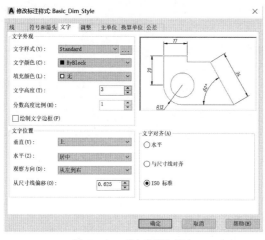

图 5-10 【文字】选项卡   图 5-11 【调整】选项卡

（5）【主单位】选项卡

该项项卡用于设置主标注单位的格式和精度、标注文字的前后缀等，如图 5-12 所示。

（6）【换算单位】选项卡

该项项卡用于设置换算测量单位的格式和比例，如图 5-13 所示。

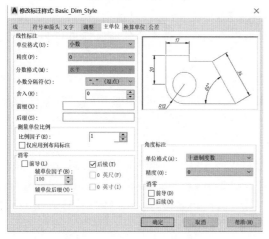

图 5-12 【主单位】选项卡

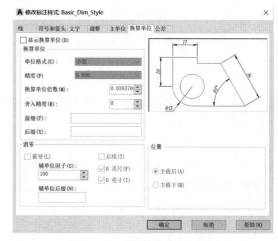

图 5-13 【换算单位】选项卡

（7）【公差】选项卡

【公差】选项卡用于控制标注文字中公差的格式，如图 5-14 所示。

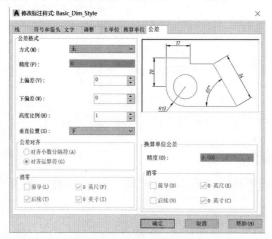

图 5-14 【公差】选项卡

5.1.3 创建尺寸智能标注

尺寸标注样式只控制各类尺寸标注各组成部分的格式和外观,而真正实现尺寸标注等知识则需启动各类尺寸标注命令来实现。

【智能标注】是在 AutoCAD 2016 及其以后版本中新增的功能,即根据选定的图形对象类型自动选择相应的尺寸标注类型的新思路和方法。其中可自动创建的尺寸标注类型包括:垂直标注、水平标注、对齐标注、直径标注、折弯半径标注、角度标注、弧长标注、基线标注和连续标注等。启动【智能标注】命令有以下几种方式。

⊙ 选项板:在【默认】选项卡中,单击【注释】选项卡,单击【标注样式】面板中的按钮。

⊙ 命令行:输入【Dim】命令。

使用任一种方式启动【智能标注】命令后,具体操作提示如图 5 - 15 所示。

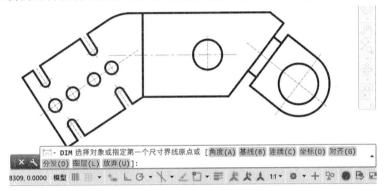

图 5 - 15 【智能标注】命令提示

标注命令启动后,可根据信息提示进行智能标注或常规的标注方法进行标注。命令提示如下:

"选择对象或指定第一个尺寸界线原点或[角度(A)/基线(B)/连续(C)/坐标(O)/对齐(G)/分发(D)/图层(L)/放弃(U)]:"。则可根据需要选择两种方式进行线性标注,即选择对象标注和指定起始点标注。

5.1.4 长度型尺寸标注

长度型尺寸标注用于标注图形中两点之间的距离。在 AutoCAD 2018 中,长度型尺寸标注包括多种类型:线性标注、对齐标注、弧长标注、连续标注和基线标注等。

1. 线性标注

【线性标注】包括水平标注和垂直标注两种类型,用于标注任意两点之间的距离。创建线性标注时,可以修改文字内容、文字角度或尺寸线的角度。启动【线性标注】命令有以下几种方式。

⊙ 菜单栏:在菜单栏中选择【标注】→【线性】命令。

⊙ 选项板:选项面板中单击【注释】选项卡,在【标注】面板中单击【线性】按钮。

⊙ 命令行:输入【Dimlinear/Dli】命令。

在命令启动后,按照命令行的信息提示,可进行线性尺寸标注。命令行提示信息如下。

"指定第一个尺寸界线原点或<选择对象>:"

则其有两种方式进行线性标注,即选择对象标注和指定起始点标注。

(1)选择对象标注

选择对象标注即为智能标注。

【操作简述】:在【线性标注】启动后,命令行的提示如图 5 - 16(a)所示;直接按【Enter】键,则要求选择标注尺寸的图形对象,如图 5 - 16(b)所示;选择直线 AB 后,且指定尺寸线位置定位点,如图 5 - 16(c)所示;则完成直线 AB 的线性尺寸标注,如图 5 - 16(d)所示。

(2)指定起始点标注

线性标注启动后,先指定第一个尺寸界线原点、指定第二个尺寸界线原点,再指定点定位尺寸线位置,系统自动测量出两个尺寸界线起始点间的相应距离并进行标注。

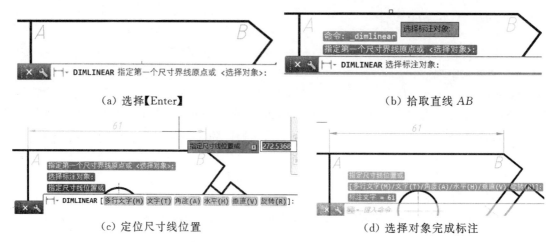

(a) 选择【Enter】　　　　　　　　　(b) 拾取直线 AB

(c) 定位尺寸线位置　　　　　　　　(d) 选择对象完成标注

图 5-16　【线性标注】示例

指定第二个尺寸界限后,信息提示如下:"指定尺寸线位置或[多行文字(M)/文字(T)/角度(A)/水平(H)/垂直(V)/旋转(R)]:",其他各选项含义如下。

【多行文字】:显示在位文字编辑器,可用它来编辑标注文字。要添加前缀或后缀,请在生成的测量值前后输入前缀或后缀。当前标注样式决定生成的测量值的外观。

【文字】:在命令行自定义标注文字。生成的标注测量值显示在尖括号中。

【角度】:修改标注文字的角度。

【水平】:创建水平的线性标注。

【垂直】:创建垂直的线性标注。

【旋转】:用于创建旋转标注对象的尺寸线。

【操作简述】:命令启动后,命令行提示"指定第一个尺寸界线原点",如图 5-17(a)拾取点 C;则命令行提示"指定第二条尺寸界线原点",如图 5-17(b)拾取点 D;此时,命令行提示"指定尺寸线位置",选取适当的点定位尺寸线位置,如图 5-17(c)所示;标注完成,如图 5-17(d)所示。

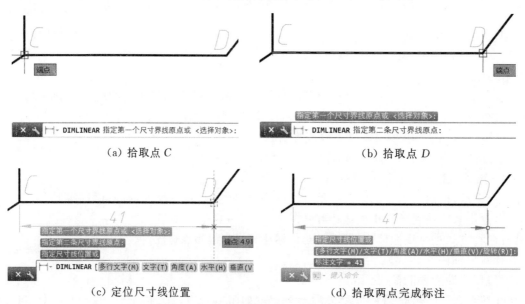

(a) 拾取点 C　　　　　　　　　　　(b) 拾取点 D

(c) 定位尺寸线位置　　　　　　　　(d) 拾取两点完成标注

图 5-17　【线性标注】指定起始点标注

2.对齐标注

【对齐标注】是长度型标注的一种形式,尺寸线始终与直线平行。若标注对象是圆弧,则对齐尺寸标注的尺寸线与圆弧的两个端点所连接的弦保持平行。启动【对齐标注】命令有以下几种方式。

⊙ 菜单栏:在菜单栏中选择【标注】→【对齐】命令。

⊙ 选项板:选项卡面板中单击【注释】选项卡,在【标注】面板中单击【对齐】按钮。

⊙ 命令行:输入【Dimaligned/Dal】命令。

在命令启动后,按照命令行的信息提示,可进行对齐尺寸标注。对齐标注与线性标注一样,也可分为选择对象标注和选择起始点标注两种方式。

(1)选择对象标注

【操作简述】:启动对齐命令,如图 5-18(a)所示;在命令行信息提示时,直接按【Enter】键,则系统要求选择标注尺寸的图形对象,如图 5-18(b)所示;当选择直线 EF 后,系统将自动将直线 EF 的两个端点作为两条尺寸界线的起点,生成尺寸标注的预览,如图 5-18(c)所示;选取合适的尺寸线定位点,完成尺寸标注,如图 5-18(d)所示。

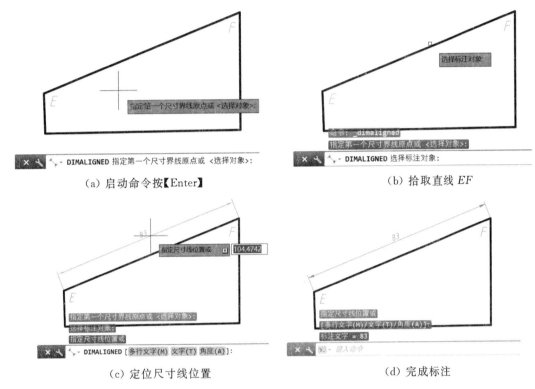

(a) 启动命令按【Enter】　　　　　　　　(b) 拾取直线 EF

(c) 定位尺寸线位置　　　　　　　　　　(d) 完成标注

图 5-18 【对齐标注】选择对象标注

(2)指定起始点标注

对齐标注启动后,先指定第一个尺寸界线原点、指定第二个尺寸界线原点,再指定点定位尺寸线位置,系统自动测量出两个尺寸界线起始点间的相应距离并进行对齐标注。

指定第一个尺寸界线原点后,信息提示:"指定尺寸线位置或[多行文字(M)/文字(T)/角度(A)]:",其他各选项含义如下。

【多行文字】:显示在位文字编辑器,可用它来编辑标注文字。要添加前缀或后缀,请在生成的测量值前后输入前缀或后缀。

【文字】:在命令行自定义标注文字。生成的标注测量值显示在尖括号中。

【角度】:修改标注文字的角度。

【操作简述】:启动对齐命令后,命令行提示"指定第一个尺寸界线原点",拾取点 E,如图 5-19(a);则命令行提示"指定第二条尺寸界线的原点",拾取点 F,如图 5-19(b)所示;随后,命令行提示"指定尺寸线位置",选取适当的点定位尺寸线位置,如图 5-19(c)所示;完成标注,如图 5-19(d)所示。

3.弧长标注

【弧长标注】用于标注圆弧线段或多段线圆弧线段的弧长距离。弧长标注的尺寸界线可以正交或径

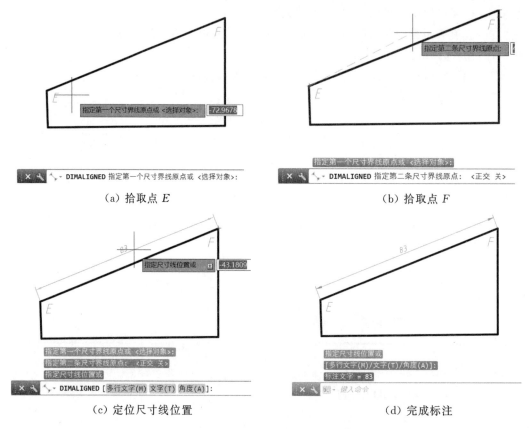

(a) 拾取点 E　　　　　　　　　　　　(b) 拾取点 F

(c) 定位尺寸线位置　　　　　　　　　(d) 完成标注

图 5-19　【对齐标注】指定起始点标注

向。系统会在标注结果的标注文字的上方或前面显示圆弧符号"⌒"。启动【弧长标注】命令有以下几种方式。

⊙ 菜单栏:在菜单栏中选择【标注】→【弧长】命令。

⊙ 选项板:选项卡面板中单击【注释】选项卡,在【标注】面板中单击【弧长】按钮。

⊙ 命令行:输入【Dimarc/Dar】命令。

弧长标注采用选择对象的方式进行标注。在命令启动后,按照命令行的信息提示,可进行弧长尺寸标注。命令行主要提示"选择弧线段或多段线圆弧段:"。

【操作简述】:在弧长标注命令行的提示"选择弧线段或多段线圆弧段"下,直接按【Enter】键,则要求选择标注弧长的图形对象。当选择了图形对象后,系统将自动将该对象的两个端点作为两条尺寸界线的起点,进行弧长标注,如图 5-20 所示。说明:如果选择直线或圆弧,将使用其端点作为尺寸界线的原点。

对多段线和其他可分解对象,仅标注独立的直线段和圆弧段。如果选择一个圆,直径端点将用作尺寸界线的原点。用来选择圆的那个点定义了第一条尺寸界线的原点。

4.连续标注

【连续标注】是首尾相连的多个标注,又称为链式标注。在进行连续标注之前,需要对图形进行一次标注操作,以确定连续标注的起始点,否则无法进行连续标注。可以从上一个或选定标注的第二个尺寸界线处、在同一方向上创建线性、角度或坐标的连续标注。启动【连续标注】命令有以下几种方式。

⊙ 菜单栏:在菜单栏中选择【标注】→【连续】命令。

⊙ 选项板:选项卡面板中单击【注释】选项卡,在【标注】面板中单击【连续】按钮。

⊙ 命令行:输入【Dimcontinue/Dco】命令。

在命令启动后,按照命令行的信息提示,系统首先自动选择标注原点,再按照提示"指定第二个尺寸界线原点或[选择(S)/放弃(U)]<选择>:"指定第二个尺寸界线原点,可完成一次连续标注。

如果进行连续标注之前,未创建任何标注,将提示用户选择线性标注、坐标标注或角度标注,以用作

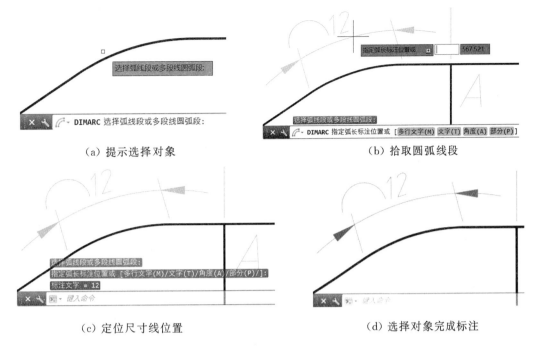

（a）提示选择对象   （b）拾取圆弧线段

（c）定位尺寸线位置   （d）选择对象完成标注

图 5-20 【弧长标注】选择对象标注

连续标注的基准。各选项的功能含义如下。

【指定第二条尺寸界线原点】：使用连续标注的第二条尺寸界线原点作为下一个标注的第一条尺寸界线原点。

【点坐标】：将基准标注的端点作为连续标注的端点，系统将提示指定下一个点坐标。选择点坐标之后，将绘制连续标注并再次显示"指定点坐标"提示。要结束此命令，请按【Esc】键。要选择其他作为连续标注的基准使用的线性标注、坐标标注或角度标注，请按【Enter】键。

【选择】：AutoCAD 提示选择线性标注、坐标标注或角度标注作为连续标注。选择连续标注之后，将再次显示"指定第二条尺寸界线原点"或"指定点坐标"提示。

【放弃】：放弃在命令任务期间上一次输入的连续标注。

【操作简述】：如图 5-21 所示，首先需标注尺寸数字为 8 的对齐尺寸标注，然后启动【连续标注】命令，系统自动获取上一个标注的第二个原点作为本次连续标注的原点，如图 5-21（a）所示；系统提示"指定第二个尺寸标注的原点"，拾取第二个原点后，完成连续标注 27 的标注，如图 5-21（b）所示；如还需进行连续标注，可继续相同操作。

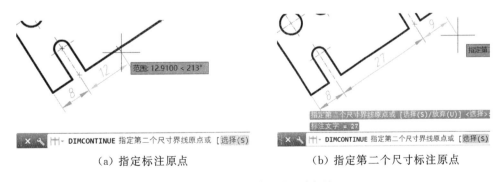

（a）指定标注原点   （b）指定第二个尺寸标注原点

图 5-21 【连续标注】尺寸标注

5.基线标注

【基线标注】用于标注图形中有同向、共同基准的线型或角度尺寸。【基线标注】是以某一点、线作为基准，其他尺寸按照该基准进行定位，因此，在使用【基线标注】之前，需要对图形进行一次标注操作，以确定基线标注的基准点,否则无法进行基线标注。启动【基线标注】命令有以下几种方式。

⊙ 菜单栏:在菜单栏中选择【标注】→【基线】命令。

⊙ 选项板:选项卡面板中单击【注释】选项卡,在【标注】面板中单击【基线】按钮。

⊙ 命令行:输入【Dimbaseline/Dba】命令。

在命令启动后,按照命令行的信息提示,可进行基线尺寸标注。

如果基准标注是线性标注或角度标注,则显示下列提示:"指定第二个尺寸界线原点或[选择(S)/放弃(U)]＜选择＞:"。

如果基准标注是坐标标注,则显示下列提示:"指定点坐标或[放弃(U)/选择(S)]＜选择＞:"。

如果进行基线标注前,未创建任何标注,将提示用户选择线性标注、坐标标注或角度标注,以用作基线标注的基准。否则,程序将跳过该提示,并使用上一次在当前任务中创建的尺寸标注对象。

各选项的功能含义如下。

【第二个尺寸界线原点】:使默认情况下,使用基准标注的第一个尺寸界线作为基线标注的尺寸界线原点。可以通过显式地选择基准标注来替换默认情况,这时作为基准的尺寸界线是离选择拾取点最近的基准标注的尺寸界线。选择第二点之后,将绘制基线标注并再次显示"指定第二个尺寸界线原点"提示。

【点坐标】:将基准标注的端点用作基线标注的端点,系统将提示指定下一个点坐标。选择点坐标之后,将绘制基线标注并再次显示"指定点坐标"提示。要选择其他作为基线标注的基准使用的线性标注、坐标标注或角度标注,请按【Enter】键。

【选择】:AutoCAD 提示选择一个线性标注、坐标标注或角度标注作为基线标注的基准。选择基准标注之后,将再次显示"指定第二条尺寸界线原点"或"指定点坐标"提示。

【放弃】:放弃在命令任务期间上一次输入的基线标注。

【操作简述】:如图 5-22 所示,首先需标注尺寸数字为 8 的对齐尺寸标注,然后启动【基线标注】命令,系统自动拾取上一个标注的第一个尺寸界线原点为本次基线标注的原点,如图 5-22(a)所示;命令行提示"指定第二个尺寸标注原点",给定第二个标注原点后,完成基线标注 35 尺寸的标注,如图 5-22(b)所示。如还需进行基线标注,可继续进行标注。

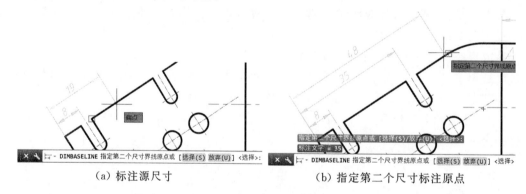

（a）标注源尺寸　　　　　　　　　　（b）指定第二个尺寸标注原点

图 5-22 【基线标注】尺寸标注

说明:当创建线性基线尺寸标注时,第一条尺寸界线被省略。接下来的提示取决于当前任务中最后创建的标注类型:坐标、线性或角度尺寸标注。

5.1.5 半径、直径和圆心标注

1. 半径标注

【半径标注】可根据圆和圆弧的半径大小、标注样式的选项设置以及光标的位置来绘制不同类型的半径标注。标注样式控制圆心标记和中心线。当尺寸线画在圆或圆弧内部时,AutoCAD 不绘制圆心标记或中心线。启动【半径标注】命令有以下几种方式。

⊙ 菜单栏:在菜单栏中选择【标注】→【半径】命令。

⊙ 选项板:选项卡面板中单击【注释】选项卡,在【标注】面板中单击【半径】按钮。

　　⊙ 命令行:输入【Dimradius/Dra】命令。

　　在命令启动后,按照命令行的信息提示,可进行半径尺寸标注。

　　命令行主要提示如下信息"选择圆弧或圆:"和"指定尺寸线位置或［多行文字(M)/文字(T)/角度
(A)］:"。各选项的功能含义如下。

　　【尺寸线位置】:确定尺寸线的角度和标注文字的位置。

　　【多行文字】:显示在位文字编辑器,可用它来编辑标注文字。要添加前缀或后缀,请在生成的测量值
前后输入前缀或后缀。

　　【文字】:在命令行自定义标注文字。生成的标注测量值显示在尖括号中。

　　【角度】:修改标注文字的角度。

　　【操作简述】:如图 5－23 所示,启动【半径标注】命令,系统提示"选择圆弧或圆",如图 5－23(a)所示;
选择圆弧或圆后,系统提示"指定尺寸线位置点",在圆弧上指定尺寸线位置点,完成尺寸为 R15 的半径
标注,如图 5－23(b)所示。

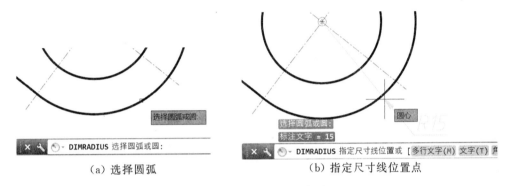

(a) 选择圆弧　　　　　　　　　　　　　(b) 指定尺寸线位置点

图 5－23　【半径标注】圆弧标注

2.折弯标注

　　【折弯标注】可创建折弯半径标注。当圆弧的中心位置位于布局外,并且无法在其实际位置显示时,
可以使用折弯半径标注来标注。启动【折弯标注】命令有以下几种方式。

　　⊙ 菜单栏:在菜单栏中选择【标注】→【折弯】命令。

　　⊙ 选项板:选项卡面板中单击【注释】选项卡,在【标注】面板中单击【折弯】按钮。

　　⊙ 命令行:输入【Dimjogged/Djo】命令。

　　在命令启动后,按照命令行的信息提示,可进行折弯尺寸标注。

　　命令行主要提示"选择圆弧或圆:"和"指定尺寸线位置或［多行文字(M)/文字(T)/角度(A)］:"。
各选项的功能说明如下。

　　【指定尺寸线位置】:确定尺寸线的角度和标注文字的位置。

　　【多行文字】:显示在位文字编辑器,可用它来编辑标注文字。要添加前缀或后缀,请在生成的测量值
前后输入前缀或后缀。

　　【文字】:在命令行自定义标注文字。生成的标注测量值显示在尖括号中。

　　【角度】:修改标注文字的角度。

　　【操作简述】:如图 5－24 所示,启动【半径标注】命令,系统提示"选择圆弧或圆",如图 5－24(a)所示;
选择圆弧后,系统提示"指定图示中心位置",在圆弧内部适当位置指定图示中心位置点,如图 5－24(b)
所示;命令行提示"指定尺寸线位置点",在圆弧上指定尺寸线位置点,如图 5－24(c)所示;命令行提示"指
定折弯位置",在圆弧内部适当位置指定指定折弯位置点,如图 5－24(d)所示;到此,完成折弯的标注。

3.直径标注

　　【直径标注】标注圆或圆弧的直径。直径标注是由一条具有指向圆或圆弧的箭头的直径尺寸线组成。
启动【直径标注】命令有以下几种方式。

　　⊙ 菜单栏:在菜单栏中选择【标注】→【直径】命令。

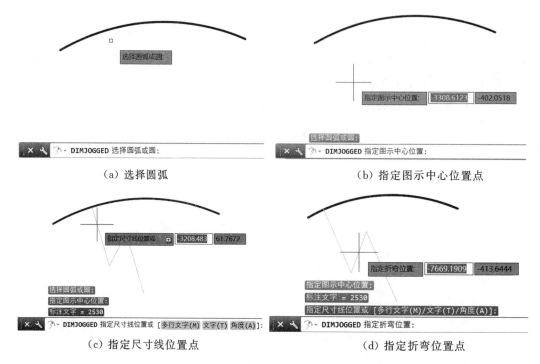

（a）选择圆弧	（b）指定图示中心位置点
（c）指定尺寸线位置点	（d）指定折弯位置点

图 5 - 24 【折弯标注】圆弧标注

⊙选项板：选项卡面板中单击【注释】选项卡，在【标注】面板中单击【直径】按钮。

⊙命令行：输入【Dimdiameter/Ddi】命令。

在命令启动后，按照命令行的信息提示，可进行直径尺寸标注。

命令行主要提示如下信息"选择圆弧或圆："和"指定尺寸线位置或［多行文字（M）/文字（T）/角度（A）］："。各选项的含义说明如下。

【尺寸线位置】：确定尺寸线的角度和标注文字的位置。

【多行文字】：显示在位文字编辑器，可用它来编辑标注文字。要添加前缀或后缀，请在生成的测量值前后输入前缀或后缀。

【文字】：在命令行自定义标注文字。生成的标注测量值显示在尖括号中。

【角度】：修改标注文字的角度。

注意：只有当"多行文字"、"文字"选项重新确定尺寸文字时，需要给输入的尺寸文字前加前缀％％C，才能使标注的直径尺寸有直径符号 Φ，否则没有该符号。

【操作简述】：启动【直径标注】命令，系统提示"选择圆弧或圆"，如图 5 - 25（a）所示。系统提示"指定尺寸线位置"，在圆弧上指定尺寸线位置点，完成尺寸为 Φ14 的直径标注，如图 5 - 25（b）所示。

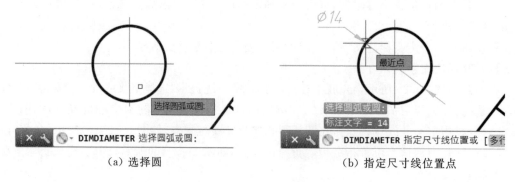

（a）选择圆	（b）指定尺寸线位置点

图 5 - 25 【直径标注】圆标注

4.圆心标注

【圆心标记】标注圆或圆弧的圆心点。启动【圆心标记】命令有以下几种方式。

⊙ 菜单栏:在菜单栏中选择【标注】→【圆心标记】命令。

⊙ 选项板:选项卡面板中单击【注释】选项卡,在【标注】面板中单击【圆心标记】按钮。

⊙命令行:输入【Dimcenter/Dce】命令。

命令启动后,按照命令行的信息提示,可进行圆和圆弧的圆心标注,此时选择标注圆心的圆或圆弧。

命令行主要提示信息"选择圆弧或圆:"和"指定尺寸线位置或[多行文字(M)/文字(T)/角度(A)]:",各选项含义同前。

【操作简述】:如图 5-26 所示,启动【圆心标注】命令,系统提示"选择圆或圆弧",选择圆后:当系统变量 DIMCEN 大于 0 时,可作圆心标注,如图 5-26(a)所示;当系统变量 DIMCEN 小于 0 时,过圆心画出中心线,如图 5-26(b)所示。

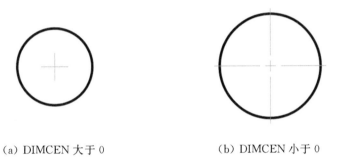

　　(a) DIMCEN 大于 0　　　　　　　　　　(b) DIMCEN 小于 0

图 5-26　【圆心标注】

5.1.6　角度标注与其他类型标注

1.角度标注

【角度标注】标注对象之间的夹角或圆弧的弧度,如测量圆和圆弧的角度、两直线间的角度,或者三点间的角度。启动【角度标注】命令有以下几种方式。

⊙ 菜单栏:在菜单栏中选择【标注】→【角度】命令。

⊙ 选项板:选项卡面板中单击【注释】选项卡,在【标注】面板中单击【角度】。

⊙命令行:输入【Dimangular/Dan】命令。

在命令启动后,按照命令行的信息提示,可进行圆和圆弧角度的标注。

命令行主要提示信息"选择圆弧、圆、直线或<指定顶点>:"和"指定标注弧线位置或[多行文字(M)/文字(T)/角度(A)]:"。各选项的功能含义如下。

【选择圆弧】:使用选中圆弧上的点作为三点角度标注的定义点。圆弧的圆心是角度的顶点,圆弧端点成为尺寸界线的起点。在尺寸界线之间绘制一段圆弧作为尺寸线。

【选择圆】:使用选中的圆确定标注的两个定义点。圆的圆心是角度的顶点,选择点用作第一条尺寸界线的起点,选择第二条边的端点(不一定在圆上)作为是第二条尺寸界线的起点。

【选择直线】:用两条直线定义角度。如果选择了一条直线,那么必须选择另一条(不与第一条直线平行的)直线以确定它们之间的角度。

【指定三点】:使用指定的三点创建角度标注,其中第一个指定点为角度的顶点。

注意:只有当"多行文字"、"文字"选项重新确定尺寸文字时,需要给输入的尺寸文字前加前缀％％D,才能使标注的角度值有度(°)符号,否则没有此符号。

【操作简述】:如图 5-27 所示,启动【角度标注】命令,命令行提示"选择圆弧、圆或直线",选择水平线,如图 5-27(a)所示;命令行提示"选择第二条直线",选择倾斜线,如图 5-27(b)所示;命令行提示"指定标注弧线位置",在合适位置指定标注弧线位置点,如图 5-27(c)所示;完成标注,如图 5-27(d)所示。

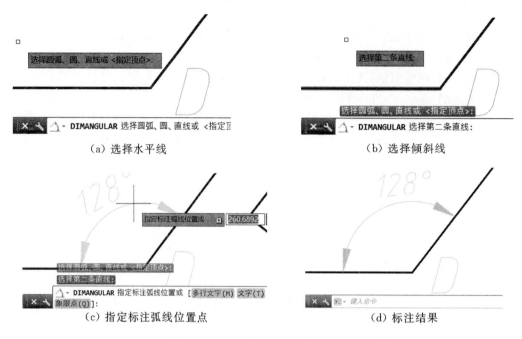

（a）选择水平线　　　　　　　　　　　（b）选择倾斜线

（c）指定标注弧线位置点　　　　　　　　（d）标注结果

图 5 - 27　【角度标注】标注两线夹角

2. 折弯线性标注

【折弯线性】在线性标注或对齐标注中添加或删除折弯线。启动【折弯线性标注】命令有以下几种方式。

⊙ 菜单栏：在菜单栏中选择【标注】→【折弯标注】命令。

⊙ 选项板：选项卡面板中单击【注释】选项卡，在【标注】面板中单击【折弯标注】按钮。

⊙ 命令行：输入【Dimjogline/Djl】命令。

在命令启动后，按照命令行的信息提示，可进行折弯标注。

【操作简述】：如图 5 - 28 所示，启动【折弯标注】命令，命令行提示"选择要添加折弯的标注"，如图 5 - 28（a）所示。选择尺寸标注 35，并提示指定折弯位置，如图 5 - 28（b）所示。指定折弯位置后，完成添加折弯结果，如图 5 - 28（c）所示。

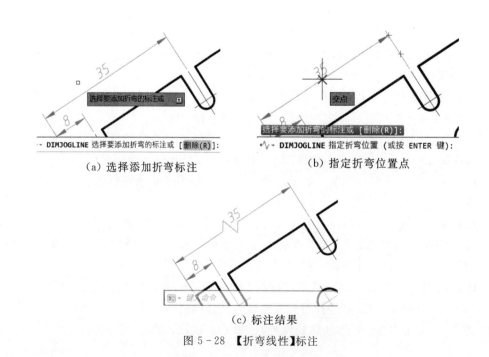

（a）选择添加折弯标注　　　　　　　　　（b）指定折弯位置点

（c）标注结果

图 5 - 28　【折弯线性】标注

3. 坐标标注

【坐标标注】测量原点(称为基准)到标注特征(例如部件上的一个孔)的垂直距离。这种标注保持特征点与基准点的精确偏移量。执行【坐标标注】命令有以下几种方式。

⊙ 菜单栏:在菜单栏中选择【标注】→【坐标标注】命令。

⊙ 命令行:输入【DimOrdinate/Dor】命令。

命令启动后,按照命令行的信息提示,可进行坐标标注。

命令行主要提示信息"指定点坐标:指定点或捕捉对象:"和"指定引线端点或[X 基准(X)/Y 基准(Y)/多行文字(M)/文字(T)/角度(A)]:",各选项的功能含义如下。

【指定引线端点】:使用点坐标和引线端点的坐标差可确定它是 X 坐标标注还是 Y 坐标标注。

【X 基准】:测量 X 坐标并确定引线和标注文字的方向。

【Y 基准】:测量 Y 坐标并确定引线和标注文字的方向。

【多行文字】:显示在位文字编辑器,可编辑标注文字。要添加前缀或后缀,请在生成的测量值前后输入前缀或后缀。

【文字】:在命令行自定义标注文字。生成的标注测量值显示在尖括号中。

【角度】:修改标注文字的角度。

【操作简述】:如图 5-29 所示,启动【坐标标注】命令,命令行提示"指定点坐标或捕捉对象",如图 5-29(a)所示;选择圆心点后,接着提示"指定引线端点等",指定引线端点位置点,这样完成 X 方向的坐标标注;随后,再次启动【坐标标注】命令,执行同样的标注过程,完成 Y 方向的坐标标注,如图 5-29(b)所示。

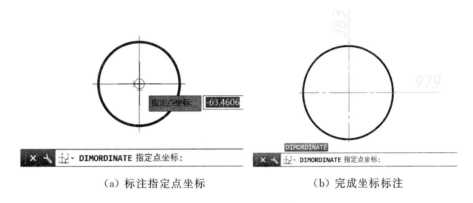

(a)标注指定点坐标　　　　　　　(b)完成坐标标注

图 5-29 【坐标标注】结果

4. 快速标注

【快速标注】用于快速创建标注,可创建基线标注、连续尺寸标注、半径和直径等。启动【快速标注】命令有以下几种方式。

⊙ 菜单栏:在菜单栏中选择【标注】→【快速标注】命令。

⊙ 选项板:选项卡面板中单击【注释】选项卡,在【标注】面板中单击【快速标注】按钮 。

⊙ 命令行:输入【QDim】命令。

在命令启动后,按照命令行的信息提示,可进行快速标注。

【操作简述】:如图 5-30 所示,启动【快速标注】命令,命令行提示"选择要标注的几何图形",如图 5-30(a)所示。选择要标注的 2 个圆弧,如有需要可继续选择,如图 5-30(b)所示。选择完成后,按【Enter】键,命令行提示"指定尺寸线位置或[连续(C)/并列(S)/基线(B)/坐标(O)/半径(R)/直径(D)/基准点(P)/编辑(E)/设置(T)]<连续>:",在命令行中单击"直径(D)",随后,命令行提示指定尺寸线位置,完成指定尺寸线位置点定位后,系统自动一次性同时完成前面选择的所有圆的直径标注,如图 5-30(d)所示。

说明:使用【QLeader/QL】命令可以快速创建引线和引线注释。执行【QLeader/QL】命令,可以使用"引线设置"对话框自定义该命令,以便提示用户根据绘图需要设置引线点数和注释类型。

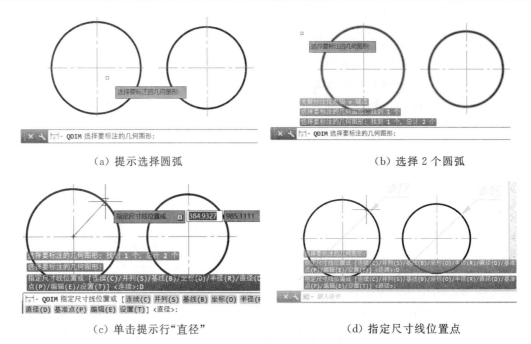

(a) 提示选择圆弧   (b) 选择 2 个圆弧

(c) 单击提示行"直径"   (d) 指定尺寸线位置点

图 5 - 30 【快速标注】多圆

5. 多重引线标注

【多重引线】用于创建注释与几何对象的连接引线，可设置引线和注释的样式。启动【多重引线】命令有以下几种方式。

    ⊙ 菜单栏：在菜单栏中选择【标注】→【多重引线】命令。

    ⊙ 选项板：单击【注释】选项卡，在【标注】面板中单击【多重引线】按钮 。

    ⊙ 命令行：输入【MLeader】命令。

在命令启动后，按照命令行的信息提示，可进行多重引线标注。

(1) 多重引线工具栏

在任一工具栏的图标菜单上单击右键，弹出【工具栏选择】快捷菜单，选择【多重引线】选项，则出现【多重引线】工具栏，如图 5 - 31(a) 所示。其包含了【多重引线】【添加标注】【删除标注】【对齐标注】【合并标注】，以及【多重引线样式控制】下拉列表、【多重引线样式管理器】按钮。如图 5 - 31(b) 所示，为【引线】面板中的【多重引线】各类图标。

通常情况下，认为多重引线是包含箭头、可选的水平基线、引线或曲线和多行文字对象或块的一个组合对象。使用这个组合对象，可以创建很多引出说明，对图形进行很好的补充。

(a)【多重引线】工具栏   (b)【引线】面板

图 5 - 31 【多重引线】工具栏

(2) 多重引线样式

在【引线】面板中单击【多重引线样式管理器】按钮 ，如图 5 - 32 所示。将打开【多重引线样式管理器】对话框，如图 5 - 33 所示。在其中可设置多重引线格式、结构和内容等。

在【多重引线样式管理器】对话框中，单击【新建】按钮，弹出【创建新多重引线样式】对话框，在【创建新多重引线样式】对话框中创建新多重引线样式，并赋名，如图 5 - 34 所示。

在【创建新多重引线样式】对话框中，设置新样式的名称和基础样式后，单击该对话框中的【继续】按钮，则打开【新建多重引线样式】对话框，可以创建多重引线的样式、结构和内容等，如图 5 - 35 所示。

图 5-32　【多重引线样式管理器】按钮

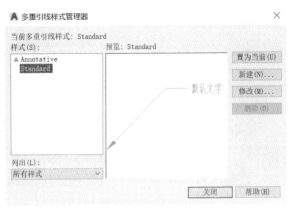

图 5-33　【多重引线样式管理器】对话框

图 5-34　【创建新多重引线样式】对话框

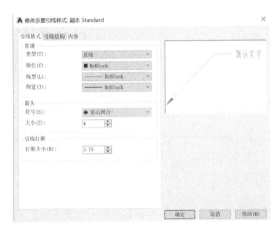

图 5-35　【修改多重引线样式】引线格式

如果已有多重引线样式存在,则在【多重引线样式管理器】对话框中选择该存在样式,并单击【修改】按钮,则弹出【修改多重引线样式】对话框,可以修改多重引线的样式、结构和内容等,如图 5-36、5-37 为对【引线结构】及其【内容】选项卡等进行修改。

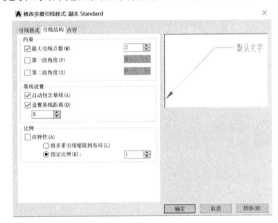

图 5-36　【修改多重引线样式】引线结构

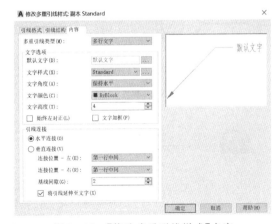

图 5-37　【修改多重引线样式】内容

(3)多重引线标注

在【引线】面板中单击添加引线按钮，可以为图形继续添加多个引线和注释。如图 5-38 所示为圆弧添加一个引线注释。

【操作简述】:如图 5-38(a)所示,启动【多重引线】命令,命令行提示"指定引线箭头的位置或[引线基线优先(L)/内容优先(C)/选项(O)]<选项>:",选择圆弧上一合适点作为引线箭头位置点。指定引线箭头位置后,命令行提示"指定引线基线的位置",如图 5-38(b)所示。指定引线基线位置后,输入注释文字"圆弧",完成添加多重引线标注,如图 5-38(c)所示。

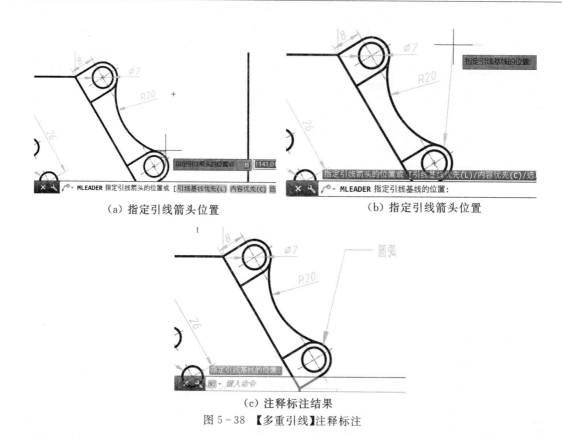

（a）指定引线箭头位置

（b）指定引线箭头位置

（c）注释标注结果

图 5-38 【多重引线】注释标注

在【多重引线】面板中单击【添加引线】按钮，可以为图形继续添加多个引线和注释。图 5-39 所示为在图 5-38 中继续添加一个圆弧引线注释。

【操作简述】：如图 5-39 所示，在【多重引线】注释标注完成的基础上，启动【添加引线】命令，命令行提示"选择多重引线"，如图 5-39（a）所示。选择已有的多重引线后，命令行提示"指定引线箭头位置"，如

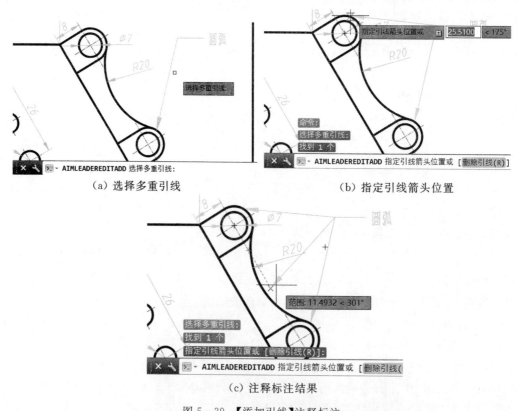

（a）选择多重引线

（b）指定引线箭头位置

（c）注释标注结果

图 5-39 【添加引线】注释标注

图 5 - 39(b)所示。指定引线箭头位置后,完成添加引线的标注,如图 5 - 39(c)所示。

6. 标注间距

【标注间距】可调整线性标注或角度标注尺寸线之间的间距。该命令仅适用于平行的线性标注或共用一个顶点的角度标注。启动【标注间距】命令有以下几种方式。

⊙菜单栏:选择【标注】→【标注间距】菜单命令。

⊙选项板:单击【标注】面板中的【等距标注】按钮 。

⊙命令行:输入:【Dimspace】命令。

在命令启动后,按照命令行的信息提示,可进行多重引线标注。

【操作简述】:如图 5 - 40 所示,启动【标注间距】命令,命令行提示"选择基准标注",如图 5 - 40(a)所示;选择已有的尺寸标注 27,命令行提示"选择要产生间距的标注",如图 5 - 40(b)所示;产生间距的标注选择完成后,按【Enter】键确认选择完成,命令行提示"输入值或自动",如图 5 - 40(c)所示;单击"自动"或按【Enter】键,则系统自动完成各尺寸线间的间距的等距操作,结果如图 5 - 40(d)所示。

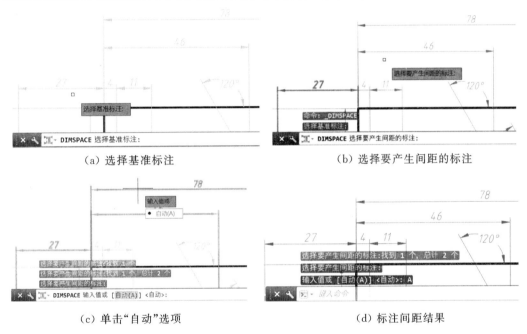

(a) 选择基准标注　　　　　　　　　　(b) 选择要产生间距的标注

(c) 单击"自动"选项　　　　　　　　　　(d) 标注间距结果

图 5 - 40　【标注间距】

7. 标注打断

【标注打断】将标注对象以某一对象为参照点或以指定点打断,启动【标注打断】命令有以下几种方式。

⊙ 菜单栏:选择【标注】→【标注打断】菜单命令。

⊙ 选项板:单击【标注】面板中的【折断标注】按钮 。

⊙ 命令行:输入【Dimbreak】命令。

在命令启动后,按照命令行的信息提示,可进行多重引线标注。

【操作简述】:如图 5 - 41,启动【标注折断】命令,命令行提示"选择需添加折断标注",如图 5 - 41(a)所示;选择需折断的的尺寸标注,命令行提示"选择要折断标注对象",如图 5 - 41(b)所示;在命令行单击"自动",则系统自动对完成 46 尺寸的打断,如图 5 - 41(c)所示。其他选项的操作可自行练习。

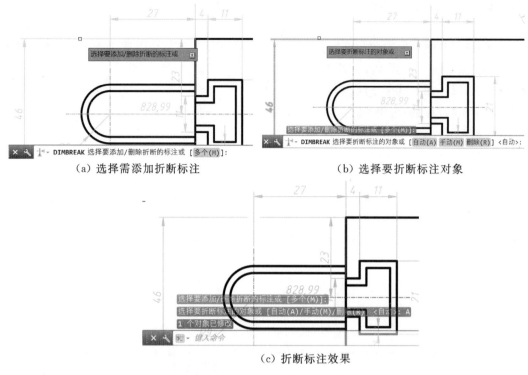

（a）选择需添加折断标注　　　　　　　　（b）选择要折断标注对象

（c）折断标注效果

图 5-41　【标注打断】过程

5.1.7　标注尺寸公差

【尺寸公差】是指零件经加工、测量要成为合格品需要满足的实际尺寸的变动范围。在实际绘图过程中，可以为尺寸标注数字附加公差的方式，直接将尺寸的上偏差、下偏差应用到标注中。如果两个极限偏差值相等，AutoCAD 将在它们前面加上【±】符号，也称为对称。

1.【标注样式管理器】设置偏差

AutoCAD 所提供的尺寸公差标注，可在【标注样式管理器】对话框的【公差】和【主要单位】选项卡中进行上下偏差等有关参数的预先设置，每标注一个不同的尺寸公差都要返回【标注样式管理器】中进行设置。

【操作简述】：在【标注样式管理器】对话框中选择【机械标注】标注样式，单击【修改】按钮，弹出【修改标注样式】对话框，如图 5-42（a）所示；在其中进行上下偏差的设置，设置【精度】为 0.000；设置【上偏差】为－0.030、【下偏差】为－0.060，设置【高度比例】为尺寸数字的一半，即为 0.5，如图 5-42（a）所示，单击【确定】退出；启动【线性标注】命令进行标注，标注结果如图 5-42（b）所示。

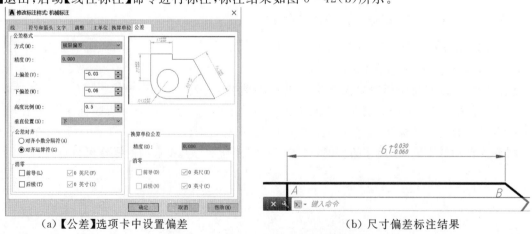

（a）【公差】选项卡中设置偏差　　　　　　　（b）尺寸偏差标注结果

图 5-42　【标注样式管理器】设置偏差

2.【特性】编辑尺寸公差

启动【特性(Properties)】命令,弹出【特性】对话框,如图 5 - 43(a)所示。选择需添加上下偏差的尺寸标注,该尺寸标注的属性自动添加到【特性】对话框内,在【特性】对话框中的公差选项内,进行该尺寸标注公差属性的编辑和设置,如图 5 - 43(b)所示。

【操作简述】:如图 5 - 43(a)所示,为尺寸标注【特性】列表框;如图 5 - 43(b)所示,选择尺寸标注 61;如图 5 - 43(c)所示,在【特性】列表框中,首先设置【显示公差】类型,此项可根据具体的公差类型格式进行选择,有无、对称型、极限偏差、极限尺寸和基本尺寸等类型;设置对话框内公差选项的【显示公差】选为"极限偏差";设置【公差下偏差】和【公差上偏差】的具体公差数值分别为 0.060 和−0.030,设置【换算公差精度】为 0.000。设置【公差文字高度】为尺寸数字的一半,即为 0.5,即设置完成,编辑效果如图 5 - 43(d)所示。

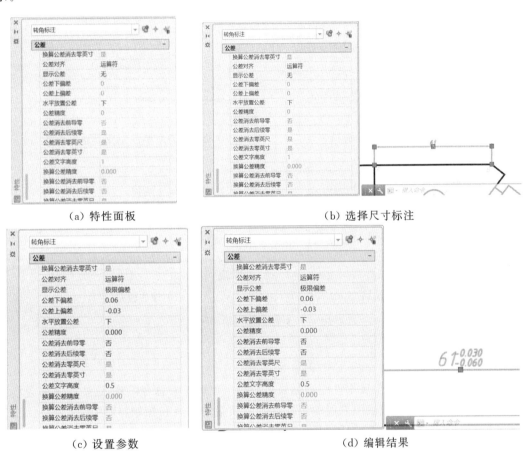

(a) 特性面板　　　　　　　　　　(b) 选择尺寸标注

(c) 设置参数　　　　　　　　　　(d) 编辑结果

图 5 - 43　【特性】公差属性中添加尺寸偏差

3.【堆叠特性】添加偏差

在命令行输入【ED】命令,或者双击尺寸数字,启动尺寸标注编辑命令,对图中标注的尺寸进行修改。

【操作简述】:如图 5 - 44 所示,为利用【堆叠特性】添加尺寸偏差。如图 5 - 44(a)所示为需添加上下偏差的尺寸标注;双击尺寸数字 61,则选项卡面板切换到【文字编辑器】选项卡,如图 5 - 44(e)所示,即进入文字编辑模式,如图 5 - 44(b)所示;在标注文字 61 后输入上下偏差"−0.030^−0.060"(注意插入符号"^"为分开上下偏差),如图 5 - 44(c)所示;选择上下偏差"−0.030^−0.060",如图 5 - 44(d)所示;单击【文字编辑器】中的【b/t】(单击【b/t】堆叠/取消堆叠),如图 5 - 44(e)所示;则上下偏差变为上下排列方式,选择堆叠后的上下偏差,单击 显示快捷菜单,选择【堆叠特性】,如图 5 - 44(f)所示;选择【堆叠特性】菜单后弹出【堆叠特性】对话框,设置【堆叠特性】参数,其中大小选项选择"50%",单击【确定】按钮,如图 5 - 44(g)所示;完成通过【堆叠特性】添加上下偏差,标注偏差结果如图 5 - 44(h)所示。

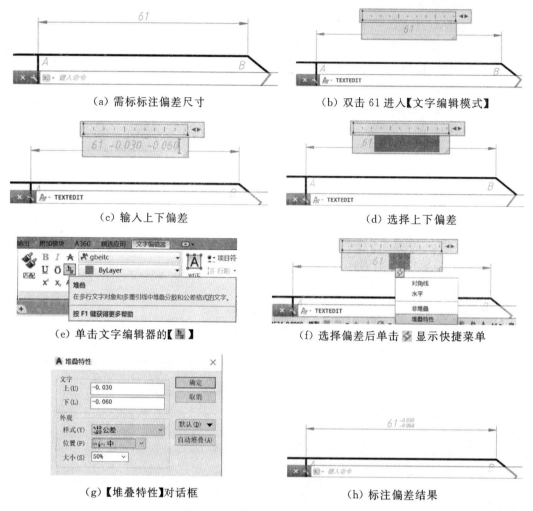

（a）需标标注偏差尺寸　　　（b）双击61进入【文字编辑模式】

（c）输入上下偏差　　　（d）选择上下偏差

（e）单击文字编辑器的【 ⏧ 】　　　（f）选择偏差后单击 ⚡ 显示快捷菜单

（g）【堆叠特性】对话框　　　（h）标注偏差结果

图 5-44　【堆叠特性】添加偏差

5.1.8　标注形位公差

在产品制造过程中,机械加工后零件的实际要素相对于理想要素总有误差,这些误差称为形位公差。为达到对产品的形状误差和相应表面之间的位置误差等质量的约束和控制,应用形位公差标注方法,以达到对形位公差的控制。形位公差包括形状公差和位置公差。

形状公差是指单一实际要素的形状所允许的变动全量。形状公差用形状公差带表达,其包括公差带形状、方向、位置和大小等四要素。形状公差项目包括:直线度、平面度、圆度、圆柱度、线轮廓度、面轮廓度等六项。

位置公差是指关联实际要素的位置对基准所允许的变动全量。位置公差又包括定向公差、定位公差和跳动公差。定向公差是指关联实际要素对基准在方向上允许的变动全量,包括平行度、垂直度、倾斜度三项。定位公差是关联实际要素对基准在位置上允许的变动全量,包括同轴度、对称度、位置度三项。跳动公差是以特定的检测方式为依据而给定的公差项目,可分为圆跳动与全跳动。

1.形位公差框格

AutoCAD 使用特征控制框格对图形标注形位公差,标注形位公差的控制框格如图 5-45 所示。

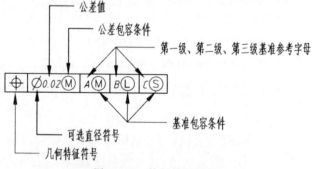

图 5-45　特征控制框格

2.形位公差框格启动

启动【形位公差】控制框格的命令有以下几种方式。

⊙ 菜单栏:在菜单栏中选择【标注】→【公差】命令。

⊙ 选项板:选项卡面板中选择【注释】选项卡,在【标注】面板中单击【公差】按钮 ⊞。

⊙ 命令行:输入【DimjogGed/DJO】命令。

如图 5-46(a)所示,为用选项卡面板的命令启动;启动后,弹出【形位公差】对话框,如图 5-46(b)所示,可进行形位公差标注。

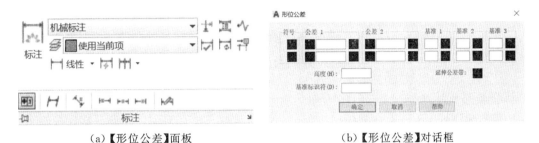

（a）【形位公差】面板　　　　　　　　　　（b）【形位公差】对话框

图 5-46　【形位公差】面板及对话框

【形位公差】对话框内各属性含义如下。

【符号】:表示约束要素的特征符号。形位公差的类型主要有直线度、垂直度和圆度等。如图 5-47(a)所示的 14 种特征符号。

【公差 1】:输入形位公差的可选直径符号、公差值及可选的包容条件,公差 2 具有同样含义。如图 5-47(b)、5-47(c)所示。

【基准 1】:表示基准参考字母及基准包容条件。

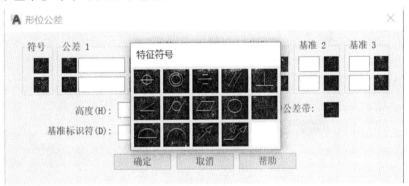

（a）【特征符号】面板

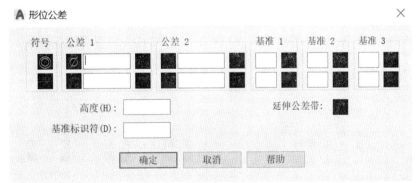

（b）【公差 1】

图 5-47　【形位公差】对话框

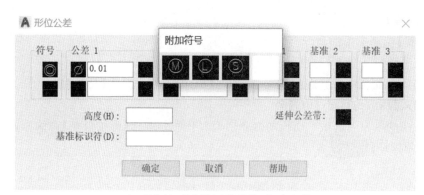

（c）【公差 1】中设置公差值、包容条件

图 5 - 47　【形位公差】对话框

3. 形位公差整体标注

形位公差的标注可分为一次性整体标注和组合标注两种方法。整体标注即一次性标注出形位公差的框格和引线；组合标注即使用形位公差框格标注和引线标注各自的命令分别进行两次组合标注，以达到组合标注的目的。

其中，一次性整体标注应用【QLeader/QL】命令进行标注，需要使用"引线设置"对话框自定义公差。

在命令行输入【QLeader】，按【Enter】键，则命令行提示："指定第一个引线点或[设置(S)]<设置>:"。其中，选择【设置(S)】进行"公差注释"设置，可完成形位公差的一次性整体标注。

【操作简述】：如图 5 - 48(a)，启动【QLeader】命令，命令行提示"指定第一个引线点或[设置(S)]<设置>:"；选择【设置(S)】，弹出【引线设置】对话框，如图 5 - 48(b)所示，在【注释】选项卡中设置【注释类型】为"公差"，即选择【公差】单选框；设置【引线和箭头】选项卡中的各属性，如图 5 - 48(c)所示；单击【确定】按钮，返回绘图区域，确定定位引线和基线的 A、B、C 三点，如图 5 - 48(e)所示；完成三点定位后，系统则自动弹出【形位公差】对话框，如图 5 - 48(d)所示；对其进行相应的设置，单击【形位公差】对话框中的【确定】按钮，则使用【QLeader】命令完成形状公差的整体标注，如图 5 - 48(d)所示。

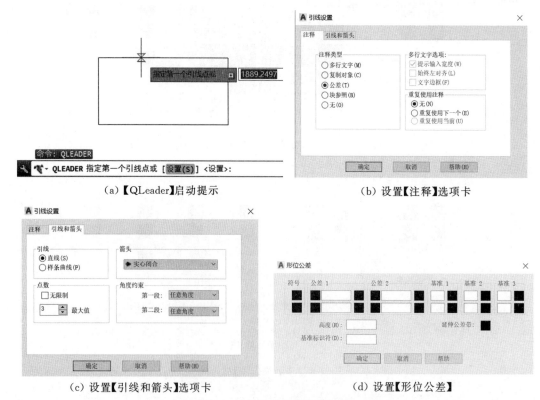

（a）【QLeader】启动提示　　　　（b）设置【注释】选项卡

（c）设置【引线和箭头】选项卡　　　　（d）设置【形位公差】

图 5 - 48　【QLeader】整体标注

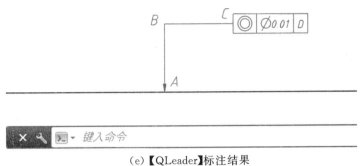

（e）【QLeader】标注结果

图 5-48　【QLeader】整体标注

4. 形位公差组合标注

用【形位公差】命令只能标注框格及框格属性，框格与约束图形对象关联的引线和基线还需应用前面讲的【多重引线】标注。即一个完整的形位公差标注要用到前面讲的形位公差标注、多重引线标注和基准标注等。

（1）框格标注

启动【形位公差】命令，弹出【形位公差】对话框，如图 5-49（a）所示；

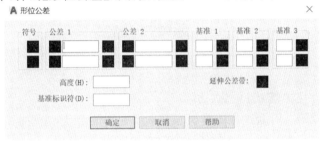

（a）【形位公差】对话框

（b）【特征符号】选择

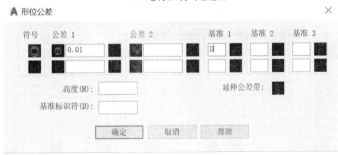

（c）【形位公差】设置

（d）【框格】标注结果

图 5-49　【形位公差】组合标注

单击【符号】选项组中的黑框,则弹出【特征符号】对话框,如图 5 - 49(b)所示;

在弹出【特征符号】对话框中,单击【同轴度】特征符号,则返回【形位公差】对话框,如图 5 - 49(c)所示;

单击【公差 1】选项组最左边的黑框,则出现直径约束符号,在【公差 1】文本框中输入公差值 0.01,如图 5 - 49(c)所示;在【形位公差】对话框中,在【基准 1】选项组的文本框中输入基准代号"D",如有包容条件约束,则在【基准 1】选项组的黑框中选择最大或最小等包容条件;最后单击【确定】按钮,给定控制框格的定位点,完成框格的标注,如图 5 - 49(d)所示。

(2)多重引线标注

在图 5 - 49 中进行了公差标注,但只标注了公差框格及其中的各属性,但并没有标注引线和基线,要完成引线和基线的标注,需要应用【多重引线标注】。在【引线】面板中单击添加引线按钮 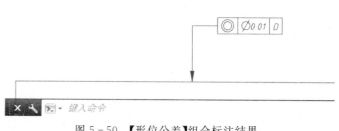,启动【多重引线标注】命令,可完成引线标注。

【操作简述】:启动【多重引线】命令,命令行提示"指定引线箭头的位置或[引线基线优先(L)/内容优先(C)/选项(O)]<选项>:",选择【引线基线优先(L)】,在直线上和框格的合适位置定位两个点,则完成【框格】和【多重引线】组合进行形位公差的标注,如图 5 - 50 所示。

图 5 - 50 【形位公差】组合标注结果

5.形位公差编辑

形位公差主要表示特征的形状、轮廓、方向、位置和跳动的允许偏差等。可通过特征控制框格来添加形位公差,这些框格中包含单个标注的所有公差信息。

特征控制框格能够被复制、移动、删除、比例缩放和旋转,可以用对象捕捉的模式进行捕捉操作,也可以用夹点编辑和【DDedit】命令进行编辑。

在命令行输入命令【DDedit】,按【Enter】键,命令行提示"选择注释对象或[放弃(U)/模式(M)]",,如图 5 - 51(a)所示;

用光标选择需要编辑的框格,则弹出【形位公差】对话框,然后对其中的内容进行编辑,编辑完成后,

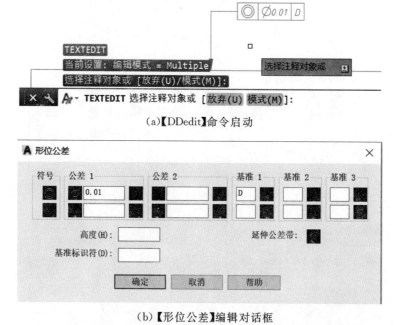

(a)【DDedit】命令启动

(b)【形位公差】编辑对话框

图 5 - 51 编辑【形位公差】

单击确定按钮,完成编辑,如图 5-51(b)所示。

5.2　编辑尺寸标注

尺寸标注时,可先设置好尺寸标注样式再进行标注,也可完成尺寸标注后,再对标注样式进行修改,以使图形符合国标规定。

当对图形创建尺寸标注后,如需对其进行修改,可以使用标注样式对所有标注进行修改,也可以单独修改标注对象。编辑尺寸标注可以通过命令方式和夹点编辑方式来完成。对尺寸标注进行编辑常用的两种命令为【Dimedit】和【Dimtedit】。

5.2.1　编辑尺寸标注

【Dimedit】命令可同时修改多个尺寸标注对象的文字和尺寸界线。启动编辑尺寸标注命令有以下几种方式。

⊙ 工具栏:在菜单栏中选择【标注】→【倾斜】命令。

⊙ 选项板:选项面板中选择【注释】选项卡,在【标注】面板中单击【倾斜】按钮 ⊢ 。

⊙ 命令行:输入【Dimedit/Ded/Dimed】命令。

1.【倾斜】命令

在 AutoCAD 2018 中,从选项板、工具栏启动的【倾斜】命令可实现"尺寸界限"的倾斜。

【操作简述】:如图 5-52(a)所示,为一简单图形;从选项板或工具栏启动【倾斜】命令,命令行提示"选择标注",如图 5-52(b)所示;选择需倾斜的尺寸标注对象 56 后,命令行提示"指定标注文字的角度",输入 90 后,按【Enter】,则完成尺寸数字的倾斜,如图 5-52(c)所示。

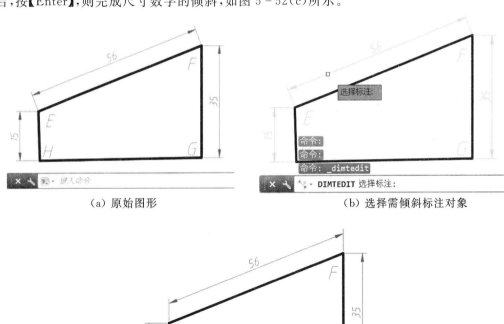

(a) 原始图形　　　　　　　　　　　　(b) 选择需倾斜标注对象

(c) 倾斜结果

图 5-52　【倾斜】命令

2.【Dimedit】命令

在命令行启动【Dimedit】命令后,命令行提示如下信息"输入标注编辑类型[默认(H)/新建(N)/旋转(R)/倾斜(O)]<默认>:",其中各选项的含义如下。

【默认(H)】:将旋转标注文字移回默认位置。

【新建(N)】:使用"多行文字编辑器"编辑标注文字。

【旋转(R)】:旋转标注文字。

【倾斜(O)】:调整线性标注尺寸界线的倾斜角度。

【操作简述】:如图 5-53(a)所示,为一简单图形,从命令行启动【Dimedit】命令,命令行提示中单击选择"倾斜";如图 5-53(b)所示,命令行提示"选择对象";选择需倾斜的尺寸标注对象 56 后,命令行提示"输入倾斜角度",输入 90,如图 5-53(c)所示;按【Enter】,则完成尺寸界线的倾斜,如图 5-53(d)所示。

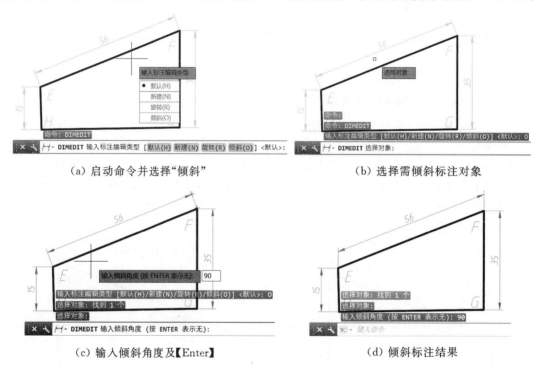

(a) 启动命令并选择"倾斜"　　　　　　(b) 选择需倾斜标注对象

(c) 输入倾斜角度及【Enter】　　　　　　(d) 倾斜标注结果

图 5-53　【Dimedit】命令

5.2.2　编辑标注文字

【编辑标注文字】或【Dimtedit】命令用于移动和旋转标注文字。启动【编辑标注文字】命令有以下几种方式。

⊙ 工具栏:菜单栏选择【标注】→【对齐文字】子命令。

⊙ 命令行:输入【Dimtedit/Dimted】命令。

在命令启动后,按照命令行的信息提示,可进行编辑尺寸标注。命令行提示如下信息"为标注文字指定新位置或[左对齐(L)/右对齐(R)/居中(C)/默认(H)/角度(A)]:",其中各选项的含义如下。

【指定标注文字的新位置】:如果是通过光标来定位标注文字并且 DIMSHO 系统变量是打开的,那么标注在拖动时会动态更新。垂直放置设置控制了标注文字是在尺寸线之上、之下还是中间。

【左对齐(L)】:沿尺寸线左对正标注文字。本选项只适用于线性、直径和半径标注。

【右对齐(R)】:沿尺寸线右对正标注文字。

【居中(C)】:将标注文字放在尺寸线的中间。

【默认】:将标注文字移回默认位置。

【角度】:修改标注文字的角度。

【操作简述】:如图 5-54(a)所示,从命令行启动【Dimtedit】命令,命令行提示"选择标注";选择尺寸文字为 56 的尺寸标注,命令行提示"为标注文字指定新位置",将尺寸数字向右上方向移动,定位位置点,结果如图 5-54(b)所示;也可选择"左对齐"选项,使尺寸文字左对齐,结果如图 5-54(c)所示;也可选择"角度"选项,可对标注文字进行一定角度的旋转,如图 5-54(d)所示,将尺寸文字旋转到 90 度。其他选项操作可自行练习。

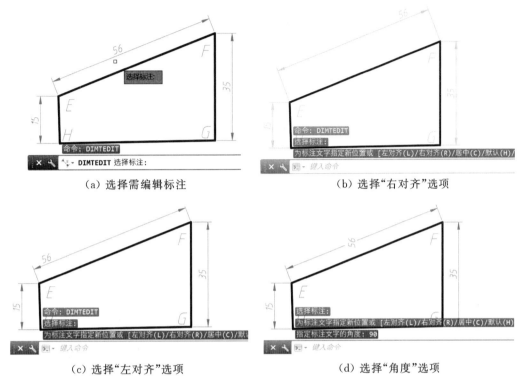

（a）选择需编辑标注　　　　　　　　　　　（b）选择"右对齐"选项

（c）选择"左对齐"选项　　　　　　　　　　（d）选择"角度"选项

图 5-54　【Dimtedit】编辑文字

5.2.3　夹点编辑尺寸标注

使用夹点编辑标注文字的位置时,用户可以先选择要编辑的尺寸标注,当激活文字中间夹点后,拖动鼠标可以将文字移动到目标位置;当激活尺寸界线夹点后,可以移动尺寸线的位置;当激活尺寸界线夹点后,可以移动尺寸界线的第一点或者第二点。

【操作简述】:如图 5-55 所示为利用夹点编辑尺寸标注,用鼠标拾取尺寸数字为 35 的尺寸标注,利用夹点只改变标注文字的位置,将尺寸数字 35 移到上方,如图 5-55(a)所示;如图 5-55(b)所示,用鼠标拾取尺寸数字为 15 的尺寸标注,随后,用鼠标拾取尺寸数字的夹点,并将尺寸数字和尺寸线向左外移动,从而改变尺寸线的左右位置。

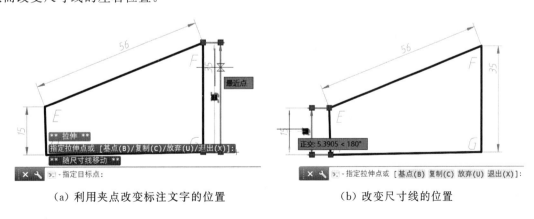

（a）利用夹点改变标注文字的位置　　　　　（b）改变尺寸线的位置

图 5-55　利用夹点编辑尺寸标注

5.2.4 尺寸关联

尺寸关联是指所标注尺寸与被标注几何对象间的关联关系。如果标注的尺寸数值是自动测量值,且按已有尺寸标注模式标注的,那么改变被标注几何对象的位置和大小后对应的标注尺寸也将发生改变,即尺寸线、尺寸界线的位置都改变到相应的新位置,尺寸数值也改变成新测量值。反之,改变尺寸界线起始点的位置,尺寸值也会发生相应的变化。执行该命令有以下几种方式。

⊙ 菜单栏:在菜单栏中选择【标注】→【重新关联标注】命令 重新关联标注(N)。

⊙ 选项板:选项面板中单击【注释】选项卡,在【标注】面板中单击【更新】按钮 。

⊙ 命令行:输入【Dimreassociate】命令。

1.尺寸关联设置

几何对象和尺寸标注的关联可通过两种方式进行设置。第一种方式为在工具选项系统中进行设置;第二种方式可直接应用【Dimreassociate】命令进行设置。

【操作简述】:如图 5－56(a)所示,为原标注图形。启动【重新关联标注】命令,命令行提示"选择尺寸对象",如图 5－56(b)所示;选择多个需关联的尺寸标注对象,按【Enter】键确认选择完毕,如图 5－56(c)所示;按【Enter】键确认选择完毕后,单击命令行的【选择对象】选项,如图 5－56(d)所示;命令行提示"选择对象"此处为选择图形对象直线,则选择过点 E 垂直线,如图 5－56(e)所示;继续在命令行单击【选择对象】选项,并选择直线 EF,如图 5－56(f)所示;继续在命令行单击【选择对象】选项,并选择直线 FG,如图 5－56(g)所示;到此,尺寸与图形对象的关联建立,如图 5－56(h)所示。其他选项的操作可自行练习。

2.尺寸关联操作

【操作简述】:在图 5－56(h)中,尺寸与图形对象的关联建立;选择直线 EF、FG,改变交点 F 的位置,直线 EF、FG 位置随着点 F 也发生变化,如图 5－57 所示,则两者的尺寸标注也随两直线位置变化也发生变化;同理,改变点 E 关联的两直线,则与两直线关联的尺寸标注也发生变化,如图 5－58 所示为尺寸

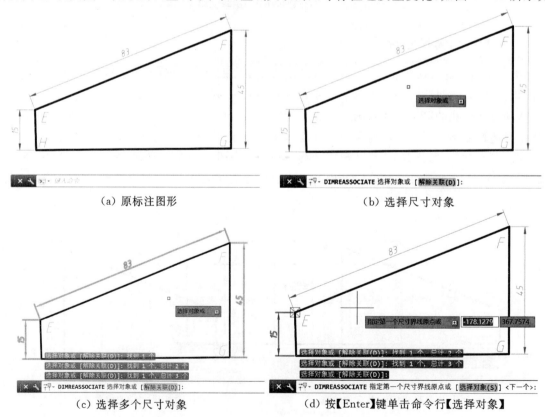

(a) 原标注图形　　　　　　　　　　　　(b) 选择尺寸对象

(c) 选择多个尺寸对象　　　　　　　　(d) 按【Enter】键单击命令行【选择对象】

图 5－56　尺寸与图形对象的关联过程

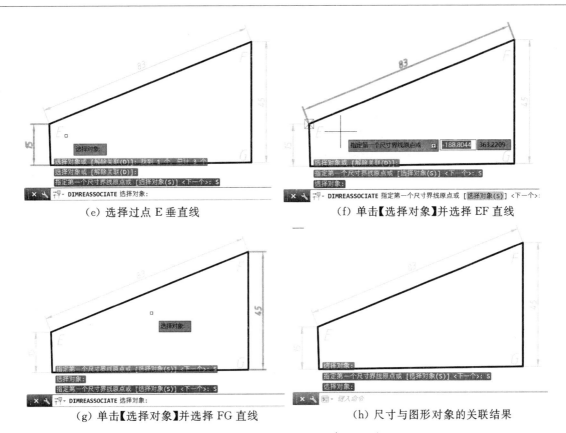

（e）选择过点 E 垂直线　　　　　　　（f）单击【选择对象】并选择 EF 直线

（g）单击【选择对象】并选择 FG 直线　　　　（h）尺寸与图形对象的关联结果

图 5 - 56　尺寸与图形对象的关联过程

关联应用后的示例。

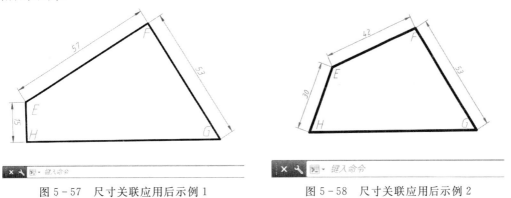

图 5 - 57　尺寸关联应用后示例 1　　　　图 5 - 58　尺寸关联应用后示例 2

第6章　文本表格和图块的应用

文字是 AutoCAD 绘制中重要的图形要素,也是工程图样中必不可少的组成部分,通常用于工程图样中的标题栏、明细表、技术要求、装配说明、加工要求等一些非图形信息的标注。

文字标注包括单行文字标注和多行文字标注。

6.1　设置文字样式

AutoCAD 中的文字样式规定了字体、字号、倾斜角度、方向和其他文字特征。默认情况下,输入文字时,AutoCAD 使用标准文字样式,但不符合我国工程制图的要求。为了使用 AutoCAD 绘制出符合我国国家标准的图样应该先了解国家标准中对文字的有关规定。

6.1.1　CAD 制图中使用字体的说明

在 CAD 制图中,所用字体应做到字体端正、笔画清楚、排列整齐、间隔均匀,基本要求如下。

(1)在绘制 CAD 工程图样时,一般采用矢量字体。

(2)数字和字母采用 ISO 3098 字体,可写成斜体和正体。机械制图中一般以斜体输出。小数点进行输出时,应占一个字位,并位于中间靠下处。

(3)汉字在输出时一般采用正体,并采用国家标准正式公布和推行的简化字。不推荐采用繁体字。

(4)在图样中的标注及说明的汉字,标题栏、明细栏等中汉字一般应采用长仿宋矢量字体(GB/T 13362);在 CAD 文件的大标题、小标题、图册封面、目录清单、标题栏中的设计单名称、图样名称、工程名称、地形图等一般应采用单线字体、宋体、仿宋体、楷体、黑体(GB/T 13844—GB/T 13848)。

(5)标点符号应按其含义正确使用,除省略号和破折号为两个字位外,其余均为一个符号一个字位。

字体高度的公称尺寸系列为:1.8mm,2.5mm,3.5mm,5mm,7mm,10mm,14mm,20mm,约按 $\sqrt{2}$ 的比率递增。

(6)字体与图纸幅面之间的关系按国标有关规定选用。

6.1.2　使用文字样式

1.启动文字样式命令的方式

⊙ 选项板:【默认】选项卡中单击【注释】面板→【文字样式】命令。

⊙ 菜单栏:【格式】→【文字样式】。

⊙ 命令行:输入【Style】命令并按【Enter】键。

2.操作简述

执行命令后,打开【文字样式】对话框,如图 6-1 所示。

3.参数说明

各参数说明如下:

【样式名】:选择样式的名称。可利用【新建】、【删除】两个命令来新建和删除文字样式。文字样式名称最长可达 255 个字符。名称中可包含字母、数字和特殊字符等。不能删除【STANDARD】文字样式。

【字体名】:在下拉列表框中选择需要的字体。可以利用【使用大字体】选项来选择是否使用大字体。在【高度】数据框中设置默认字高。

【效果】:可以设置文字的颠倒、反向、垂直等效果。用【宽度因子】来设置文字宽度的缩放,用【倾斜

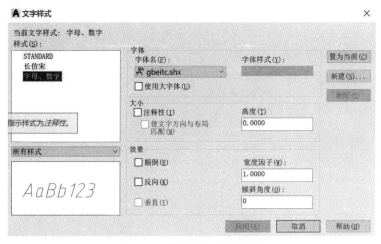

图 6-1　【文字样式】对话框

角度】来设置文字字头的倾斜角度。颠倒和反向选项对多行文字对象无影响,修改宽度比例和倾斜角度对单行文字无影响。

【预览】:预览所设置文字样式的效果。

实际上,AutoCAD 2018 提供了 gbenor.shx、gbeitc.shx 和 gbcbig.shx 字体形文件。可以用 gbenor来书写正体的数字和字母,用 gbeitc 来书写正体的数字和字母,用 gbcbig 来书写长仿宋体汉字。所以在实际操作中,一般要新建两个文字样式,一个用来书写字母和数字,另一个用来书写长仿宋体汉字,分别如图 6-2(a)、6-2(b)所示。有的教材中,汉字字体也可以用【仿宋 GB2312】字体样式表示。

(a) 设置字母、数字样式

图 6-2　设置【文字样式】

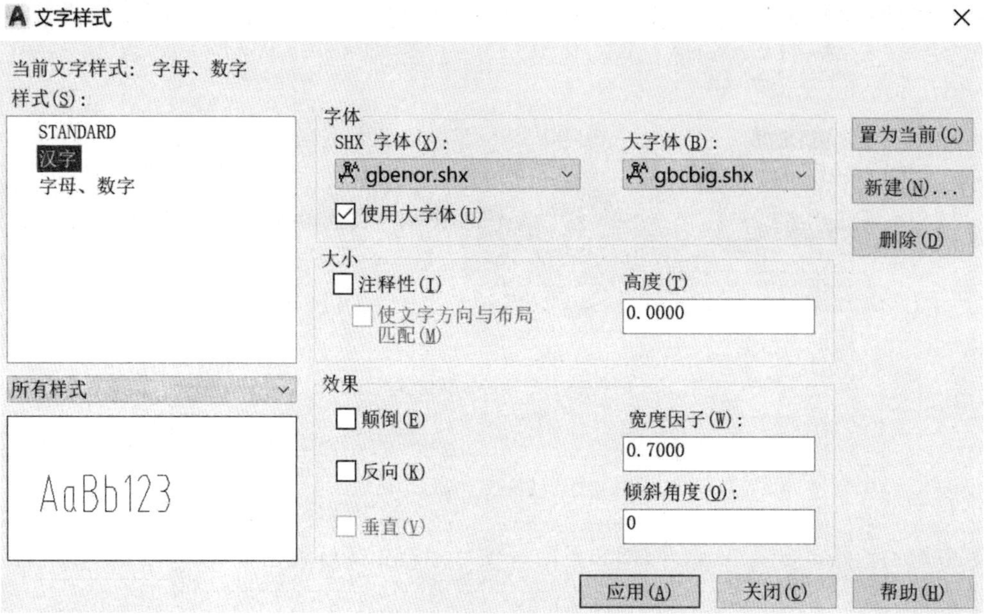

（b）设置汉字样式

图 6-2　设置【文字样式】

6.2　使用文字

6.2.1　使用单行文字

1. 启动单行文字命令的方式

⊙ 选项板：【默认】选项卡中单击【注释】面板→ᴬ→**A** 多行文字。

⊙ 菜单栏：【绘图】→【文字】→【单行文字】。

⊙ 命令行：输入【Text】命令并按【Enter】键。

2. 操作简述

命令：Text【Enter】

当前文字样式：【standard】，文字高度：2.5000

指定文字起始点或【对正(J)/样式(S)】：

3. 选项含义

①【指定文字起始点】

提示指定文字起始点是 AutoCAD 2018 的缺省设置，指定单行文字的基线的起始点位置。

AutoCAD 为单行文字定义了顶线、中线、基线和底线用于确定文字的位置。顶线位于大写字母的顶部，基线是指大写字母底部所在线。无下行的字母基线即是底线，下行的字母(有伸出基线以下部分的字母，如 line g、p、y 等)底线与基线并不重合，而中线随文字中有无下行字母而不同，若无下行字母，即为大写字母的中部。

在确定了文字的起始点位置后，用户需要在下述 AutoCAD 2018 提示下，依次输入文字的高度、旋转角度和文字内容。

指定高度<2.5000>：(输入文字高度)

指定文字的旋转角度<0>：(输入文字旋转角度)

在上述提示下，在命令行输入注释文字，每按一次【Enter】键，便启动一个新行。在输完注释文字后，直接按【Enter】键结束【Text】命令。应注意，如果按【Enter】键之前，取消【Text】命令，会失去刚输入的所有文字。

②【对正】

在指定文字起始点或【对正(J)样式(S)】:提示下,输入【J】即可设置文字对正方式。此时,AutoCAD 2018 显示如下提示:

输入选项[对齐(A)/调整(F)/中心(C)/中间(M)/右(R)/左上(TL)/中上(TC)/右上(TR)/左中(ML)/正中(MC)/右中(MR)/左下(BL)/中下(BC)/右下(BR)]:

其中:【对齐(A)】要求用户输入基线的起点与终点,【调整(F)】要求用户输入文字行基线的起点和终点及文字的字高,其他选项为文字的对正方式。

对正方式指定并确定后,AutoCAD 2018 接着执行指定点、输入文字的高度和旋转角度等下面的命令。

③【样式】

在指定文字起始点或【对正(J)】样式,提示下,输入【S】即可设置当前的文字样式。

此时,AutoCAD 2018 显示如下提示:

输入样式名或[?]<Standard>:

在此提示下,用户可以直接输入文字样式的名称,也可输入"?"来查询当前存在的文字样式列表。

6.2.2　使用多行文字

多行文字可以设置多行文字的样式、字体及大小等属性。

1. 启动多行文字命令的方式

⊙ 选项板:【默认】选项卡中单击【注释】面板→ A→ A 多行文字。

⊙ 菜单栏:【绘图】→【文字】→【多行文字】。

⊙ 命令行:输入【Mtext】命令并按【Enter】键。

2. 操作简述

命令:Mtext【Enter】

当前文字样式:当前文字样式为标准样式

指定第一个角点:

指定对角点或【高度(H)/对正(J)/行距(L)/旋转(R)/样式(S)/宽度(W)栏(C)】:

如图 6-3 所示。

图 6-3 【多行文字】编辑器

3. 文字格式工具栏各主要选项功能

【样式下拉列表框】:选择文字的文字样式。

【字体下拉列表框】:选择文字的字体。

【文字高度下拉列表框】:设置文字的高度。

【粗体、斜体按钮】:单击它们,可分别加粗文字或使文字成为斜体。

【下划线按钮】:单击该按钮,可给文字加下划线。

【上划线按钮】:单击该按钮,可给文字加上划线。

【放弃、重作按钮】:单击它们,可分别取消前一次操作或重复前一次取消的操作。

【堆叠/非堆叠按钮】:当在文字输入窗口中选中的文字包含"/""^"、"♯"等,需用不同的格式来表示分数或指数等时,用"堆叠与非堆叠"按钮便可实现相应的堆叠与非堆叠的切换。如在文字输入窗口中输入"1/2",并选择,然后按按钮,改写作"$\frac{1}{2}$"。

【颜色下拉列表框】:选择文字的颜色。

【确定按钮】:单击该按钮,可完成多行文字的设置且保存该设置。

利用工具栏中下部的按钮和数据框还可以设置方字的对正方式、宽度比例等选项。

4. 多行文字快捷菜单

在文输入窗口中右击,可以弹出【多行文字】快捷菜单,如图 6-4 所示。这个菜单与按文字格式工具样上的【选项】按钮打开的选项菜单基本对应。菜单上部分命令功能依次如下。

【选择性粘贴】:下拉菜单包括无字符格式粘贴,无段落格式粘贴,无任何格式粘贴。

【插入字段】:打开字段对话框,插入类似日期等字段。

【符号】:使用特殊字符。

【输入文字】:打开选择文件对话框,导入文本。

【段落】:打开段落对话框可设置段落间距等。

【字符集】:选择字符集。

【删除格式】:删除文字中使用的格式。

【背景遮罩】:设置背景遮罩。

【编辑器设置】:背景遮罩编辑器设置。

【帮助】:打开帮助,学习使用多行文字。

图 6-4 【多行文字】快捷菜单

6.2.3 使用特殊字符

在实际设计绘图中,往往需要标注一些特殊的字符,由于这些特殊字符不能从键盘上直接输入,所以 AutoCAD 提供了特殊符号输入的控制符。

在【文字格式】工具栏中按下@符号图标,出现特殊符号快捷菜单,如图 6-5 所示,给出了特殊字符的输入方法。

度数(D)	%%d
正/负(P)	%%p
直径(I)	%%c
几乎相等	\U+2248
角度	\U+2220
边界线	\U+E100
中心线	\U+2104
差值	\U+0394
电相角	\U+0278
流线	\U+E101
恒等于	\U+2261
初始长度	\U+E200
界碑线	\U+E102
不相等	\U+2260
欧姆	\U+2126
欧米加	\U+03A9
地界线	\U+214A
下标 2	\U+2082
平方	\U+00B2
立方	\U+00B3
不间断空格(S)	Ctrl+Shift+Space
其他(O)...	

6-5 特殊字符输入方法

如在文字输入窗口中输入"％％c",结果文字显示为"φ"。

在快捷菜单中选择【其他】选项,可以打开字符映射表,如图 6-6 所示。从中选择并复制特殊符号。

6.3 文字编辑

一般说来,文字编辑应包含修改文字内容和文字特性两个方面。

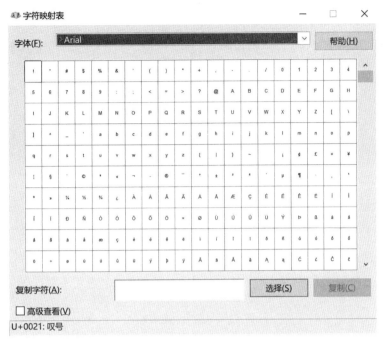

图 6-6　字符映射表

6.3.1　在位编辑文字

AutoCAD 2018 最方便的编辑文字的方法是直接双击一个文字对象进行在位编辑。

6.3.2　文字工具栏

【文字】工具栏如图 6-7 所示。

图 6-7　【文字】工具栏

图标依次为如下含义:建立多行文字、建立单行文字、编辑文字、查找和替代、检查拼写、编辑文字样式、缩放文字、对正文字、在空间之间转换距离。

6.3.3　使用特性命令修改文字内容

1.启动特性命令的方式
⊙ 菜单栏:选取修改的文字,在【修改】菜单栏→【特性】。
⊙ 命令行:【Ddmodify】。
⊙ 选取修改文字→点击鼠标右键。
2.操作简述
Command:Ddmodify【Enter】
　　在操作中,用户首先选取要修改的文字对象,再执行相应命令,打开属性对话框,如图 6-8 所示。在其中可以修改文字对象的颜色、图层、线型、内容、字体样式等。

6.4　使用表格

　　在工程图样和文件管理中,表格是必不可少的要素。
　　AutoCAD 2018 增加了将表格数据链接至 Microsoft Excel 中的数据的功能,且表格样式也得到增强,添加了用于表格和表格单元中边界及边距的其他格式选项和显示选项。可以从图形中的现有表格快

209

图 6-8　文字对象属性

速创建表格样式,可以将 Microsoft Excel 电子表格中的信息(以列的形式)与从图形中提取的数据进行合并。

6.4.1　使用表格样式

1.启动表格样式命令的方式

⊙ 选项板:【默认】选项卡中单击【注释】面板→【表格样式】命令 ▣。

⊙ 菜单栏:【格式】→【表格样式】。

⊙ 命令行:【Table Style】。

⊙ 命令别名:【TS】。

2.操作简述

执行命令后,打开【表格样式】对话框,如图 6-9 所示。

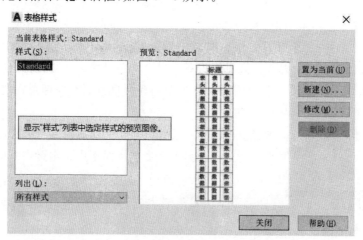

图 6-9　【表格样式】对话框

3.参数说明

【样式列表】:选择样式的名称。可利用"新建""修改""删除"三个命令来新建、修改和删除表格样式,并用【置为当前】命令将选择的样式作为当前表格使用样式。

【列出】:选择样式列表中样式的过滤条件。

【预览】:预览所选择的表格样式。

(4)新建表格样式的步骤如下:

①在表格样式对话框中单击【新建】按钮,打开【创建新的表格样式】对话框,如图 6-10 所示。

图 6-10　【创建新的表格样式】对话框

②在对话框中输入要新建的样式名称,按【继续】按钮,打开【新建表格样式】对话框,如图 6-11 所示。功能说明如下:

(a)【常规】设置

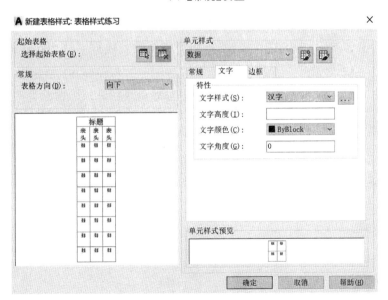

(b)【文字】设置

图 6-11　【新建表格样式】对话框

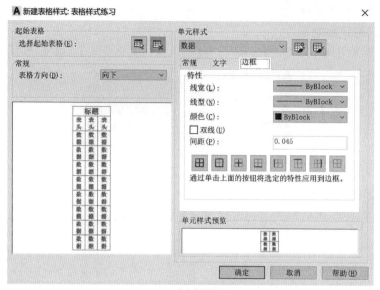

（c）【边框】设置

图 6-11　【新建表格样式】对话框

⊙【起始表格】中可以选择起始表格。

⊙【常规】选项组：设置表格的方向是向上还是向下。

　　【单元样式预览】中可以看到所设置的表格的样式。

⊙【单元样式】选项组：主要选择表格的数据、表头和标题等。

　　【常规】选项卡：设置区主要设置表格的特性（包括填充颜色、对齐、格式和类型）和页边距（水平和垂直方向），如图 6-11（a）所示；选中"创建行/列时合并单元"复选框可以将行/列合并。

　　【文字】选项卡：设置区主要设置表格的文字的特性（包括样式、高度、颜色和角度），单击文字样式后方的窗口，可打开文字样式窗口，可以选择 6.1.2 中设置的【汉字】，如图 6-11（b）所示。

　　【边框】选项卡：设置区主要设置表格边框的特性（包括线宽、线型、颜色以及双线的间距），如图 6-11（c）所示。

③对新建的样式各选项设置完成后，按【确定】按钮，确定新样式的设置并返回表格样式对话框。

④对需要的表格样式置为当前，按【关闭】按钮，退出表格样式对话框。

　　在实际绘图中，多数情况下是通过【样式】工具栏上的下拉列表框中选择当前样式。如图 6-12 所示，用来选择和编辑文字、表格和尺寸标注的样式。

图 6-12　样式选取

6.4.2　创建表格

1. 启动表格命令的方式

⊙ 选项板：【默认】选项卡中单击【注释】面板→表格。

⊙ 命令行：【Table】。

⊙ 菜单栏：【绘图】→【表格】。

⊙ 命令别名：【TB】。

2.操作简述

Command:Table【Enter】。

打开【插入表格】对话框,如图 6-13 所示。

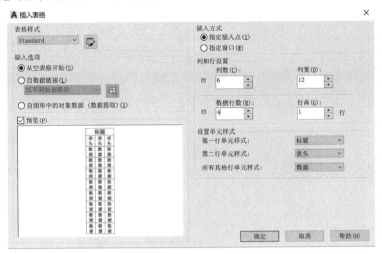

图 6-13　【插入表格】对话框

3.对话框中选项或参数意义

【表格样式】:选择所建表格使用的样式。按 按钮可以打开表格样式对话框对样式进行修改。

【插入选项】选项组:用来选择是自空表格开始,自数据链接开始,还是自图形中的对象数据（数据提取）。若选择自数据链接开始,则按 按钮可以打开选择数据链接窗口,对 Microsoft Excel 中的数据进行链接;若选择自图形中的对象数据（数据提取）,可以从图形中的对象（包括块和属性）提取特性数据和图形信息。并输出到表格或外部文件。

【插入方式】选项组:选择指定插入点,还是指定窗口。

【列和行设置】选项组:设置表格的行数、列数、行高和列宽。

【设置单元样式】选项组:包括第一行单元样式、第二行单元样式和所有其他行单元样式。每一样式中的选项完全相同,都有标题、表头和数据。需要注意的是:第一行单元样式的默认值是标题,第二行单元样式的默认值是表头,而所有其他行单元样式的默认值是数据。如果表格中不包含标题和表头,则第一行单元样式和第二行单元样式均要选择数据项。

设置完成后,单击【确定】按钮,退出对话框。在屏幕上指定表格的位置,完成一个空表格的创建,同时文字编辑功能打开,可以向表格单元中输入内容。双击一个单元格,可以向该单元中输入内容。

6.4.3　编辑表格

单击表格的任意一条边框线就可以选择一个表格对象,该表格出现夹点,如图 6-14(a)所示。移动夹点可以修改表格的大小、位置。

单击一个单元格,可以选择该单元,单元边框的中央将显示夹点,并弹出表格窗口,如图 6-14(b)所示。

拖动单元上的夹点可以改变单元列宽或行高。表格窗口中各选项分别为按行/列、标题、表头、数据等,其他如图 6-15 所示。图标依次为如下含义:在选择的单元格上方插入行、在选择的单元格下方插入行、删除表格最下方的行、在选择的单元格左侧插入列、在选择的单元格右侧插入列、删除表格最右方的列。

选取一个表格对象,点击右键,弹出表格编辑快捷菜单,如图 6-16 所示。选取表格中的单元,点击右键,弹出单元格编辑快捷菜单,如图 6-17 所示。

编辑表格或单元的几点说明:

①修改表格或表格单元,利用特性是很有用的方法。

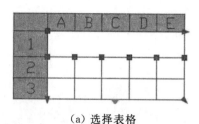

（a）选择表格

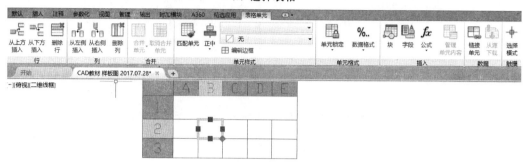

（b）选择单元格

图 6-14　表格的选择

图 6-15　表格窗口符号含义

图 6-16　表格编辑快捷菜单

图 6-17　单元格编辑快捷菜单

　　②表格的输出命令：该命令除了利用图 6-16 所示的菜单外，也可利用【输出】命令，可以将表格名称以逗号分隔（CSV）文件格式输出，输出后的文件可用 Excel 等打开。

6.5　表格应用实例

1. 绘图目标

利用文字和表格绘制一个标题栏签字区。如图 6-18 所示。

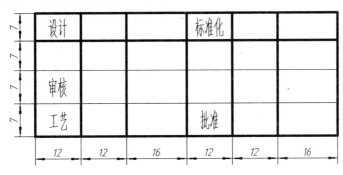

图 6-18　标题栏签字区

2. 操作要点

在 AutoCAD 2018 中调用【文字样式】【表格样式】【插入表格】和表格【特性】面板等命令。

3. 操作步骤

①按图 6-2 所示方法,创建并设置"汉字"文字样式。

②从【格式】下拉式菜单栏选择【表格样式】,打开表格样式对话框,单击【新建】,新建表格样式名为"标题栏",如图 6-19(a)所示;单击【修改】,在【常规】选项卡中设置单元边距水平和垂直方向都为"0",如图 6-19(b)所示;在【文字】选项卡中设置其文字样式为"汉字",如图 6-19(c)所示;在【边框】设置边框宽度线宽为"0.5",如图 6-19(d)所示。

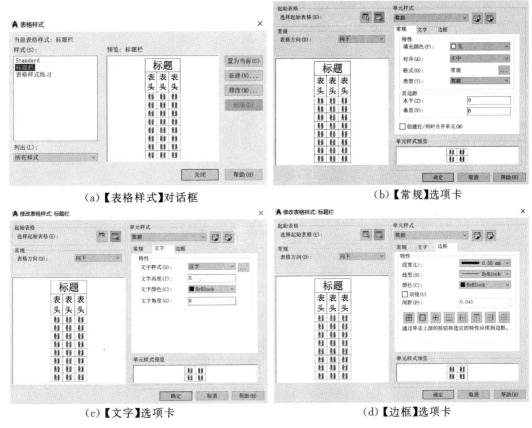

（a）【表格样式】对话框　　　　　　　　　　（b）【常规】选项卡

（c）【文字】选项卡　　　　　　　　　　（d）【边框】选项卡

图 6-19　设置【表格样式】

③绘制表格。

在【默认】选项卡中单击【注释】面板→▦【表格】，打开【插入表格】对话框。设置表格样式为"标题栏"。签字区一共有 4 行,6 列。在"设置单元样式"选项组中设置第一行单元样式和第二行单元样式均设为"数据"。这样就已经有了 2 行,因此要将列数设为 6,而行数设为 2,如图 6-20 所示。

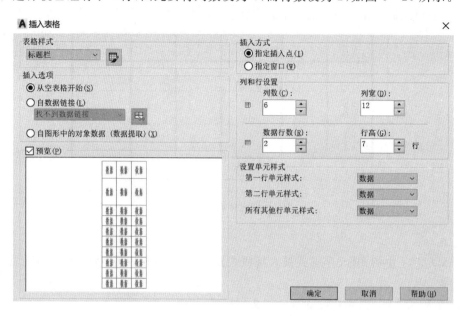

图 6-20 【插入表格】对话框

选择表格中所有单元,右击鼠标并在快捷菜单中选择"特性",打开特性面板,通过【表格宽度】后的【快速计算器】计算出,【表格宽度】为 72,【表格高度】为 35。如图 6-21 所示。

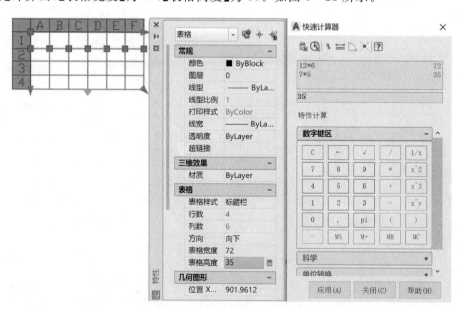

图 6-21 修改单元格的高度和宽度

单击鼠标左键,选择第一行 C 列,将行高设置为 7,列宽设置为 16,如图 6-22 所示。

单击选择第一行 F 列,将行高设置为 7,列宽设置为 16,如图 6-23 所示。

用点选或框选的方式同时选择 2、3、4 行的所有单元,在【表格单元】选项卡的【单元样式】面板中,左击▦ 编辑边框 图标打开【单元边框特性】对话框,设置边框宽度为"0.25",按左侧 ▬ 钮,应用在内部水平边框,如图 6-24 所示。

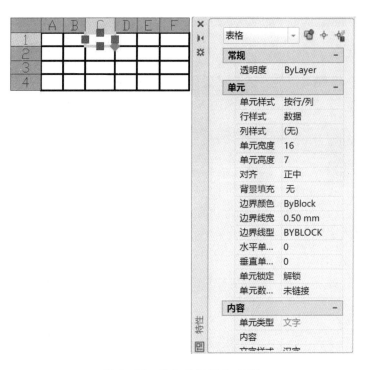

图 6-22 修改 C 行行高、列宽

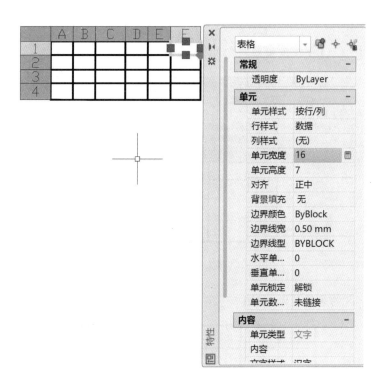

图 6-23 修改 F 列行高、列宽

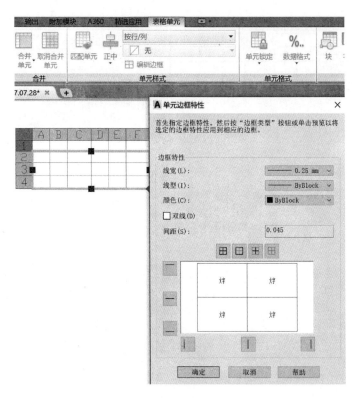

图 6-24　修改边框

④左键双击单元格,进入【文字编辑器】,用 5 号"汉字"填写其中内容,如图 6-25 所示。

图 6-25　【文字编辑器】填写文字

⑤完成标题栏签字区的表格绘制,如图 6-26 所示

设计			标准化	
审核				
工艺			批准	

图 6-26　完成标题栏签字区

6.6　链接表格数据实例

1. 绘图目标

下面利用链接表格数据的方法绘制标题栏上方的明细栏。以"千斤顶装配图"中的明细栏为例,如图 6 - 27 所示。

6		顶帽	1	Q235A	
5		螺钉 M6 * 6	1	35	
4		丝杆	1	45	
3		螺钉 M8 * 16	1	35	
2		套筒	1	HT62	
1		底座	1	HT150	
序号	代号	名称	数量	材料	备注

图 6 - 27　"千斤顶装配图"明细栏

2. 操作要点

在 AutoCAD 2018 中调用 Microsoft Excel 程序、【插入表格】【新建 Excel 数据链接】等命令。

3. 操作步骤

①使用 Microsoft Excel 制作并保存明细栏表格,如图 6 - 28 所示。在 Microsoft Excel 中制作表格比较简单,而且不必考虑表格的尺寸,尺寸和字体将在 AutoCAD 2018 中,通过快捷菜单中选择【特性】,打开特性面板进行调整。

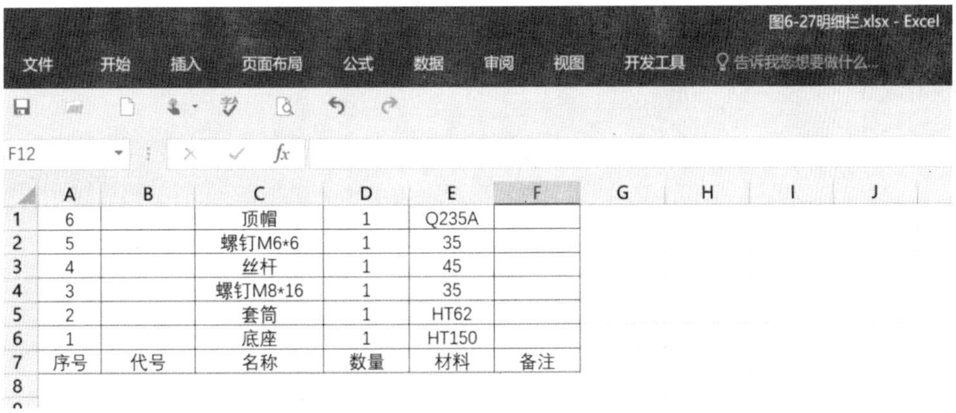

图 6 - 28　在 MicrosoftExcel 中的明细栏

②从菜单栏选择【绘图】→【表格】,打开【插入表格】对话框,在插入选项中选择【自数据链接】,单击【创建新的 Excel 数据链接】,打开【选择数据链接】对话框,如图 6 - 29 所示。

③单击【创建新的 Excel 数据链接】,打开【输入数据链接名称】对话框,如图 6 - 30 所示。输入"明细",单击【确定】按钮。打开【新建 Excel 数据链接】对话框,单击【浏览文件】后的【□】图标,找到第 1 步所作的 Microsoft Excel 明细栏表格,如图 6 - 31 所示。在预览中可看到 Microsoft Excel 明细栏表格。

④单击【确定】按钮,返回到【选择数据链接】对话框,单击【确定】按钮,返回到【插入表格】对话框,单击【确定】按钮,返回到 AutoCAD 2018 中。在 AutoCAD 2018 中,任意指定插入点插入 Microsoft Excel 明细栏表格。

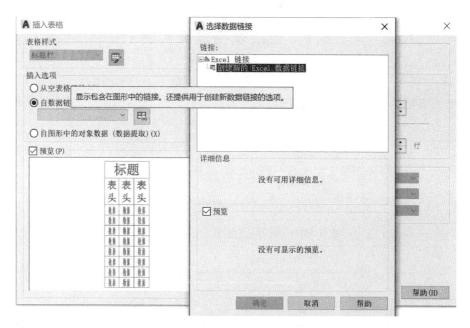

图 6-29 【选择数据连接】对话框

图 6-30 【输入数据连接名称】对话框

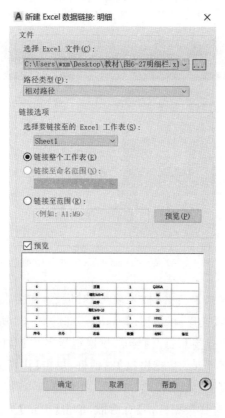

图 6-31 【新建 Excel 数据链接】对话框

⑤框选所有的单元格,右击鼠标,将对齐方式选为【正中】。打开特性面板,调整单元的宽度和高度尺寸,以及文字的高度,修改边框。在 AutoCAD 2018 中,调整好后的"千斤顶装配图"明细栏如图 6 - 32 所示。

⑥用【移动】命令将明细栏移到标题栏上方。

6		顶帽	1	Q235A	
5		螺钉 M6 ＊ 6	1	35	
4		丝杆	1	45	
3		螺钉 M8 ＊ 16	1	35	
2		套筒	1	HT62	
1		底座	1	HT150	
序号	代号	名称	数量	材料	备注

图 6 - 32　AutoCAD 2018 中的"千斤顶装配图"明细栏

6.7　块

在实际绘图中,经常会遇到绘制相同或相似图形的问题(如机械设计中的粗糙度符号,建筑设计中的标高符号等),利用 AutoCAD 提供的块的方式可以快捷解决。将这类图形定义为块,在需要的时候以插入块的方式将图形直接插入,从而节省绘图时间,而且利用定义块与属性的方式可以在插入块的同时加入不同的文本信息,满足绘图的要求。

6.7.1　块的概念与特点

1.块的概念

块是绘制在一个或几个图层上的图形对象的组合。一组被定义为块的图形对象将成为单个的图形符号,拾取块中的任意一个图形对象即可选中构成块的全体对象。用户可以根据绘图的需要,将块以不同的缩放比例、旋转方向放置在图中的任意位置。

2.使用块的优点

①减少绘图时间,提高工作效率。

②节省存储空间。

③便于修改图样。

④块中可以包含属性(文本信息)。

6.7.2　块与块文件

块定义的方式有两种。第一种命令方式是【Block】,此命令定义的块只能在当前定义块的图形文件中使用;第二种命令方式是【Wblock】,能够将块定义为块文件,任何图形文件都可以使用。

这里主要介绍块。

将图形定义为块,组成块的图形对象必须已经绘制出来且在屏幕上可见。

1.启动块命令的方式

⊙ 命令行:输入【Block】命令。

⊙ 功能区:【默认】选项卡→【块】面板→【创建】。

⊙ 菜单栏:【绘图】→【块】→【创建】。

⊙ 工具栏:【绘图】→命令别名:【B】

2.操作简述

将图 6 - 33 所示的图形窗户,利用该对话框可以定义块。

①用【绘图】【直线】命令绘制如图 6 – 33 所示图形。在命令行提示下输入【Block】命令后【Enter】,屏幕上将弹出【块定义】对话框,如图 6 – 34 所示。

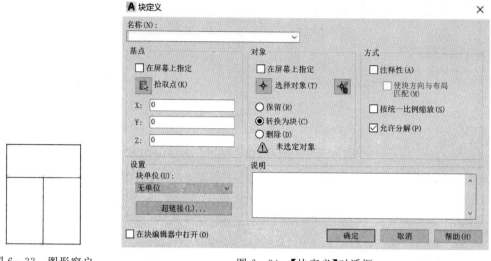

图 6 – 33　图形窗户　　　　　　　　　　　图 6 – 34　【块定义】对话框

②在名字(Name)下拉列表框中输入需要建立或选择需重定义的块名。此处定义为"窗户"。

③在基点(Base Point)选项组中确定块的基点,即插入点。此处选择窗户的右下角为插入点,如图 6 – 35所示。

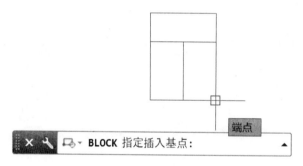

图 6 – 35　在屏幕上拾取基点

④对象选项组中确定组成块的图形对象。选择整个窗户形体,如图 6 – 36 所示。

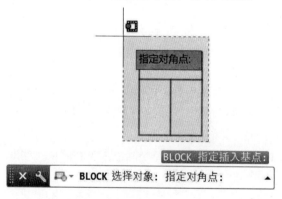

图 6 – 36　在屏幕上选择对象

⑤如图 6 – 37(a)所示单击【确定】按钮完成块的定义,生成如图 6 – 37(b)所示的块"窗户"。

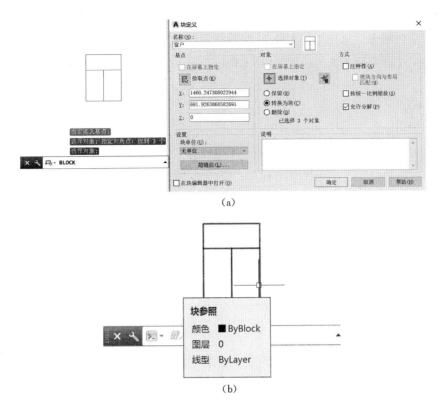

（a）

（b）

图 6-37【定义块】"窗户"

6.7.3　块的插入

将已经定义好的块或块文件插入到当前图形中。

1.启动插入块命令的方式

⊙ 命令行：Insert【Enter】。

⊙ 功能区：【插入】选项卡→【块】面板→【插入】。

⊙ 菜单栏：【插入】→【块】。

⊙ 工具栏：【绘图】→命令别名：【I】。

2.操作简述

以刚建立好的块"窗户"为例。

①在命令行提示下输入【Insert】命令后按【Enter】键，则打开【插入】对话框，如图 6-38 所示，选择名

图 6-38　【插入块】对话框

称为"窗户"。利用此对话框可以确定所要插入块的缩放比例、插入位置和旋转角度。

②名称下拉列表中输入或选择块的名称。

③插入点选项组中确定插入点的位置，如图 6-39 所示。

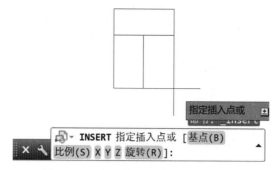

图 6-39　在屏幕上指定插入点的位置

④旋转选项区确定块插入时的旋转角度，此处不设置。

⑤分解选项确定块中元素是否可以单独编辑。

⑥单击【确定】按钮，返回绘图屏幕用鼠标选取一点作为块的插入点，完成块的插入。

⑦如果插入块时没有将块分解，插入后希望对块中的元素单独编辑，可以使用【分解】命令将块分解。

6.7.4　动态块

动态块具有灵活性和智能性的特点。用户在操作时可以轻松地更改图形中的动态块参照，通过自定义夹点或自定义特性来操作动态块参照中的几何图形，使用户可以根据需要在位调整块，而不用搜索另一个块以插入或重定义现有的块。

1.启动【块编辑器】命令的方式

⊙ 命令行:【Bedit】(快捷命令:【BE】)。

⊙ 功能区:【插入】选项卡→【块定义】面板→【块编辑器】。

⊙ 选择要编辑的块→点击右键→【块编辑器】。

⊙ 菜单栏:【工具】→【块编辑器】。

2.操作简述

执行上述操作后，系统会打开【块编写选项板】对话框，如图 6-40 所示。

(1)【参数】选项卡

【参数】选项卡，如图 6-40(a)所示。

【参数】选项卡提供用于向块编辑器中的动态块定义中添加参数的工具。参数用于指定几何图形在块参照中的位置、距离和角度。将参数添加到动态块定义中时，该参数将定义块的一个或多个自定义特性。此选项卡也可以通过命令 Bparameter 来打开。

【点参数】:可向动态块定义中添加一个点参数，并为块参照定义自定义 X 和 Y 特性。点参数定义图形中的 X 和 Y 位置。在块编辑器中，点参数类似于一个坐标标注。

【线性参数】:可向动态块定义中添加一个线性参数，并为块参照定义自定义距离特性。线性参数显示两个目标点之间的距离。线性参数限制沿预设角度进行的夹点移动。在块编辑器中，线性参数类似于对齐标注。

【极轴参数】:可向动态块定义中添加一个极轴参数，并为块参照定义自定义距离和角度特性。极轴参数显示两个目标点之间的距离和角度值。可以使用夹点和"特性"选项板来共同更改距离值和角度值。在块编辑器中，极轴参数类似于对齐标注。

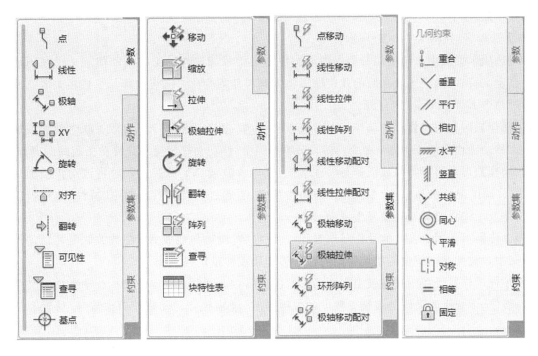

(a)【参数】选项卡　　　(b)【动作】选项卡　　　(c)【参数集】选项卡　　　(d)【约束】选项卡

图 6 - 40　【块编写选项版】对话框

【XY 参数】:可向动态块定义中添加一个 XY 参数,并为块参照定义自定义水平距离和垂直距离特性。XY 参数显示距参数基点的 X 距离和 Y 距离。在块编辑器中,XY 参数显示为一对标注(水平标注和垂直标注)。这一对标注共享一个公共基点。

【旋转参数】:可向动态块定义中添加一个旋转参数,并为块参照定义自定义角度特性。旋转参数用于定义角度。在块编辑器中,旋转参数显示为一个圆。

【对齐参数】:可向动态块定义中添加一个对齐参数。对齐参数用于定义 X 位置、Y 位置和角度。对齐参数总是应用于整个块,并且无须与任何动作相关联。对齐参数允许块参照自动围绕一个点旋转,以便与图形中的其他对象对齐。对齐参数影响块参照的角度特性。在块编辑器中,对齐参数类似于对齐线。

【翻转参数】:可向动态块定义中添加一个翻转参数,并为块参照定义自定义翻转特性。翻转参数用于翻转对象。在块编辑器中,翻转参数显示为投影线。可以围绕这条投影线翻转对象。翻转参数将显示一个值,该值显示块参照是否已被翻转。

【可见性参数】:可向动态块定义中添加一个可见性参数,并为块参照定义自定义可见性特性。通过可见性参数,用户可以创建可见性状态并控制块中对象的可见性。可见性参数总是应用于整个块,并且无须与任何动作相关联。在图形中单击夹点可以显示块参照中所有可见性状态的列表。在块编辑器中,可见性参数显示为带有关联夹点的文字。

【查寻参数】:可向动态块定义中添加一个查寻参数,并为块参照定义自定义查寻特性。查寻参数用于定义自定义特性,用户可以指定或设置该特性,以便从定义的列表或表格中计算出某个值。该参数可以与单个查寻夹点相关联,在块参照中单击该夹点可以显示可用值的列表,在块编辑器中查寻参数显示为文字。

【基点参数】:可向动态块定义中添加一个基点参数。基点参数用于定义动态块参照相对于块中的几何图形的基点。基点参数无法与任何动作相关联,但可以属于某个动作的选择集。在块编辑器中,基点参数显示为带有十字光标的圆。

（2）【动作】选项卡

【动作】选项卡，如图 6-40(b)所示。

【动作】选项卡提供用于向块编辑器中的动态块定义中添加动作的工具。动作定义了在图形中操作块参照的自定义特性时，动态块参照的几何图形将如何移动或变化。应将动作与参数相关联。此选项卡也可以通过命令 BactionTool 来打开。

【移动动作】：可在用户将移动动作与点参数、线性参数、极轴参数或 XY 参数关联时动作添加到动态块定义中。移动动作类似于 Move 命令。在动态块参照中，移动动作将使对象移动指定的距离和角度。

【缩放动作】：可在用户将缩放动作与线性参数、极轴参数或 XY 参数关联时将该动作添加到动态块定义中。缩放动作类似于 Scale 命令。在动态块参照中，当通过移动夹点或使用"特性"选项板编辑关联的参数时，缩放动作将使其选择集发生缩放。

【拉伸动作】：可在用户将拉伸动作与点参数、线性参数、极轴参数或 XY 参数关联时将该动作添加到动态块定义中。拉伸动作将使对象在指定的位置移动和拉伸指定的距离。

【极轴拉伸动作】：可在用户将极轴拉伸动作与极轴参数关联时将该动作添加到动态块定义中当通过夹点或"特性"选项板更改关联的极轴参数上的关键点时，极轴拉伸动作将使对象旋转、移动和拉伸指定的角度与距离。

【旋转动作】：可在用户将旋转动作与旋转参数关联时将该动作添加到动态块定义中。旋转动作类似于 Rotate 命令。在动态块参照中，当通过夹点或"特性"选项板编辑相关联的参数时，旋转动作将使其相关联的对象进行旋转。

【翻转动作】：可在用户将翻转动作与翻转参数关联时将该动作添加到动态块定义中。使用翻转动作可以围绕指定的轴（称为投影线）翻转动态块参照。

【阵列动作】：可在用户将阵列动作与线性参数、极轴参数或 XY 参数关联时将该动作添加到动态块定义中。通过夹点或"特性"选项板编辑关联的参数时，阵列动作将复制关联的对象并按矩形的方式进行阵列。

【查寻动作】：可向动态块定义中添加一个查寻动作。向动态块定义中添加查寻动作并将其与查寻参数相关联后，将创建查寻表。可以使用查寻表将自定义特性和值指定给动态块。

（3）【参数集】选项卡

【参数集】选项卡，如图 6-40(c)所示。

该选项卡提供用于在块编辑器中向动态块定义中添加一个参数和至少一个动作的工具。将参数集添加到动态块中时，动作将自动与参数相关联。将参数集添加到动态块中后，请双击黄色警示图标（或使用 Bactionset 命令），然后按照命令行上的提示将动作与几何图形选择集相关联。此选项卡也可以通过命令 Bparameter 来打开。

【点移动】：可向动态块定义中添加一个点参数。系统会自动添加与该点参数相关联的移动动作。

【线性移动】：可向动态块定义中添加一个线性参数。系统会自动添加与该线性参数的端点相关联的移动动作。

【线性拉伸】：可向动态块定义中添加一个线性参数。系统会自动添加与该线性参数相关联的拉伸动作。

【线性阵列】：可向动态块定义中添加一个线性参数。系统会自动添加与该线性参数相关联的阵列动作。

【线性移动配对】：可向动态块定义中添加一个线性参数。系统会自动添加两个移动动作，一个与基点相关联，另一个与线性参数的端点相关联。

【线性拉伸配对】：可向动态块定义中添加一个线性参数。系统会自动添加两个拉伸动作，一个与基点相关联，另一个与线性参数的端点相关联。

【极轴移动】:可向动态块定义中添加一个极轴参数。系统会自动添加与该极轴参数相关联的移动动作。

【极轴拉伸】:可向动态块定义中添加一个极轴参数。系统会自动添加与该极轴参数相关联的拉伸动作。

【环形阵列】:可向动态块定义中添加一个极轴参数。系统会自动添加与该极轴参数相关联的阵列动作。

【极轴移动配对】:可向动态块定义中添加一个极轴参数。系统会自动添加两个移动动作,一个与基点相关联,另一个与极轴参数的端点相关联。

【极轴拉伸配对】:可向动态块定义中添加一个极轴参数。系统会自动添加两个拉伸动作,一个与基点相关联,另一个与极轴参数的端点相关联。

【XY 移动】:可向动态块定义中添加一个 XY 参数。系统会自动添加与 XY 数的端点相关联的移动动作。

【XY 移动配对】:可向动态块定义中添加一个 XY 参数。系统会自动添加两个移动动作,一个与基点相关联,另一个与 XY 参数的端点相关联。

【XY 移动方格集】:运行 Bparameter 命令,然后指定 4 个夹点并选择【XY 参数】选项,可向动态块定义中添加一个 XY 参数。系统会自动添加 4 个移动动作,分别与 XY 参数上的 4 个关键点相关联。

【XY 拉伸方格集】:可向动态块定义中添加一个 XY 参数。系统会自动添加 4 个拉伸动作,分别与 XY 参数上的 4 个关键点相关联。

【XY 阵列方格集】:可向动态块定义中添加一个 XY 参数。系统会自动添加与该 XY 参数相关联的阵列动作。

【旋转集】:可向动态块定义中添加一个旋转参数。系统会自动添加与该旋转参数相关联的旋转动作。

【翻转集】:可向动态块定义中添加一个翻转参数。系统会自动添加与该翻转参数相关联的翻转动作。

【可见性集】:可向动态块定义中添加一个可见性参数并允许定义可见性状态。无须添加与可见性参数相关联的动作。

【查寻集】:可向动态块定义中添加一个查寻参数。系统会自动添加与该查寻参数相关联的查寻动作。

(4)【约束】选项卡

【约束】选项卡,如图 6 - 40(d)所示。

该选项卡提供用于将几何约束和约束参数应用于对象的工具。将几何约束应用于一对对象时,选择对象的顺序及选择每个对象的点可能影响对象相对于彼此的放置方式。

①几何约束

【重合约束】:可同时将两个点或一个点约束至曲线(或曲线的延伸线)。对象上的任意约束点均可以与其他对象上的任意约束点重合。

【垂直约束】:可使选定直线垂直于另一条直线。垂直约束在两个对象之间应用。

【平行约束】:可使选定的直线位于彼此平行的位置。平行约束在两个对象之间应用。

【相切约束】:可使曲线与其他曲线相切。相切约束在两个对象之间应用。

【水平约束】:可使直线或点对位于与当前坐标系的 X 轴平行的位置。

【竖直约束】:可使直线或点对位于与当前坐标系的 Y 轴平行的位置。

【共线约束】:可使两条直线段沿同一条直线的方向。

【同心约束】:可将两条圆弧、圆或椭圆约束到同一个中心点。与将重合应用于曲线的中心点所产生的结果相同。

【平滑约束】:可在共享一个重合端点的两条样条曲线之间创建曲率连续(G2)条件。

【对称约束】:可使选定的直线或圆受相对于选定直线的对称约束。

【相等约束】:可将选定圆弧和圆的尺寸重新调整为半径相同,或将选定直线的尺寸重新调整为长度相同。

【固定约束】:可将点和曲线锁定在位。

②约束参数

【对齐约束】:可约束直线的长度或两条直线之间、对象上的点和直线之间或不同对象上的两个点之间的距离。

【水平约束】:可约束直线或不同对象上的两个点之间的 X 距离。有效对象包括直线段和多段线线段。

【竖直约束】:可约束直线或不同对象上的两个点之间的 Y 距离。有效对象包括直线段和多段线线段。

【角度约束】:可约束两条直线段或多段线线段之间的角度。这与角度标注类似。

【半径约束】:可约束圆、圆弧或多段圆弧段的半径。

【直径约束】:可约束圆、圆弧或多段圆弧段的直径。

3.【块编辑器】选项卡

该选项卡提供了在块编辑器中使用、创建动态块及设置可见性状态的工具,如图 6-41 所示。含义从左往右依次为:

图 6-41 【块编辑器】选项卡

【编辑块】:显示【编辑块定义】对话框。

【保存块】:保存当前块定义。

【将块另存为】:显示【将块另存为】对话框,可以在其中用一个新名称保存当前块定义的副本。

【测试块】:运行【BtestBlock】命令,可从块编辑器打开一个外部窗口以测试动态块。

【自动约束】:运行【Autoconstrain】命令,可根据对象相对于彼此的方向将几何约束应用于对象的选择集。

【显示/隐藏】:运行【Constraintbar】命令,可显示或隐藏对象上的可用几何约束。

【块表】:运行【Btable】命令,可显示对话框以定义块的变量。

【参数管理器】:参数管理器处于未激活状态时执行【Parameters】命令;否则,将执行 PARAMETER-SCLOSE 命令。

【编写选项板】:编写选项板处于未激活状态时执行【Bauthorpalette】命令;否则,将执行 BauthorpaletteClose 命令。

【属性定义】:显示【属性定义】对话框,从中可以定义模式、属性标记、提示、值、插入点和属性的文字选项。

【可见性模式】:设置 Bvmode 系统变量,可以使当前可见性状态下不可见的对象变暗或隐藏。

【使可见】:运行 Bvshow 命令,可以使对象在当前可见性状态或所有可见性状态下均可见。

【使不可见】:运行 Bvhide 命令,可以使对象在当前可见性状态或所有可见性状态下均不可见。

【可见性状态】:显示"可见性状态"对话框,从中可以创建、删除、重命名和设置当前可见性状态。在列表框中选择一种状态,单击鼠标右键,选择快捷菜单中的"新状态"命令,打开"新建可见性状态"对话框,可以设置可见性状态。

【关闭块编辑器】:运行 Bclose 命令,可关闭块编辑器,并提示用户保存或放弃对当前块定义所做的任何更改。

6.7.5　定义属性

1.属性的概念

属性是块的文本对象,是块的一个组成部分,它与块的图形对象共同组成块的全部内容。例如.当我们将表面粗糙度的符号定义为块的时候,我们还需要加入粗糙度值。利用定义块属性的方法可以方便地加入需要的内容。

2.启动定义属性的方式

⊙ 命令行:【Attdef】。

⊙ 菜单栏:【绘图】→【块】→【定义属性】。

⊙ 命令别名:【ATT】。

3.操作步骤

①在命令行输入【Attdef】命令,按【Enter】键,打开【属性定义】对话框,如图 6-42 所示。

图 6-42　【属性定义】对话框

②【模式】选项组可以确定属性模式。

【不可见】:选中该复选框,属性在图中不可见。

【固定】:选中该复选框,属性为定值。由此对话框的文本编辑框给定,插入块时属性值不发生变化。

【验证】:选中该复选框,在插入块时系统将提示用户验证属性值的正确性。

【预置】:选中该复选框,在插入块时将属性设置为默认值。

【锁定位置】:选中该复选框,在插入块时属性是否可以相对于块的其余部分移动。

【多行】:属性是单线属性还是多线属性。

③【属性】选项:由上而下依次确定属性的标记、提示、默认。

④【插入点】选项组:勾选【在屏幕上指定】复选框,用鼠标在屏上拾取。

⑤【文字设置】选项组:由上至下依次确定文字的对齐方式、文字样式、文字高度、文字旋转角度。

⑥单击【确定】按钮完成属性的定义。

⑦如果有两个或两个以上的属性,希望这些属性以对正方式排列,可以钩选此对话框中下部的"在上一个属性定义下对齐"。

6.7.6 编辑属性

1.启动编辑属性的方式

⊙ 命令行:【Eattedit】。

⊙ 功能区:【插入】选项卡→【块】面板→【编辑属性】。

⊙ 菜单栏:【修改】→【对象】→【属性】。

⊙ 选择块→点击右键→【编辑属性】。

2.操作简述

①执行命令【Eattedit】。

②选择一图块,屏幕弹出【增强属性编辑器】对话框,如图 6-43 所示。

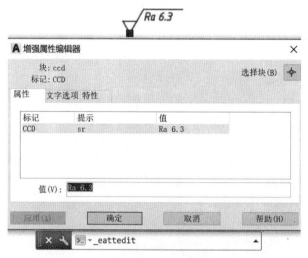

图 6-43 【增强属性编辑器】对话框

该对话框包括三个选项卡:【属性】【文字选项】和【特性】。用户可以通过该对话框编辑属性值、文本格式以及属性的图层、线型、线宽、颜色和绘图样式。

6.8 块实例

6.8.1 带属性的块——粗糙度符号绘制

1.绘图目标

绘制如图 6-44(a)所示带属性的粗糙度符号。

(a) 目标图样　　　　　　　　　　　(b) 基本符号

图 6-44 绘制粗糙度符号并定义属性

2.操作要点

在 AutoCAD 2018 中调用【图层】、【直线】、【单行文字】、【块】等命令。

3.操作步骤

①新建文件,绘制如图 6-44(b)所示的第一个图形。

②【块】→【定义属性】,打开【属性定义】对话框,如图 6-45 所示。生成如图 6-44(b)所示的第二个图形。

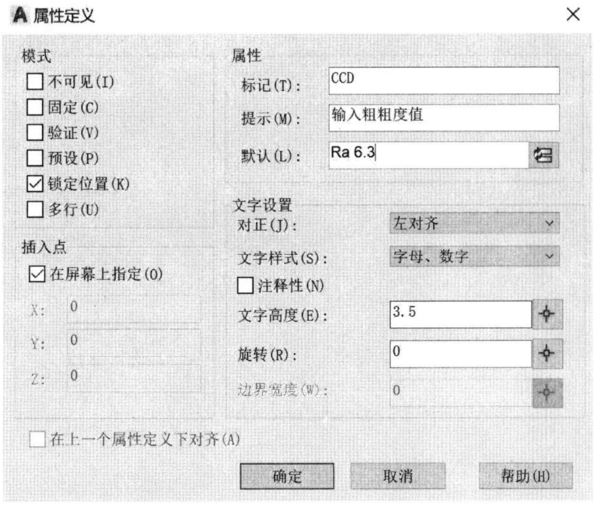

图 6-45　【属性定义】对话框

③【块】→【创建】,选择粗糙度符号及粗糙度值,如图 6-46 所示。按要求在屏幕上拾取基点和对象,如图 6-47 所示。

图 6-46　【块定义】对话框

(a)【基点】→【拾取点】　　　　　　　(b)【对象】→【选择对象】

图 6-47　拾取基点、选择对象

④从菜单栏选择【插入】→【块】,如图 6-48 所示。单击【确定】按钮,在绘图区适当位置点击鼠标左键,弹出【编辑属性】对话框。

⑤【编辑属性】对话框中输入不同的值,粗糙度符号上就有相应的数值,如图 6-49 所示。最后生成如图 6-50 所示结果。

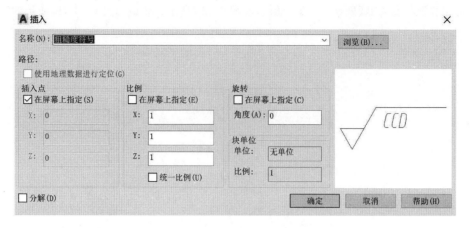

图 6-48 【插入块】对话框

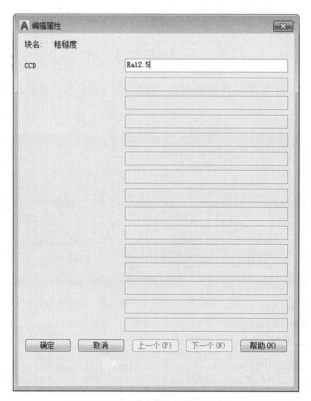

图 6-49 【编辑属性】对话框

图 6-50 【编辑属性】后的粗糙度符号

6.8.2 带属性的动态块——标高符号制作

1.绘图目标

绘制如图6-51所示符号,可以改变标高值、可以上下翻转的标高符号。

图6-51 带属性的、可翻转的标高符号

2.操作要点

在AutoCAD 2018中调用【直线】、【单行文字】、【块】、【块编辑器】等命令。

3.操作步骤

①新建文件,先建立高度为3mm的标高基本符号,块名定义为"标高符号",如图6-52所示。

图6-52 标高基本符号

②【默认】选项卡→【块】面板→【定义属性】,

选择标高符号和数值,定义为带属性的块,依次如图6-53(a)、6-53(b)、6-53(c)所示。

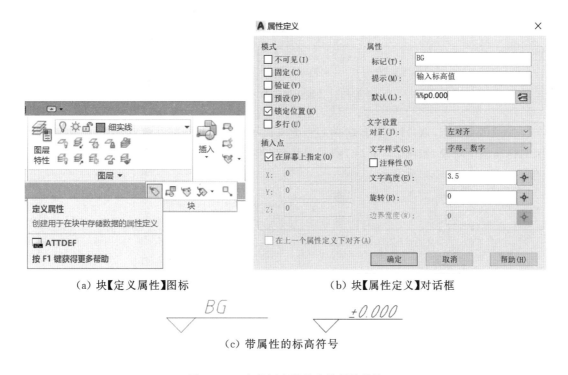

(a) 块【定义属性】图标　　　　　　　(b) 块【属性定义】对话框

(c) 带属性的标高符号

图6-53 定义标高符号为带属性的块

③启动【块编辑器】命令,打开【编辑块定义】对话框,如图6-54所示。

④在【编辑块定义】对话框中按【确定】按钮,则打开【块编辑器】选项板,在【参数】选项卡中,选择【翻转】按钮,点击"标高"块符号的最下顶点(即90度角的顶点),并设置水平方向为翻转轴线,如图6-55 (a)、(b)所示。

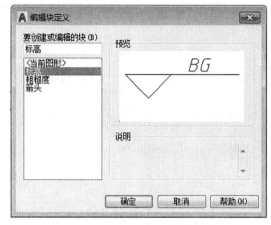

图 6-54　打开【块编辑器】

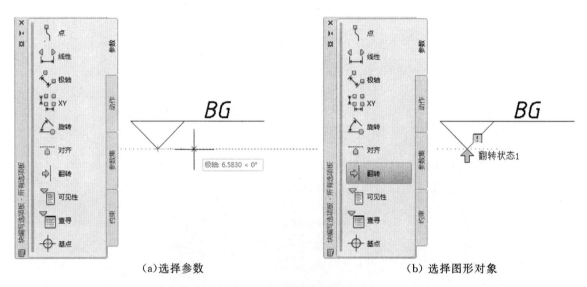

(a)选择参数　　　　　　　　　　　　　(b) 选择图形对象

图 6-55　【块编辑器】中【参数】设置

⑤在【动作】选项卡中,选择【翻转】,选择上一步设置好的翻转状态的参数,如图 6-56(a)所示。然后选择绘制的标高图形对象,如图 6-56(b)所示。最终设置好块的动作,在图形旁边出现"翻转"动作图标。如图 6-57 所示。

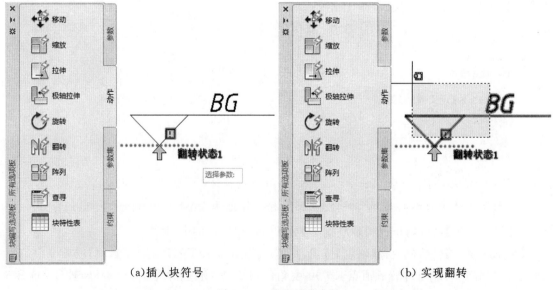

(a)插入块符号　　　　　　　　　　　　(b) 实现翻转

图 6-56　设置动作参数

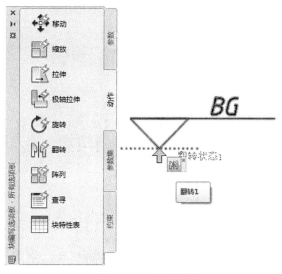

图 6-57　【动作】设置

⑥选择【块编辑器】选项卡→【关闭块编辑器】,如图 6-58 所示。

图 6-58　【关闭块编辑器】

⑦此时,弹出对话框,选择"将更改保存到标高符号(S)",如图 6-59 所示。

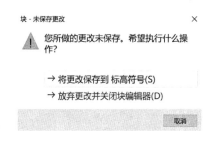

图 6-59　【保存】块名"标高符号"

⑧【插入】"标高"块符号,实现标高值根据实际应用进行输入,点击箭头实现标高符号上下翻转,如图 6-60 所示。

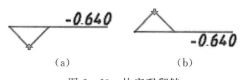

（a）　　　　　　（b）

图 6-60　块实现翻转

第7章 三维建模

7.1 三维建模基础知识

7.1.1 AutoCAD 2018 三维建模空间

启动 AutoCAD 2018,在快速访问工具栏中的【工作空间】下拉列表框中选择"三维基础"或"三维建模",切换到三维工作界面,如图 7-1 所示。与二维绘图不同,三维建模增加了 Z 方向的维度,在三维坐标系统下构造三维形体。三维建模的命令以工具按钮的形式集中在选项卡中。

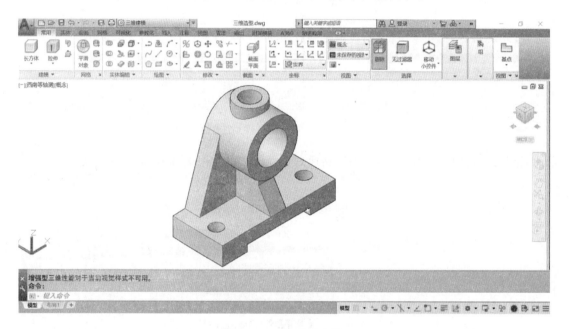

图 7-1 三维建模空间

7.1.2 动态 UCS

AutoCAD 的三维坐标系是由原点引出的 3 个坐标轴构成,即 X 轴、Y 轴、Z 轴,3 个轴相互垂直且相交于原点,三维坐标系可以实时反映三维模型的位置与方向。

为了便于建模,可以利用【动态 UCS】捕捉实体平整表面作为临时坐标平面创建对象,无须单独创建 UCS。

启动【动态 UCS】命令的方式有如下几种。

⊙ 状态栏:按下状态栏上的【动态 UCS】按钮 。

⊙ 快捷键:F6。

打开【动态 UCS】后,执行相应绘图命令,在实体平整表面上移动光标,表面边线亮显则表示捕捉到该平面,即可在该平面上进行绘图,如图 7-2 所示。

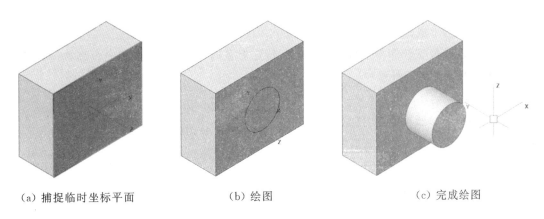

| （a）捕捉临时坐标平面 | （b）绘图 | （c）完成绘图 |

图 7 - 2 利用动态 UCS 绘图

7.1.3 三维模型的显示

在进行三维建模时,为创建和编辑模型各部分不同方向的结构特征,需要不断调整视图的显示方式与效果。AutoCAD 2018 提供了强大的显示功能。

1. 动态观察

AutoCAD 2018 提供了一个具有交互控制功能的三维动态观察器,方便在建模时实时控制改变视图方向达到最佳的观察效果以创建和编辑模型。使用三维动态观察器可以查看整个图形也可以查看图形中的任意对象。

动态观察分为受约束的动态观察、自由动态观察和连续动态观察 3 种。启用动态观察后,在视口右击鼠标,在弹出的快捷菜单中可切换动态观察方式,如图 7 - 3 所示。

（1）受约束的动态观察

受约束的动态观察指沿着 XOY 平面或 Z 轴约束的三维动态观察。将所要观察的模型尽量完整显示在整个视口,执行【受约束的动态观察】命令后,可移动光标将三维模型旋转,视点围绕目标模型移动,进而指定模型的任意视图方向,如图 7 - 4(a)所示。

图 7 - 3 快捷菜单

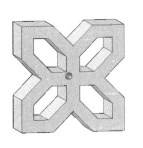 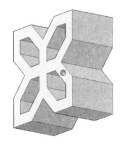 

| （a）未提前选中观察对象 | （b）提前选中观察对象 |

图 7 - 4 受约束的动态观察

启动【受约束的动态观察】命令的方式有如下几种。

⊙ 选项板:【视图】→【视口工具】→【导航栏】→下拉列表→【动态观察】。

⊙ 菜单栏:在菜单栏中选择【视图】→【动态观察】→【受约束的动态观察】菜单命令。

⊙ 命令行：输入【3DORBIT3DO】命令。

⊙ 快捷键：【Shift】＋鼠标中键。

当绘图区域显示的模型较多不便精准观察某一特定对象时，可以将要观察的模型选中再执行【受约束的动态观察】，如图7-4(b)所示。

（2）自由动态观察

自由动态观察指不参照平面，在任意方向上进行动态观察。

启动【自由动态观察】命令的方式有如下几种。

⊙ 选项板：【视图】→【视口工具】→【导航栏】→中下拉列表→【自由动态观察】。

⊙ 菜单栏：在菜单栏中选择【视图】→【动态观察】→【自由动态观察】菜单命令。

⊙ 命令行：输入【3DFORBIT】命令。

执行命令后，在当前视口出现一个绿色的大圆，大圆上有4个小圆，如图7-5所示。将光标放在大圆内、大圆外、4个小圆上，按住鼠标左键并拖动，光标的表现形式不同，视图的旋转方向也不同，可分别对对象进行不同形式的旋转观察，读者可实践操作加以体会。

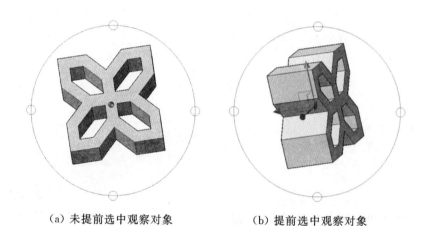

(a) 未提前选中观察对象　　　　　(b) 提前选中观察对象

图7-5　自由动态观察

（3）连续动态观察

利用此工具，按住鼠标左键拖动，模型会按鼠标拖动的方向旋转，旋转速度为鼠标拖动的速度。

启动【连续动态观察】命令的方式有如下几种。

⊙ 选项板：【视图】→【视口工具】→【导航栏】→中下拉列表→【连续动态观察】。

⊙ 菜单栏：在菜单栏中选择【视图】→【动态观察】→【连续动态观察】菜单命令。

⊙ 命令行：输入【3DCORBIT】命令。

2.使用命令行设置视点

视点是指模型的三维可视化观察方向。"横看成岭侧成峰"，通过设置不同的视点，可在不同方位观察模型。在三维环境下，系统默认的视点为(0,0,1)点向(0,0,0)点观察模型，即视图的俯视方向。要重新设置视点，有如下几种方式。

⊙ 菜单栏：在菜单栏中选择【视图】→【三维视图】→【视点】菜单命令。

⊙ 命令行：输入【－VPOINT】命令。

完成视点旋转前后观察角度的变化如图7-6所示。

3.预设三维视图

三维视图包括预设的6个基本视图（俯视（TOP）、仰视（BOTTOM）、左视（LEFT）、右视（RIGHT）、前视（FRONT）、后视（BACK））和4个轴测图（西南等轴测（SW）、东南等轴测（SE）、东北等轴测（NE）、西

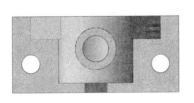

（a）默认俯视图方向　　　　（b）旋转视点后的观察结果

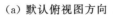

```
命令: -VPOINT
当前视图方向: VIEWDIR=-15405.4695,15405.4695,21786.6239
指定视点或 [旋转(R)] <显示指南针和三轴架>: r
输入 XY 平面中与 X 轴的夹角 <135>: 315
输入与 XY 平面的夹角 <45>: 135
```

（c）命令行

图 7 - 6　设置视点

北等轴测（NW）），这些视图可以满足观察模型的需要，如图 7 - 7 所示。

AutoCAD 2018 是在 XY 平面上画图，所以在建模过程中需不断切换视图以便编辑与观察模型。切换三维视图有如下几种方式。

- ⊙ 选项板：【常用】选项卡→【可视化】→【视图】下拉列表。
- ⊙ 菜单栏：在菜单栏中选择【视图】→【三维视图】→选择视图。
- ⊙ 命令行：输入【VIEW】命令打开【视图管理器】→【预设视图】，切换视图"置为当前"。
- ⊙ 视口控件：视口左上角【视口控件】→【视图】下拉列表。

图 7 - 7　三维视图

4.视觉样式

为了观察模型的最佳效果，AutoCAD 2018 预设了十种"视觉样式"用来显示模型，控制视口中边和着色的显示效果。视觉样式含义如下：

- ⊙ 二维线框：在三维空间中创建的线框模型，图形显示用直线和曲线表示边界的对象，OLE 和光栅对象、线框和线型均可见，如图 7 - 8 所示。
- ⊙ 概念：着色多边形平面间的对象，并使对象的边平滑化。效果缺乏真实感，但是可以清楚地查看模型的轮廓，如图 7 - 9 所示。
- ⊙ 隐藏：显示用三维线框表示的对象并隐藏模型被挡住的轮廓线，效果如图 7 - 10 所示。

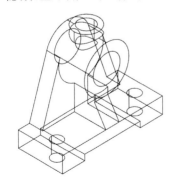

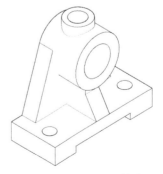

图 7 - 8　二维线框视觉样式　　　图 7 - 9　概念视觉样式　　　图 7 - 10　隐藏视觉样式

- ⊙ 真实：显示着色后的多边形平面间的对象，并使对象的边平滑化，同时显示已经附着到对象上的材质效果，如图 7 - 11 所示。

⊙ 着色：该样式与真实样式类似，不显示对象轮廓线，使用平滑着色显示对象，效果如图 7-12 所示。

⊙ 带边缘着色：该样式与着色样式类似，对其表面轮廓线以暗色线条显示，效果如图 7-13 所示。

图 7-11　真实视觉样式　　　　图 7-12　着色视觉样式　　　　图 7-13　带边缘着色视觉样式

⊙ 灰度：以灰色着色多边形平面间的对象，并使对象的边平滑化。着色表面不存在明显的过渡，同样可以清楚地观察模型的轮廓，效果如图 7-14 所示。

⊙ 勾画：利用手工勾画的笔触效果显示用三维线框表示的对象并隐藏被挡住的轮廓线，如图 7-15 所示。

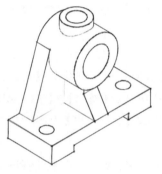

图 7-14　灰度视觉样式　　　　　图 7-15　勾画视觉样式

⊙ 线框：显示用直线和曲线表示边界的对象，效果与二维线框类似，如图 7-16 所示。

⊙ X 射线：以 X 射线的形式显示对象效果，可以清楚地观察对象的内部结构，如图 7-17 所示。

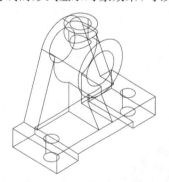
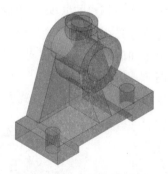

图 7-16　线框视觉样式　　　　　图 7-17　X 射线视觉样式

在各个视觉样式之间进行切换的方法主要有以下几种。

⊙ 选项板：【常用】选项卡→【可视化】→【视觉样式】下拉列表。

⊙ 菜单栏：在菜单栏中选择【视图】→【视觉样式】菜单命令。

⊙ 视口控件：视口左上角【视口控件】→【视觉样式】下拉列表。

5. 视觉样式管理器

在建模过程中，可以通过【视觉样式管理器】面板来控制边线显示、面显示、背景显示、材质以及模型显示精度等。还可以创建自定义视觉样式。

打开【视觉样式管理器】面板有如下几种方法。

⊙ 选项板:【常用】选项卡→【可视化】→【视觉样式管理器】。

⊙ 菜单栏:在菜单栏中选择【视图】→【视觉样式管理器】。

⊙ 视口控件:视口左上角【视口控件】→【视觉样式管理器】。

⊙ 命令行:输入【Visualsytles】并按【Enter】键。

执行上述任一操作,打开如图 7-18 所示的【视觉样式管理器】面板,选中"图形中可用视觉样式"中的一种视觉样式,在【视觉样式管理器】面板下部的参数栏对其进行面设置、环境设置和边设置等,读者可尝试模型在不同参数下的不同显示效果,这里不再详细展开。

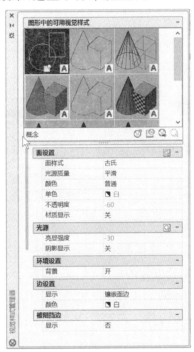

图 7-18　【视觉样式管理器】面板

7.2　绘制三维实体

7.2.1　绘制基本实体

1.长方体

绘制具有规则形状的长方体或正方体。

打开【长方体】命令有如下几种方法。

⊙ 选项板:【常用】选项板→【建模】→【长方体】。

⊙ 菜单栏:在菜单栏中选择【绘图】→【建模】→【长方体】菜单命令。

⊙ 命令行:输入【Box】命令。

【操作简述】:启动【长方体】命令,如图 7-19(a)所示,在绘图区域单击鼠标左键指定底面矩形的一个角点。指定长方体底面的一个角点与对角点以及长方体的高来创建长方体是绘制长方体的默认方法。

选项含义如下。

【指定第一个(其他)角点】:指定长方体底面的一个角点与对角点。始终将长方体的底面绘制为与当前 UCS 的 XY 平面(工作平面)平行。

【指定高度】:在 Z 轴方向上指定长方体的高度,可以为高度输入正值和负值。

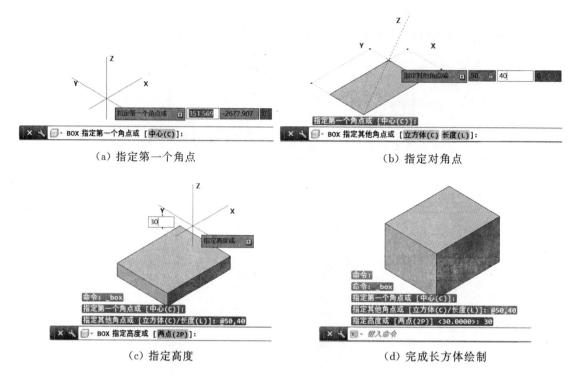

（a）指定第一个角点 　　　　　　（b）指定对角点

（c）指定高度 　　　　　　（d）完成长方体绘制

图 7 - 19 【长方体】

【中心（C）】：使用固定位置的圆心（长方体的中心点）创建长方体。先指定长方体中心，再指定长方体中截面的一个角点或长度，最后指定长方体的高度。

【立方体（C）】：创建一个长、宽、高相同的长方体。

【长度（L）】：按照指定长宽高创建长方体。长度与 X 轴对应，宽度与 Y 轴对应，高度与 Z 轴对应。

2. 圆柱体

圆柱体的截面形状可以为圆或椭圆，沿截面形状的法向方向进行拉伸形成圆柱体，如图 7 - 20 所示。圆柱体在工程上较为常见，如轴、柱等。

打开【圆柱体】命令有如下几种方法。

⊙ 选项板：【常用】选项板→【建模】→【圆柱体】。

⊙ 菜单栏：在菜单栏中选择【绘图】→【建模】→【圆柱体】菜单命令。

⊙ 命令行：输入【Cylinder/Cyl】命令。

命令行提示如下。

CYLINDER
指定底面的中心点或 [三点(3P)/两点(2P)/切点、切点、半径(T)/椭圆(E)]：
指定底面半径或 [直径(D)]：

✕ ✎ ⊞ ▾ CYLINDER 指定高度或 [两点(2P) 轴端点(A)] <30.0000>：

选项含义如下。

命令行提示中"指定底面的中心点或[三点（3P）/两点（2P）/切点、切点、半径（T）/椭圆（E）]"以及"指定底面半径或 [直径（D）]"中各选项均是定义圆柱底面的位置、形状、尺寸大小的，具体操作与二维绘图中的【圆】、【椭圆】一致，此处不再赘述。软件默认圆柱底面在 XY 工作平面上或与其平行的平面上绘制。

【指定高度】：定义圆柱体的高度，在命令行输入具体数值。软件默认圆柱的高与 XY 工作平面垂直。

【两点】：指定圆柱体的高度为两个指定点之间的距离。

【轴端点】：指定圆柱体轴的端点位置，此端点是圆柱体的顶面中心点，可以设置为三维空间的任意点。轴端点定义了圆柱体的长度和方向。软件默认圆柱体的轴垂直于 XY 平面，此选项可以定义任意轴方向的圆柱体,如图 7 - 20(c)所示。

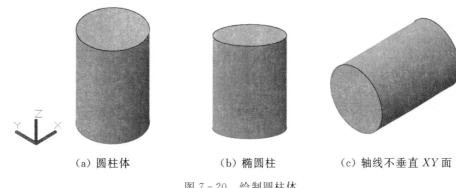

（a）圆柱体　　　　　（b）椭圆柱　　　　　（c）轴线不垂直 XY 面

图 7 - 20　绘制圆柱体

3.圆锥体

以圆或椭圆为底面,至顶面逐渐缩小为一点来创建实体圆锥体,也可以缩放至顶面成为与底面平行的圆或椭圆来创建圆台,如图 7 - 21 所示。

打开【圆锥体】命令有如下几种方法。

⊙ 选项板:【常用】选项板→【建模】→【圆锥体】。

⊙ 菜单栏:在菜单栏中选择【绘图】→【建模】→【圆锥体】菜单命令。

⊙ 命令行:输入【Cone】命令。

命令行提示如下。

```
命令： CONE
指定底面的中心点或 [三点(3P)/两点(2P)/切点、切点、半径(T)/椭圆(E)]：
指定底面半径或 [直径(D)]：
⤬ ⚒ △▾ CONE 指定高度或 [两点(2P) 轴端点(A) 顶面半径(T)] <30.0000>：          ▲
```

选项含义如下。

命令行提示中除【顶面半径】选项外,其余与【圆柱体】操作相同。

【顶面半径】:定义圆柱体的顶面半径大小。若顶面半径值为 0 则绘制圆锥,若顶面半径值为非 0 则绘制圆台,如图 7 - 21 所示。

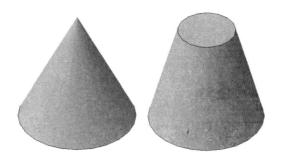

图 7 - 21　绘制圆锥与圆台

4.球体

球体是到球心距离为定值(半径)的球面围合而成的空间实体。它广泛应该于机械、建筑中,如建筑物的球形屋顶、轴承中的球形钢珠、球阀等。

打开【球体】命令有如下几种方法。

⊙ 选项板:【常用】选项板→【建模】→【球体】。

⊙ 菜单栏:在菜单栏中选择【绘图】→【建模】→【球体】菜单命令。

⊙ 命令行:输入【Sphere】命令。

命令行提示如下。

```
命令: SPHERE
指定中心点或 [三点(3P)/两点(2P)/切点、切点、半径(T)]:
× ⚒ ◯ - SPHERE 指定半径或 [直径(D)] <29.8103>:                    ▲
```

选项含义如下。

【指定中心点】:定义球体球心在三维空间的位置。

【三点(3P)】:通过在三维空间中的任意位置指定三个点来定义球体的圆周。

【两点(2P)】:通过在三维空间中的任意位置指定两个点来定义球体的圆周,两点间的距离即为球体的直径大小。

【切点、切点、半径(T)】:通过指定半径来定义可与两个已知对象相切的球体。

5.棱锥体

创建底面为正多边形的棱锥或棱台,如图 7 - 22 所示。

打开【棱锥体】命令有如下几种方法。

⊙ 选项板:【常用】选项板→【建模】→【棱锥体】。

⊙ 菜单栏:在菜单栏中选择【绘图】→【建模】→【棱锥体】菜单命令。

⊙ 命令行:输入【Pyramid/Pyr】命令。

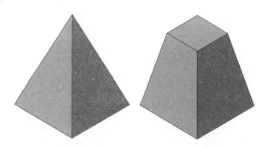

图 7 - 22 绘制棱锥与棱台

命令行提示如下。

```
PYRAMID
4 个侧面 外切
指定底面的中心点或 [边(E)/侧面(S)]:
指定底面半径或 [内接(I)] <29.8103>:
× ⚒ ◈ - PYRAMID 指定高度或 [两点(2P) 轴端点(A) 顶面半径(T)] <30.0000>:    ▲
```

选项含义如下。

【指定中心点】:设定棱锥体正多边形底面的中心点。

【边(E)】:设定棱锥体底面一条边的长度,可以指定两点来定义长度一样。

【侧面(S)】:设定棱锥体的侧面数。输入 3 到 32 之间的整数值,初始默认棱锥侧面数为 4。

【指定底面半径】:棱锥体的底面正多边形默认是外切于圆的,设定底面半径如图 7 - 23(a)所示。若选择"内接"则底面正多边形内接于圆,如图 7 - 23(b)所示设定方便面半径值。

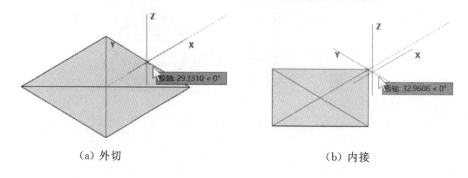

（a）外切 　　　　　　　　　　　（b）内接

图 7 - 23 棱锥底面半径

6.楔体

楔体可以看作是以矩形为底面,只其中一边沿底面法线方向拉伸所形成的具有楔状特征的实体。楔体常见于建筑边坡和机械零件中的肋板等,如图 7 - 24 所示。

打开【楔体】命令有如下几种方法。

⊙ 选项板:【常用】选项板→【建模】→【楔体】。

⊙ 菜单栏:在菜单栏中选择【绘图】→【建模】→【楔体】菜单命令。

⊙ 命令行:输入【Wedge/We】命令。

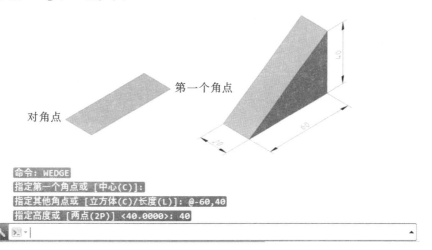

图 7 - 24　绘制楔体

7. 圆环体

打开【圆环体】命令有如下几种方法。

⊙ 选项板:【常用】选项板→【建模】→【圆环体】。

⊙ 菜单栏:在菜单栏中选择【绘图】→【建模】→【圆环体】菜单命令。

⊙ 命令行:输入【Torus/Tor】命令。

命令行提示如下。

首先确定圆环体的中心点,再确定圆管半径,完成圆环体的创建,如图 7 - 25 所示。

（a）指定中心点　　　　　　（b）指定圆管半径　　　　　　（c）圆环体

图 7 - 25　绘制圆环体

7.2.2　由二维对象生成三维实体

工程应用中的几何形体,不仅仅是基本实体,更多的是由若干基本实体按一定方式组合成的复杂组合体。对于截面形状和空间形状复杂的实体,用基本实体无法或很难创建。AutoCAD 2018 提供了拉伸、旋转、放样、扫掠等命令,通过对已有的二维对象进行编辑进而生成三维实体。

1. 面域

面域是用闭合的形状或环创建的二维区域。闭合多段线、直线和曲线都是有效的选择对象。

由已知二维对象生成三维实体,因二维对象不同,同样的拉伸操作有可能生成不同的三维实体。例如对如图 7 - 26 所创建面域前的二维线框和创建后的面域分别进行拉伸,绘制结果如图 7 - 27 所示,二维封闭线框拉伸成曲面,而对面域进行拉伸可成为三维实体。

打开【面域】命令有如下几种方法。

⊙ 选项板:【常用】选项板→【绘图】选项卡→【面域】 。

⊙ 菜单栏:在菜单栏中选择【绘图】→【面域】菜单命令。

⊙ 命令行:输入【Region(Reg)】命令。

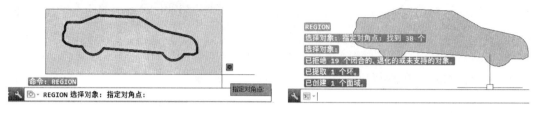

（a）选择对象 （b）成功创建面域

图 7 - 26　绘制面域

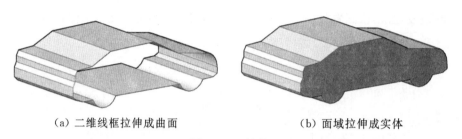

（a）二维线框拉伸成曲面 （b）面域拉伸成实体

图 7 - 27　拉伸

2. 拉伸

可按指定方向或沿选定的路径,从源对象所在的平面以正交方式拉伸对象。也可以指定倾斜角。用于拉伸的二维对象可以是多段线、圆、多边形、椭圆、矩形、闭合的样条曲线、圆环或面域等。可用于拉伸的实体例如建筑中的墙体、梯段板、管道以及机械中的齿轮、轴套、垫圈等。

打开【拉伸】命令有如下几种方法。

⊙ 选项板:【常用】选项板→【建模】选项卡→【拉伸】。

⊙ 菜单栏:在菜单栏中选择【绘图】→【建模】→【拉伸】菜单命令。

⊙ 命令行:输入【Extrude/Ext】命令。

执行【拉伸】命令后,先选择要拉伸的二维对象,再指定高度和倾斜角度创建实体,如图 7 - 28 所示。还可以指定路径进行拉伸,如图 7 - 29 所示。

在指定拉伸高度提示下其并列选项如下。

拉伸的高度或［方向(D)/路径(P)/倾斜角(T)/表达式(E)］<10>:

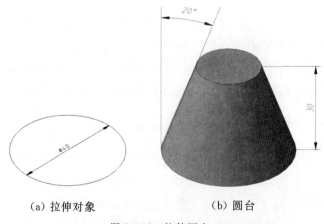

（a）拉伸对象 （b）圆台

图 7 - 28　拉伸圆台

【方向（D）】：用两个指定点指定拉伸的长度和方向，方向不能与拉伸的二维对象所在的平面平行。默认情况下，二维对象沿 Z 轴方向拉伸，拉伸的高度可正可负，负值为 Z 轴的负方向拉伸。

【路径（P）】：指定基于选定二维对象的拉伸路径。路径将移动到二维对象轮廓的质心，然后沿选定路径拉伸选定对象的轮廓以创建实体或曲面。

【倾斜角（T）】：拉伸的角度可以为正值也可以为负值，正角度表示从基准对象逐渐变细地拉伸，而负角度则表示从基准对象逐渐变粗地拉伸。默认角度 0 度表

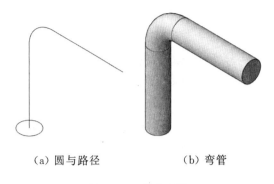

(a) 圆与路径　　　　(b) 弯管

图 7-29　拉伸弯管

示在与二维对象所在平面垂直的方向上进行拉伸，实体的底面与顶面大小相同。倾斜角取值范围为 -90 度到 90 度之间。

3. 放样

放样是指变化的横截面沿指定的路径扫描所得到三维实体或曲面。横截面指的是具有放样实体截面特征的二维对象。

打开【放样】命令有如下几种方法。

⊙ 选项板：【常用】选项板→【建模】选项卡→【放样】。

⊙ 菜单栏：在菜单栏中选择【绘图】→【建模】→【放样】菜单命令。

⊙ 命令行：输入【Loft】命令。

【操作简述】：执行【放样】命令，在选择横截面提示下依次选择直线与样条曲线，如图 7-30(a)、(b)所示，在【输入选项】提示下，选择【仅横截面】，生成放样曲面如图 7-30(c)所示。

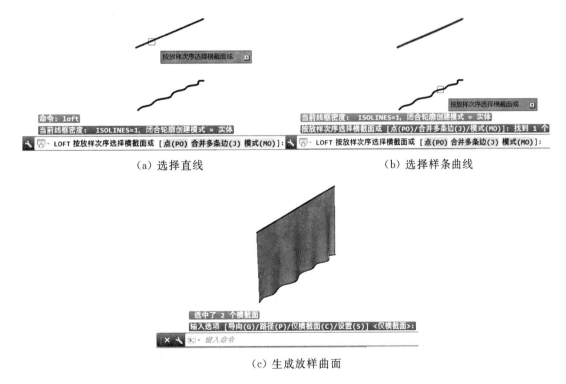

(a) 选择直线　　　　　　　　(b) 选择样条曲线

(c) 生成放样曲面

图 7-30　放样

放样选项含义如下。

【导向（G）】：使用导向曲线控制放样实体或曲面形状。导向曲线可以是直线也可以是曲线，每条导

向曲线必须满足下列条件才能正常工作：

⊙ 与每个横截面相交；

⊙ 始于第一个横截面；

⊙ 止于最后一个横截面。

如图 7-31 所示为导向选项放样。其中横截面为圆与正八边形,在放样过程中导向依次按顺序选择八个圆弧。

【路径(P)】：指定放样实体或曲面的单一路径。路径曲线必须与横截面的所有平面相交。路径选项放样如图 7-32 所示。横截面为两个圆,路径为样条曲线。

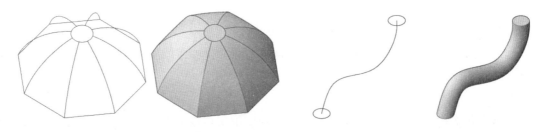

图 7-31　导向放样　　　　　　　　　图 7-32　路径放样

【仅横截面(C)】：在不使用导向或路径的情况下,创建放样对象。

【设置(S)】：

选择"设置"选项,打开【放样设置】对话框,如图 7-33 所示。对横截面上的曲面控制有 4 个单选按钮,依次按上下顺序选择图 7-34(a)中的 5 个横截面,【直纹】放样结果如图 7-34(b)所示,【平滑拟合】放样结果如图 7-34(c)所示,【法线指向】放样结果如图 7-34(d)所示,【拔模斜度】放样结果如图 7-34(e)所示,【拔模斜度】设置【起点角度】为 45°,【起点幅值】为 10,【端点角度】为 60°,【端点幅值】为 10。

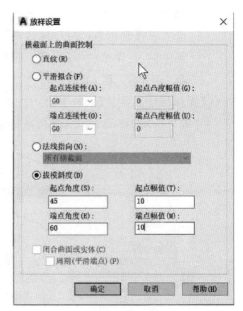

4. 旋转

将二维对象绕指定的旋转轴来旋转一定的角度而形成实体,如机械设备上的回转体操作手柄类的零件。用于旋转生成实体的二维对象可以是封闭多段线、多边形、圆、椭圆、圆环等。对于不是多段线的封闭轮廓,需要使用【合并】命令将其合并为一条多段线,或使用【面域】命令将封闭轮廓创建为面域。

图 7-33　"放样设置"对话框

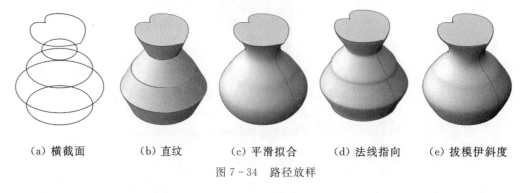

(a) 横截面　　　　(b) 直纹　　　　(c) 平滑拟合　　　　(d) 法线指向　　　　(e) 拔模伊斜度

图 7-34　路径放样

打开【旋转】命令有如下几种方法。

⊙ 选项板：【常用】选项板→【建模】选项卡→【旋转】。

⊙ 菜单栏：在菜单栏中选择【绘图】→【建模】→【旋转】菜单命令。

⊙ 命令行：输入【Revolve】命令。

【操作简述】：执行【旋转】命令，选择要旋转的对象，指定旋转轴上的两点，生成实体，如图 7-35 所示。

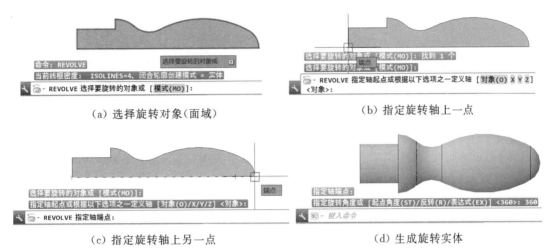

（a）选择旋转对象（面域）　　　　　　（b）指定旋转轴上一点

（c）指定旋转轴上另一点　　　　　　（d）生成旋转实体

图 7-35　旋转三维实体

定义旋转轴各选项含义如下。

【指定轴起点】：两点确定一个旋转轴。

【对象（O）】：选择现有对象作为旋转轴。

【X/Y/Z】：选择当前 UCS 坐标系的坐标轴作为旋转轴。用户应注意，在旋转二维对象生成三维实体时，二维对象只能位于旋转轴的一侧。

5.扫掠

通过沿开放或闭合路径扫掠二维对象来创建三维实体或三维曲面。

打开【扫掠】命令有如下几种方法。

⊙ 选项板：【常用】选项板→【建模】选项卡→【扫掠】。

⊙ 菜单栏：在菜单栏中选择【绘图】→【建模】→【扫掠】菜单命令。

⊙ 命令行：输入【Sweep（Sw）】命令。

命令行提示如下。

选择扫掠路径或［对齐（A）/基点（B）/比例（S）/扭曲（T）］：

在选择扫掠路径命令提示下各选项含义如下。

【选择扫掠路径】：直接选择扫掠路径生成三维实体。

【对齐】：指定是否对齐轮廓以使其作为扫掠路径切向的法向，默认为对齐。

【基点】：指定要扫掠对象的基点。如果轮廓与路径起点的切向不垂直，则轮廓将自动对齐。

【比例】：指定比例因子进行扫掠操作。从扫掠路径的开始到结束，比例因子将统一应用到扫掠的对象。

【扭曲】：设置正被扫掠的对象的扭曲角度。扭曲角度指定沿扫掠路径全部长度即从起点至终点的旋转量。

在选择扫掠路径时，用鼠标点选路径的不同位置，在相同的选项参数设置下生成的三维实体不尽相同，如图 7-36 所示。

6.按住并拖动

通过拉伸和偏移动态修改对象。在选择二维对象以及由闭合边界或三维实体面形成的区域后，在移动光标时可获取视觉反馈。按住或拖动行为响应所选择的对象类型以创建拉伸和偏移。

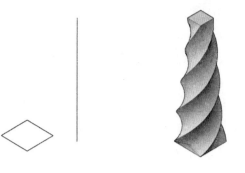

（a）选择路径下半段   （b）选择路径上半段

图 7 - 36　扫掠三维实体

与【拉伸】命令不同的是【按住并拖动】命令对轮廓的要求极低，即使是多条相交叉的轮廓，只要形成了封闭区域，该区域就可以被拉伸为实体。

打开【按住并拖动】命令有如下几种方法。

⊙ 选项板：【常用】选项板→【建模】选项卡→【按住并拖动】按钮。

⊙ 菜单栏：在菜单栏中选择【绘图】→【建模】→【按住并拖动】菜单命令。

⊙ 命令行：输入【Presspull】命令。

使用【按住并拖动】操作来生成实体或在已有实体上形成孔洞。其生成对象的效果如图 7 - 37 所示。【按住并拖动】在一定程度上可以取代【拉伸】【并集】【差集】等三维实体的创建与编辑命令，达到同样的效果且操作灵活简便，读者可以在实践过程中深入学习体会。

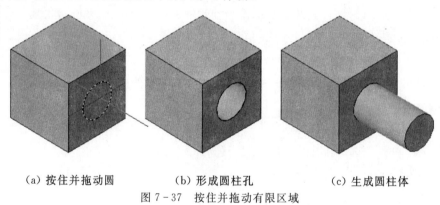

（a）按住并拖动圆　　　（b）形成圆柱孔　　　（c）生成圆柱体

图 7 - 37　按住并拖动有限区域

7.3　三维模型的编辑与修改

7.3.1　布尔运算

布尔运算是指在实体、曲面或面域等相同类型对象之间通过并集、交集、差集的逻辑运算，由若干个简单的造型生成复杂的三维造型。

1. 并集运算

并集运算可以将选定的两个及多个实体或面域合并成一个整体对象。如图 7 - 38（a）所示，两个圆柱体相交，有各自的轮廓，执行【并集】操作后如图 7 - 38（b）所示，两个圆柱体结合为一个整体。

打开【并集】命令有如下几种方法。

⊙ 选项板：【常用】选项板→【实体编辑】选项卡→【并集】按钮。

⊙ 菜单栏：在菜单栏中选择【修改】→【实体编辑】→【并集】菜单命令。

⊙ 命令行：输入【Union】命令。

2. 差集运算

差集运算是从被减实体中去掉与另一实体的相交公共部分,从而得到一个新的实体。在命令执行过程中,先选择被减的对象,再选择将要减去的对象。选择顺序不同会导致生成不同的对象。两个圆柱的【差集】运算结果如图 7-38(c)所示。

打开【差集】命令有如下几种方法。

⊙ 选项板:【常用】选项板→【实体编辑】选项卡→【差集】按钮。

⊙ 菜单栏:在菜单栏中选择【修改】→【实体编辑】→【差集】菜单命令。

⊙ 命令行:输入【Subtract】命令。

3. 交集运算

交集运算是由两个或多个对象的公共部分来创建新的对象,并删除公共部分之外的部分。两个圆柱的交集运算结果如图 7-38(d)所示。

打开【交集】命令有如下几种方法。

⊙ 选项板:【常用】选项板→【实体编辑】选项卡→【交集】按钮。

⊙ 菜单栏:在菜单栏中选择【修改】→【实体编辑】→【交集】菜单命令。

⊙ 命令行:输入【Intersect】命令。

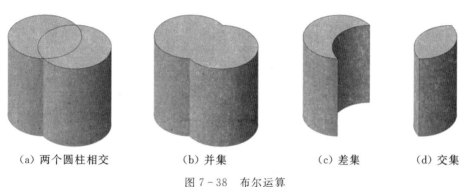

　　(a) 两个圆柱相交　　　　　(b) 并集　　　　　(c) 差集　　　　(d) 交集

图 7-38　布尔运算

7.3.2　三维操作

AutoCAD 中的三维操作是指对三维实体进行【移动】【旋转】【对齐】等操作来改变实体的位置,以及【镜像】【阵列】等命令来快速生成相同的实体。这些三维操作的强大功能使得三维建模变得更加便捷高效。

部分二维修改命令如【复制】【移动】【镜像】【旋转】【阵列】等命令同样可以操作三维实体,但这些修改命令只局限于在当前坐标系的 XY 平面内对三维模型进行二维操作。读者在建模过程中可积累经验慢慢加以体会。

1. 三维阵列

在三维空间按矩形阵列或环形阵列的方式来复制创建三维对象的多个副本。

打开【三维阵列】命令有如下几种方法。

⊙ 菜单栏:在菜单栏中选择【修改】→【三维操作】→【三维阵列】菜单命令。

⊙ 命令行:输入【3Darray】命令。

【操作简述】:执行【三维阵列】命令,选择阵列对象与阵列类型,如图 7-39(a)、(b)所示;确定阵列项目的数目,如图 7-39(c)所示;最后,两点确定阵列的轴,如图 7-39(d)、(e)所示。

2. 三维旋转

【三维旋转】是使实体绕某个轴线旋转一定角度,改变实体相对于坐标系的角度位置。

打开【三维旋转】命令有如下几种方法。

⊙ 选项板:【常用】选项板→【修改】选项卡→【三维旋转】按钮。

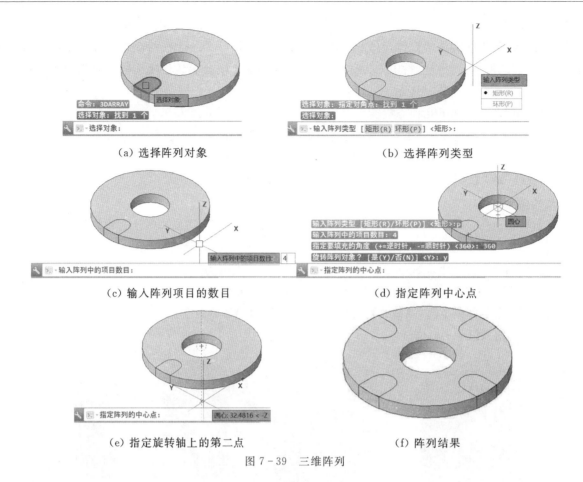

（a）选择阵列对象　　　　　　　　　　（b）选择阵列类型

（c）输入阵列项目的数目　　　　　　　　（d）指定阵列中心点

（e）指定旋转轴上的第二点　　　　　　　（f）阵列结果

图 7-39　三维阵列

⊙ 菜单栏：在菜单栏中选择【修改】→【三维操作】→【三维旋转】菜单命令。

⊙ 命令行：输入【3Drotate】命令。

【操作简述】：执行【三维旋转】命令，选择旋转对象后，出现三维旋转小控件，选择控件所在基点，如图 7-40（a）所示；在小控件上，移动鼠标直至要选择的轴轨迹变为黄色，然后单击以选择此轨迹，如图 7-40（b）所示；输入旋转角度完成三维旋转，如图 7-40（c）所示。

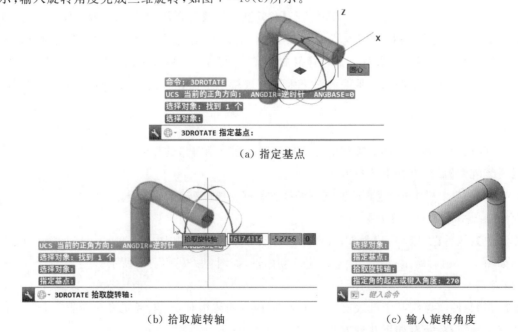

（a）指定基点

（b）拾取旋转轴　　　　　　　　　　（c）输入旋转角度

图 7-40　三维旋转

3.三维镜像

使用【三维镜像】命令可以以任意空间平面为镜像面,创建指定对象的镜像对象,源对象与镜像结果相对于镜像面彼此对称。其中镜像平面可以是与当前 UCS 的 XY、XZ 或 YZ 平面平行的平面或者指定不在同一直线上的 3 个点来定义镜像平面。

【三维镜像】命令与【二维镜像】命令类似,所不同的是【二维镜像】时,需要指定一条镜像线,而【三维镜像】命令需指定镜像面。

打开【三维镜像】命令有如下几种方法。

⊙ 选项板:【常用】选项板→【修改】选项卡→【三维镜像】按钮。

⊙ 菜单栏:在菜单栏中选择【修改】→【三维操作】→【三维镜像】菜单命令。

⊙ 命令行:输入【Mirror3d】命令。

【操作简述】:执行【三维镜像】命令,选择对象后,指定镜像平面,如图 7-41(a)所示;选择是否保留源对象,完成镜像,如图 7-41(b)所示。

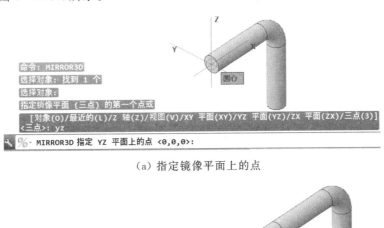

(a) 指定镜像平面上的点

(b) 完成镜像

图 7-41　三维镜像弯管

选项含义如下。

【三点】:通过 3 个点确定镜像平面,是系统的默认选项。

【最近的(L)】:用上一次【三维镜像】命令定义的镜像平面对选定对象进行镜像。

【Z 轴(Z)】:利用指定的平面作为镜像平面,Z 轴与该镜像平面垂直。

【在镜像平面上指定点】:选择镜像平面上的任一点。

【在镜像平面的 Z 轴(法向)上指定点】:选择镜像平面法线上的任一点。

【视图(V)】:指定一个平行于当前视图的平面作为镜像平面。

【XY(YZ、ZX)平面】:指定一个平行于当前坐标系 $XY(YZ、ZX)$ 平面的平面作为镜像平面。

4.三维对齐

在装配过程中,零件之间需要表面对齐。【三维对齐】命令可对齐三维对象,从而获得准确定位效果。

【三维对齐】操作是在将要移动的对象上选择 3 个点定义为源平面,然后指定另一三维对象上的 3 个点定义目标平面,从而对齐两个三维对象。注意所指定的源平面与目标平面上的 3 个点不可在同一直线上。

打开【三维对齐】命令有如下几种方法。

⊙ 选项板:【常用】选项板→【修改】选项卡→【三维对齐】按钮。

⊙ 菜单栏:在菜单栏中选择【修改】→【三维操作】→【三维对齐】菜单命令。

⊙ 命令行:输入【3Dalign】命令。

三维对齐如图 7 - 41(a)与(b)所示的三维对象,结果如图 7 - 41(c)所示。

【操作简述】:执行【三维对齐】命令,选择对象后,在该对象上选择三个不在同一直线上的点,如图 7 - 42(a)、(b)、(c)、(d)所示;对象上的三个点分别与被对齐对象上的三个点对齐,完成对齐操作,如图 7 - 42(e)、(f)、(g)、(h)所示。

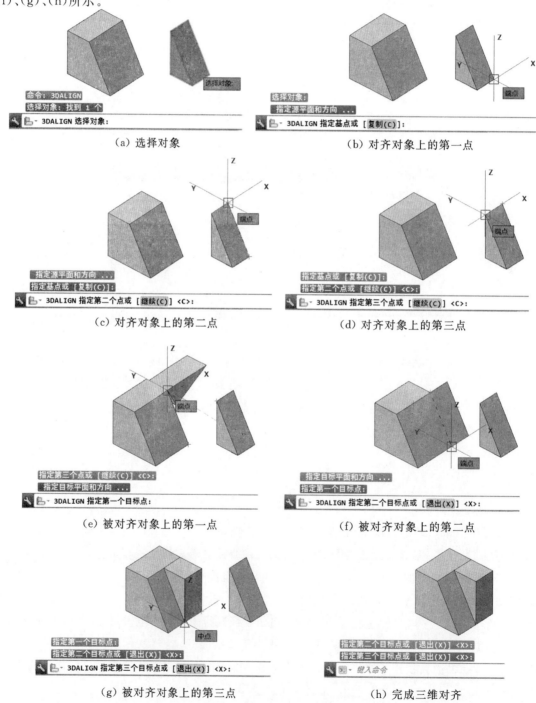

(a) 选择对象   (b) 对齐对象上的第一点

(c) 对齐对象上的第二点   (d) 对齐对象上的第三点

(e) 被对齐对象上的第一点   (f) 被对齐对象上的第二点

(g) 被对齐对象上的第三点   (h) 完成三维对齐

图 7 - 42   对齐三维对象

选项含义如下。

【复制(C)】:创建并对齐源对象的副本,而不是移动源对象。

【继续(C)】:分别指定源平面上的一个点与目标平面上的一个点对齐,平移三维实体使其对齐到目标对象,因为源对象的 X 轴和 Y 轴平行于当前 UCS 的 X 和 Y 轴,源对象与目标对象对齐的过程,只是单纯的平移,不会发生翻转。

【退出(X)】:目标的 X 和 Y 轴平行于当前 UCS 的 X 和 Y 轴,不再指定第二点,退出命令。

当源对象与目标对象的 X 轴和 Y 轴均平行于当前 UCS 的 X 和 Y 轴时,即源对象不需要发生翻转而对齐目标对象时,利用【三维移动】命令也可以达到同【三维对齐】一样的绘图结果。

5. 三维移动

【三维移动】命令可以将实体沿当前 UCS 的 X、Y、Z 轴或其他任意方向,以及已知直线、面或任意两点间移动,从而将其定位到空间的准确位置。

打开【三维移动】命令有如下几种方法。

⊙ 选项板:【常用】选项板→【修改】选项卡→【三维移动】按钮。

⊙ 菜单栏:在菜单栏中选择【修改】→【三维操作】→【三维移动】菜单命令。

⊙ 命令行:输入【3Dmove】命令。

【操作简述】:执行【三维移动】后,选择要移动的三维实体,模型上将显示移动小控件,如图 7 - 43 所示。单击选择移动小控件的任一个轴,实体将沿选定的轴进行移动;若将光标停留在两轴间交汇处的平面上,直到其变为黄色,单击选择该平面,实体将被约束在该平面上进行移动。

(a) 沿轴向移动　　(b) 沿平面移动

图 7 - 43　三维移动

7.3.3　编辑实体边

三维模型可以看作是若干个面围合而成的封闭实体,实体表面由最基本的几何元素点、线、面组成。AutoCAD 提供了对这些几何元素进行编辑的命令,便于修改或创建更为复杂的几何模型。

1. 提取边

通过从三维实体中提取所有边,创建线框对象,如图 7 - 44 所示,用【提取边】命令可以将圆柱相贯体的所有边包含相贯线全部提取出来。

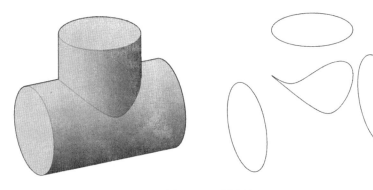

图 7 - 44　提取边

打开【提取边】命令有如下几种方法。

⊙ 选项板:【实体】选项板→【实体编辑】选项卡→【提取边】按钮。

⊙ 菜单栏:在菜单栏中选择【修改】→【三维操作】→【提取边】菜单命令。

⊙ 命令行:输入【Xedges】命令。

2. 复制边

与【提取边】提取实体所有边不同,执行【复制边】命令操作可有选择性地将实体模型上的单个或多个边提取复制到其他位置,从而利用这些边线创建出新的图形对象。若我们只想提取图 7-44 所示相贯体中的相贯线,便于观察相贯线的形状,可以执行【复制边】命令,在操作过程中【选择边】的提示下只选择相贯线,进而提取复制相贯线。

打开【复制边】命令有如下几种方法。

⊙ 选项板:【常用】选项板→【实体编辑】选项卡→【复制边】按钮。

⊙ 菜单栏:在菜单栏中选择【修改】→【实体编辑】→【复制边】菜单命令。

⊙ 命令行:输入【Solidedit】命令后按 Enter 键,再依次选择【边(E)】【复制(C)】选项。

【操作简述】:执行【复制边】后,选择要复制的三维实体的边,将其复制移动到指定位置,如图 7-45 所示。

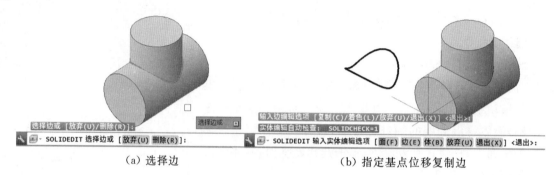

(a) 选择边　　　　　　　　　(b) 指定基点位移复制边

图 7-45　复制边

选项含义如下。

【指定基点/指定位移的第二点】:两点确定所复制的边平移的位移与方向。

【放弃(U)】:放弃已选择的边,重新进行选择。

【退出(X)】:退出命令编辑,退出命令。

【SOLIDCHECK】:系统变量,为当前任务打开和关闭三维实体校验,检查验证三维实体对象是否为有效实体。0 为关闭,1 为打开,初始值为 1。

3. 压印

压印三维实体或曲面上的二维几何图形,从而在平面上创建其他边。三维模型表面经常会加上公司 Logo 或产品 Logo,【压印】命令可将与模型表面相交的图形对象压印到模型表面,使其成为模型的边。

打开【压印】命令有如下几种方法。

⊙ 选项板:【常用】选项板→【实体编辑】选项卡→【压印】按钮。

⊙ 菜单栏:在菜单栏中选择【修改】→【实体编辑】→【压印】菜单命令。

⊙ 命令行:输入【Imprint】命令

为了使压印操作成功,被压印的对象必须与选定对象的一个或多个面相交。【压印】选项仅限于以下对象:圆弧、圆、直线、二维和三维多段线、椭圆、样条曲线、面域、体和三维实体,文字不可以作为被压印对象。

【操作简述】:执行【压印边】后,依次选择实体与要压印的对象,将源对象保留或删除即可,如图 7-46 所示。

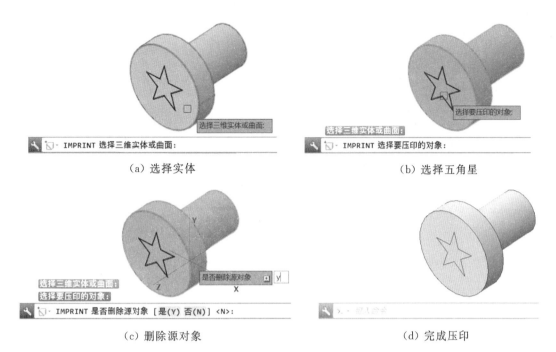

（a）选择实体　　　　　　　　　　　　　（b）选择五角星

（c）删除源对象　　　　　　　　　　　　　（d）完成压印

图 7-46　压印边

7.3.4　编辑实体面

对三维实体表面进行编辑从而改变实体的尺寸形状,主要的编辑命令有【拉伸面】【倾斜面】【移动面】【偏移面】【删除面】【复制面】等,下面分别对其进行详细介绍。

1.拉伸面

将实体的某平面表面按某一路径或指定高度进行拉伸。

打开【拉伸面】命令有如下几种方法。

⊙ 选项板:【常用】选项板→【实体编辑】选项卡→【拉伸面】按钮。

⊙ 菜单栏:在菜单栏中选择【修改】→【实体编辑】→【拉伸面】菜单命令。

⊙ 命令行:输入【Solidedit】命令后按 Enter 键,再依次选择【面(F)】【拉伸(E)】选项。

【拉伸面】有两种拉伸方式。

（1）指定拉伸高度

设置拉伸的方向和距离。如果输入正值,则沿面的法向拉伸。如果输入负值,则沿面的反法向拉伸。还可以指定拉伸的倾斜角度,角度为−90°到 90°。如图 7-47 所示,拉伸实体斜面,拉伸方向默认是拉伸面的法向方向。

（a）选择要拉伸的面　　　　　　　　　　　（b）指定拉伸高度与倾斜角

图 7-47　"指定拉伸高度"拉伸面

（2）路径（p）

用指定的直线或曲线作为拉伸路径，所选定面的轮廓将沿此路径进行拉伸，如图 7 - 48 所示。

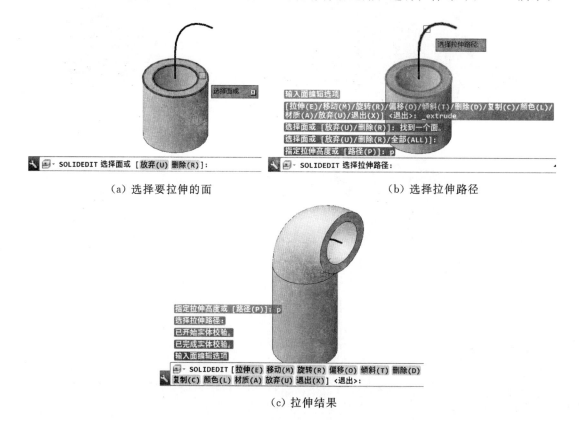

（a）选择要拉伸的面　　　　　　　　　　（b）选择拉伸路径

（c）拉伸结果

图 7 - 48　"路径（p）"拉伸面

2. 倾斜面

倾斜实体面常用于创建模型的拔模斜度，将实体面由指定的参考轴线倾斜一定的角度，从而修改实体的形状。

打开【倾斜面】命令有如下几种方法。

⊙ 选项板：【常用】选项板→【实体编辑】选项卡→【倾斜面】按钮。

⊙ 菜单栏：在菜单栏中选择【修改】→【实体编辑】→【倾斜面】菜单命令。

⊙ 命令行：输入【Solidedit】命令后按【Enter】键，再依次选择【面（F）】【倾斜（T）】选项。

过程及效果如图 7 - 49 所示。

（a）选择要倾斜的面　　　　　　　　　　（b）指定倾斜轴上的一点

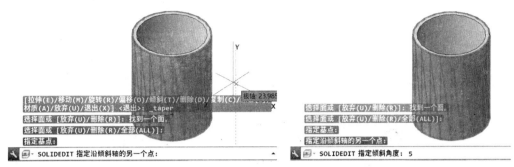

（c）指定倾斜轴上的另一点　　　　　　　　（d）指定倾斜角度

（e）操作结果

图 7 - 49　倾斜面

3. 移动面

【移动面】是指沿指定的高度或距离移动选定的三维实体对象的一个或多个面。如图 7 - 50 所示,移动实体中两个圆柱面,改变两个孔的位置。

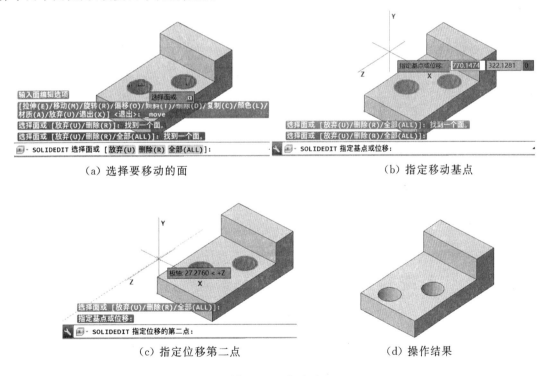

（a）选择要移动的面　　　　　　　　（b）指定移动基点

（c）指定位移第二点　　　　　　　　（d）操作结果

图 7 - 50　移动面

打开【移动面】命令有如下几种方法。

⊙ 选项板:【常用】选项板→【实体编辑】选项卡→【移动面】按钮。

⊙ 菜单栏:在菜单栏中选择【修改】→【实体编辑】→【移动面】菜单命令。

⊙ 命令行:输入【Solidedit】命令后按【Enter】键,再依次选择"面(F)""复制(C)"选项。

4.复制面

【复制面】是将三维实体表面复制到其他位置,可使用这些表面创建新的实体,如图 7 - 51 所示。

打开【复制面】命令有如下几种方法。

⊙ 选项板:【常用】选项板→【实体编辑】选项卡→【复制面】按钮。

⊙ 菜单栏:在菜单栏中选择【修改】→【实体编辑】→【复制面】菜单命令。

⊙ 命令行:输入【Solidedit】命令后按【Enter】键,再依次选择【面(F)】【移动(M)】选项。

(a) 选择要复制的面　　　　　　　　(b) 指定位移复制面

图 7 - 51　复制面

5.偏移面

按指定的距离偏移实体面。如图 7 - 52 所示,偏移圆柱面,改变圆柱体的大小。

打开【偏移面】命令有如下几种方法。

⊙ 选项板:【常用】选项板→【实体编辑】选项卡→【偏移面】按钮。

⊙ 菜单栏:在菜单栏中选择【修改】→【实体编辑】→【偏移面】菜单命令。

⊙ 命令行:输入【Solidedit】命令后按【Enter】键,再依次选择【面(F)】【偏移(O)】选项。

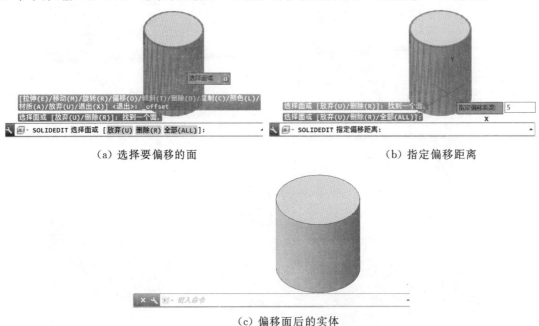

(a) 选择要偏移的面　　　　　　　　(b) 指定偏移距离

(c) 偏移面后的实体

图 7 - 52　偏移面

6.删除面

【删除面】是指从三维实体上删除选定的表面,由相邻的其他面填补所删除部分的实体,如图 7 - 53 所示,删除立方体的一个斜截面后,还原成了最初的立方体。

打开【删除面】命令有如下几种方法。

⊙ 选项板:【常用】选项板→【实体编辑】选项卡→【删除面】按钮。

⊙ 菜单栏:在菜单栏中选择【修改】→【实体编辑】→【删除面】菜单命令。

⊙ 命令行:输入【Solidedit】命令后按【Enter】键,再依次选择【面(F)】【删除(D)】选项。

若删除实体某个面后导致其他面不能闭合重新生成实体,则该面不能被删除。例如删除图 7-53 中完整立方体的任何一个棱面或底面,相邻的面延伸到无穷远处,无法闭合,因此不能被删除。在执行命令过程中会提示"建模操作错误"。

（a）选择要删除的面　　　　　　　　　　　　（b）操作结果

图 7-53　删除面

7.3.5　三维实体的夹点编辑

在未执行命令的状态下,选中实体对象,会显示一些蓝色的三角形或方形的框,这些小框被称之为夹点,如图 7-54 所示。夹点是实体的特殊位置点,如边中点、顶点、面中心、象限点等。

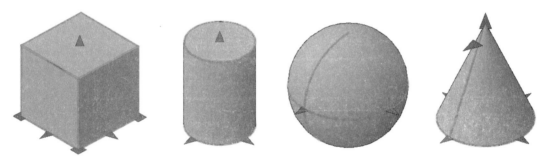

图 7-54　三维实体的夹点

三维实体的夹点编辑简单易行,单击要编辑的对象,系统显示夹点后,左键选择其中一个夹点,拖动鼠标,则三维对象随之改变位置或形状大小,还可以输入具体数值,对实体进行定量改变。选择不同的夹点,可以对实体的不同参数进行编辑。

如图 7-55 所示,鼠标左键单击选中圆柱体,选中其中一个象限夹点,该夹点由蓝色变为深红色。在动态输入打开的状态下,会在光标旁边显示提示工具,在默认状态下,输入数值 5,即为半径的增量,按【Enter】键退出编辑。还可以直接设置半径总量为 25 来改变圆柱体大小,具体方法如下,选中夹点后,按

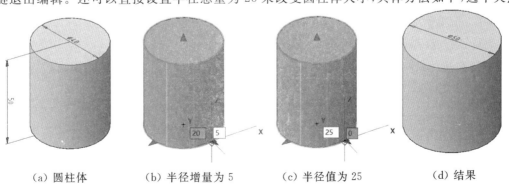

（a）圆柱体　　　　（b）半径增量为 5　　　　（c）半径值为 25　　　　（d）结果

图 7-55　夹点编辑实体

一下键盘上的【Tab】键,切换动态提示工具的输入框,输入 25 后,按【Enter】键退出编辑。

7.3.6 高级实体编辑命令

AutoCAD 提供了【圆角边】【倒角边】【剖切】【抽壳】以及【干涉】检查等对三维实体进行修改操作的高级编辑命令,下面——对这些命令进行介绍。

1. 圆角边

机械零件在机加工过程中可能会产生尖锐边或毛刺,在零件装配或使用过程中有可能会导致人员划伤,为了防止人员受伤或便于零件的装配,我们常常需对零件的尖锐边进行圆角或倒角处理。

打开【圆角边】命令有如下几种方法。

⊙ 选项板:【实体】选项板→【实体编辑】选项卡→【圆角边】按钮。

⊙ 菜单栏:在菜单栏中选择【修改】→【实体编辑】→【圆角边】菜单命令。

⊙ 命令行:输入【Filletedge】命令后按【Enter】键。

【操作简述】:执行【圆角边】后,选择要进行圆角的三维实体边,设置圆角半径后进行圆角,如图 7-56 所示。

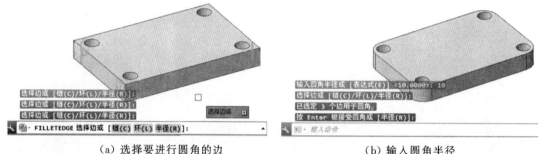

（a）选择要进行圆角的边　　　　　　　（b）输入圆角半径

图 7-56　圆角边

在【选择边】提示下,各选项含义如下。

【链(C)】:三维实体的多条边相邻相切形成"链",点选链中的某一条边则选中整个链。

【环(L)】:多条边(不论曲线还是直线)依次首尾相连形成"环"平面。

在【圆角边】命令执行操作过程中选择选项【环(L)】,因为边是实体面与面间的交线,具有共有性,所以出现的环不一定是我们要进行圆角的,则不接受而是选择【下一个(N)】,若环正确则接受。

【边(E)】:依次选择需要进行圆角的边。

【半径(R)】:设置圆角半径。默认值为上一次【圆角边】命令的半径值。

2. 倒角边

打开【倒角边】命令有如下几种方法。

⊙ 选项板:【实体】选项板→【实体编辑】选项卡→【倒角边】按钮。

⊙ 菜单栏:在菜单栏中选择【修改】→【实体编辑】→【倒角边】菜单命令。

⊙ 命令行:输入【Chamferedge】命令后按【Enter】键。

【操作简述】:执行【倒角边】后,选择要进行倒角的三维实体边,设置两个倒角距离后进行倒角,如图 7-57 所示。

3. 剖切

剖切实体是用指定的剖切平面将实体剖切成两个部分,可以保留其中一个部分或两个部分均保留。对于内形结构复杂的形体,可对其进行剖切来展示内形结构。

打开【剖切】命令有如下几种方法。

⊙ 选项板:【实体】选项板→【实体编辑】选项卡→【剖切】按钮。

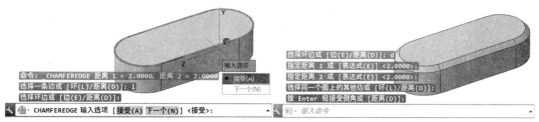

（a）选择要进行倒角的边　　　　（b）设置倒角距离进行倒角

图 7 - 57　倒角边

⊙ 菜单栏：在菜单栏中选择【修改】→【三维操作】→【剖切】菜单命令。

⊙ 命令行：输入【Slice(SL)】命令后按【Enter】键。

【操作简述】：执行【剖切】命令后，先选择要进行剖切的三维实体，再指定剖切平面，选择剖切平面的方式有很多，默认为【三点】确定一个剖切平面。如图 7 - 58 所示，依次选择实体上不在同一条直线上的三个点来确定剖切平面，最后在需要保留的一侧点击鼠标左键或默认保留两个侧面。

（a）选择要进行剖切的实体　　　　　（b）剖切平面上的第一点

（c）剖切平面上的第二点　　　　　（d）剖切平面上的第三点

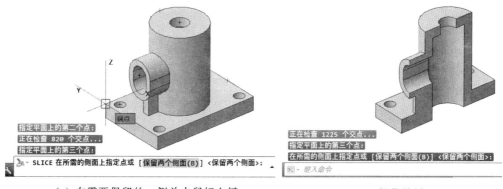

（e）在需要保留的一侧单击鼠标左键　　　　（f）操作结果

图 7 - 58　剖切

各选项含义如下。

【指定切面的起点】:默认的剖切方式。通过指定被剖切实体的两点来执行剖切操作,剖切平面将通过这两点并与 XY 平面垂直。

【平面对象(O)】:利用曲线、圆、椭圆、圆弧或二维样条曲线、二维多段线定义剖切平面,剖切平面与二维对象平面重合。

【曲面(S)】:利用曲面作为剖切面。

【Z 轴(Z)】:指定 Z 轴方向的两点作为剖切平面。

【视图(V)】:该剖切方式使剖切平面与当前视图平面平行,输入平面的通过点坐标,即完全定义剖切面。

【xy(XY)/yz(YZ)/zx(ZX)】:利用坐标系平面 XY、YZ、ZX 作为剖切平面。

【三点(3)】:在绘图区域中捕捉三点,即利用这 3 个点确定的平面作为剖切平面。

【在所需的侧面上指定点或[保留两个侧面(B)]】:实体被剖切成两部分,分别位于剖切平面的两侧,这两部分实体可全部保留,即"保留两个侧面",若只保留其中一部分,则在该部分实体一侧点击选择。

3. 抽壳

可以将三维实体转换为指定壁厚的中空薄壁实体或壳体。将实体对象转换为壳体时,可以通过将现有面朝其原始位置的内部或外部偏移来创建新面。连续相切面处于偏移状态时,可以将其看作一个面。偏移距离可正可负,输入正值时则其表面向内偏移,反之表面向外偏移。

打开【抽壳】命令有如下几种方法。

⊙ 选项板:【实体】选项板→【实体编辑】选项卡→【抽壳】按钮 ▣ 。

⊙ 菜单栏:在菜单栏中选择【修改】→【实体编辑】→【抽壳】菜单命令。

⊙ 命令行:输入【Solidedit】命令后按【Enter】键,再依次选择【体(B)】【抽壳(S)】选项。

【操作简述】:执行【抽壳】命令后,先选择要进行抽壳的三维实体,再选择删除面,指定剖切偏移距离进行剖切,如图 7 - 59 所示。

"删除面"抽壳方式是通过移除所选定的面形成开放壳体(外观可见抽壳)。在"删除面"命令提示下,

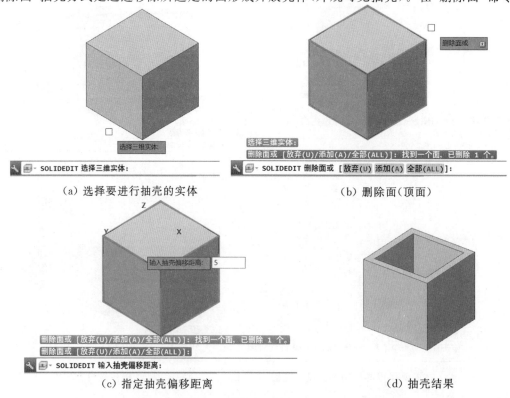

(a) 选择要进行抽壳的实体　　　　　　　　(b) 删除面(顶面)

(c) 指定抽壳偏移距离　　　　　　　　(d) 抽壳结果

图 7 - 59　抽壳

鼠标左键单击选择要删除的面。若不选择删除面即保留抽壳面,则抽壳后为中空实体。图 7-60 所示为对长方体进行抽壳后的效果,删除长方体顶面后抽壳为开放壳体。图 7-61 所示为保留抽壳面后抽壳为中空壳体的效果。

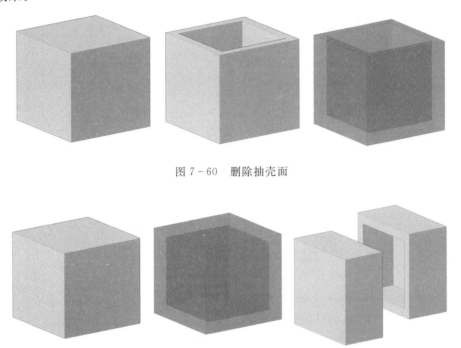

图 7-60　删除抽壳面

图 7-61　保留抽壳面

7.3.7　干涉检查

干涉检查常用于检查装配体是否发生干涉,从而判断设计是否合理,在三维实体装配中应用广泛。

干涉检查主要通过对比两组对象或一对一地检查所有实体来检查实体模型中的干涉(三维实体相交或重叠的区域)。系统将对实体发生干涉部分创建和亮显临时实体,如图 7-62 所示,球体与圆锥体发生干涉。

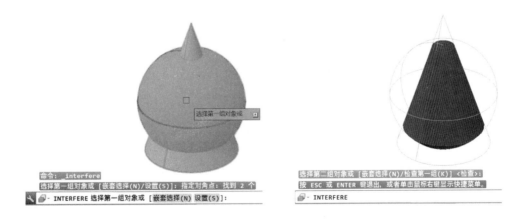

图 7-62　干涉检查

打开【干涉】命令有如下几种方法。

⊙ 选项板:【常用】选项板→【实体编辑】选项卡→【干涉】按钮。

⊙ 菜单栏:在菜单栏中选择【修改】→【三维操作】→【干涉检查】菜单命令。

⊙ 命令行:输入【Interfere(INF)】命令。

选项含义如下。

【嵌套选择(N)】:可以选择嵌套在块或外部参照中的单个实体对象。

【设置(S)】:系统打开【干涉设置】对话框,设置干涉的相关参数,如图 7-63 所示。

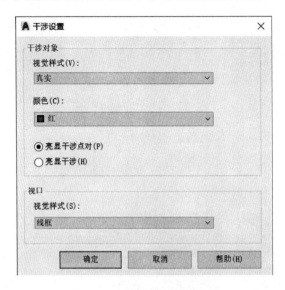

图 7-63 【干涉设置】对话框

执行【干涉】命令后,如果实体间存在干涉,则弹出【干涉检查】对话框,如图 7-64 所示,需对三维模型进行进一步修改。若不存在干涉,则命令提示行显示"对象未干涉"。

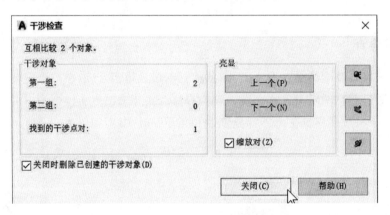

图 7-64 【干涉检查】对话框

7.4 三维建模综合举例

在创建模型之前,应分析组合体的结构,考虑建模顺序与用到的建模命令,做到心中有数再着手建模。

【例 7-1】 创建图 7-65 所示组合体的 3D 实体模型。

建模步骤如下。

(1)启动 AutoCAD 2018,单击快速访问工具栏中的【新建】按钮,选择合适的 3D 样板文件,建立一个新的空白".dwg"文件。将工作空间设置为"三维建模",打开"动态输入"与"动态 UCS",设置对象捕捉与极轴追踪等(略)。

(2)创建底板

①切换【三维视图】为【俯视】。执行【矩形】与【圆】等命令,根据尺寸绘制底板轮廓,如图 7-66 所示

266

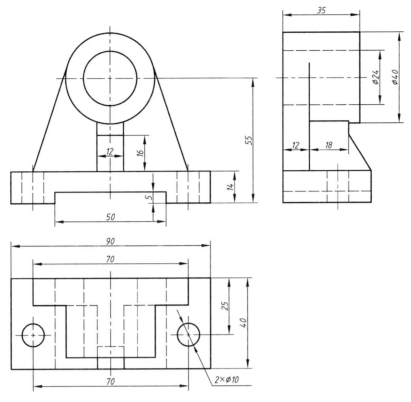

图 7-65　组合体三视图

（绘图过程略）。

图 7-66　底板轮廓

②创建面域，并将矩形面域与两个圆形面域做【差集】操作，如图 7-67 所示。

【操作简述】：执行【面域】命令，将矩形与两个圆形创建成 3 个面域，如图 7-67(a)、(b)所示；执行【差集】命令，先选择矩形面域，回车后在命令提示下选择两个圆形面域，即从矩形面域中减去两个圆形面域生成一个新的面域，如图 7-67(c)、(d)、(e)所示。

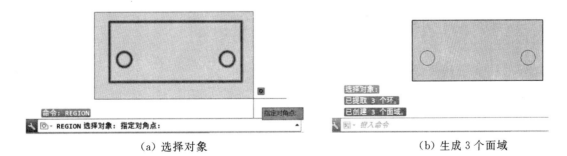

（a）选择对象　　　　　　　　　　　　　　（b）生成 3 个面域

图 7-67　创建底板面域

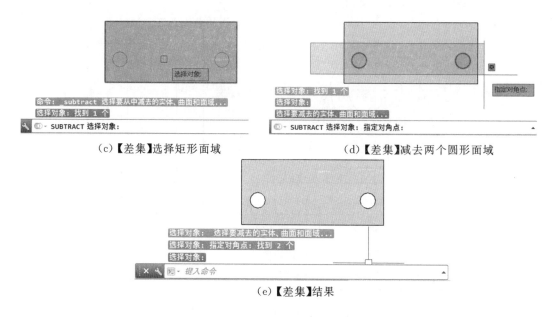

(c)【差集】选择矩形面域 　　　　　　　(d)【差集】减去两个圆形面域

(e)【差集】结果

图 7 - 67　创建底板面域

③拉伸图 7-68(a)所示面域,得到实体如图 7-68(b)所示。

【操作简述】:执行【拉伸】命令,选择图 7-68(a)所示面域,回车,输入拉伸高度 14,创建底板实体,如图 7-68(b)所示。

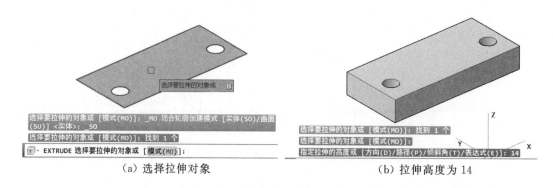

(a) 选择拉伸对象 　　　　　　　　　　(b) 拉伸高度为 14

图 7 - 68　拉伸底板

④底板开槽

【操作简述】:打开【DUCS】,执行【长方体】命令,光标碰触底板前端面,使其成为临时 XY 坐标平面,光标碰触如图 7-69(a)所示角点,拖动鼠标,输入“20”,追踪与底板角点距离为 20 的 X 轴方向的点,回车,继续拖动鼠标出现矩形状态,输入矩形尺寸为“50,5”,如图 7-69(b)所示,指定长方体高度不小于底板尺寸 40 即可,如图 7-69(c)所示;执行【差集】命令,鼠标左键选择底板后回车,再选择图 7-69 所创建的长方体,回车,给底板开槽,如图 7-70 所示。

(3)创建圆柱筒

①创建 $\Phi40\times35$ 的圆柱体

【操作简述】:打开【DUCS】,执行【圆柱体】命令,光标碰触底板后端面使得该面亮显成为临时坐标平面,如图 7-71(a)所示,光标碰触边中点后向上拖动鼠标,追踪中点的 Y 轴方向,在命令行输入 41 后按 Enter 键,定位圆柱底圆中心点,创建半径为 20 高为 35 的圆柱体,如图 7-71 所示。

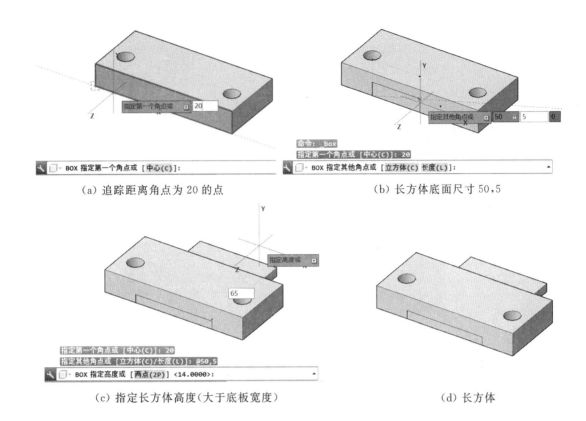

（a）追踪距离角点为 20 的点　　　　　　　（b）长方体底面尺寸 50,5

（c）指定长方体高度（大于底板宽度）　　　　　　　（d）长方体

图 7-69　创建长方体

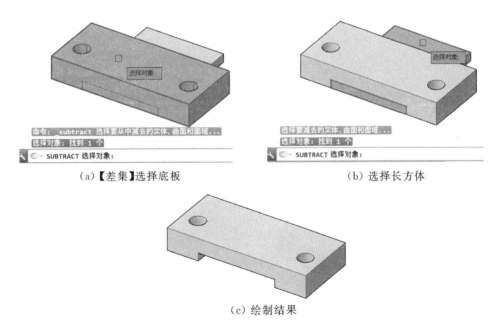

（a）【差集】选择底板　　　　　　　（b）选择长方体

（c）绘制结果

图 7-70　底板开槽

②创建 $\Phi24$ 的圆柱孔

有两种方法可打孔。其一，绘制 $\Phi24$ 的圆柱体，利用大小圆柱体的【差集】运算打孔，结果如图 7-72 所示；其二，在圆柱底面画 $\Phi24$ 的圆，利用【按住并拖动】命令打孔。

（4）创建支撑板

①将【三维视图】切换为【前视】，利用【直线】、【圆】、【修剪】等命令根据尺寸绘制支撑板截面形状的二

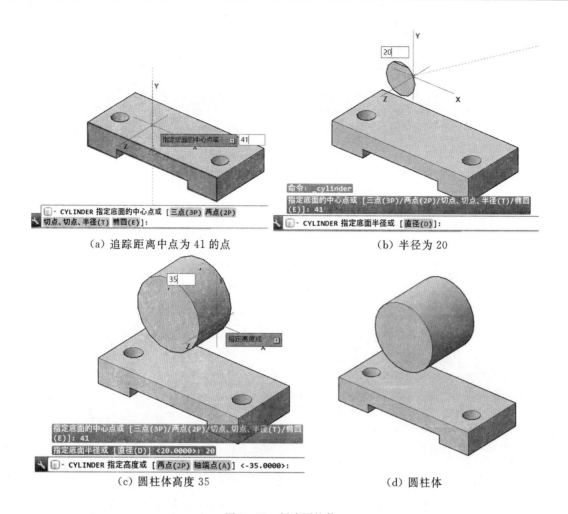

（a）追踪距离中点为 41 的点

（b）半径为 20

（c）圆柱体高度 35

（d）圆柱体

图 7-71　创建圆柱体

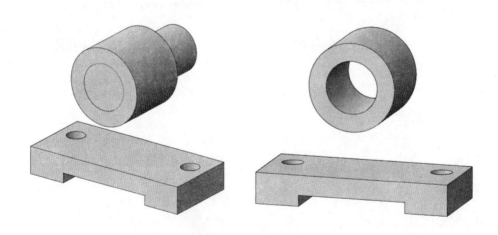

图 7-72　圆柱体打孔

维图形，并将其创建为面域，如图 7-73(a)所示。

②拉伸支撑板，选择面域为拉伸对象，拉伸尺寸为支撑板厚度 12，如图 7-73(b)所示。

③利用【移动】或【三维对齐】命令将支撑板移动到组合体正确位置，如图 7-73(c)、(d)、(e)所示。

（5）创建肋板

①将【三维视图】切换为【左视】，利用【直线】、【偏移】、【修剪】等命令根据尺寸绘制肋板截面形状的二维图形，并将其创建为面域，如图 7-74 所示。

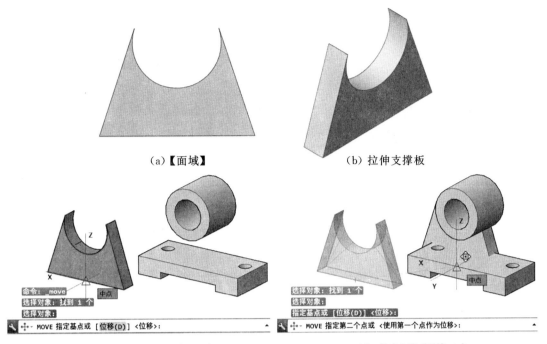

（a）【面域】　　　　　　　　　（b）拉伸支撑板

（c）指定【移动】基点　　　　　（d）指定【移动】第二点

（e）支撑板

图 7 - 73　创建支撑板

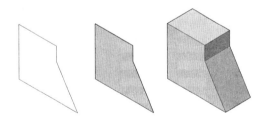

图 7 - 74　创建肋板

②拉伸肋板，选择面域为拉伸对象，拉伸尺寸为肋板厚度 12。

③利用【移动】或【三维对齐】命令将肋板精确移动到组合体正确位置。

（6）将底板、圆柱筒、支撑板及肋板利用【并集】命令进行合并，如图 7 - 75 所示。

图 7 - 75　组合体

7.5　由三维模型生成二维工程图

二维工程图是按行业、企业制图规范绘制，是产品生产加工的重要参考。本节介绍由三维模型生成二维工程图的方法。

7.5.1　创建基础视图

【基点】命令可以从模型空间或 Autodesk Inventor 模型创建三维模型的二维基础视图，包含主视图、俯视图、左视图、后视图、仰视图、右视图、西南等轴测、东南等轴测、东北等轴测、西北等轴测等。此命令仅适用于 64 位计算机系统。基础视图中包含模型空间中所有可见的实体和曲面。如果模型空间中不包含任何可见实体或曲面，将显示"选择文件"对话框，以使用户可以选择 Inventor 模型。这里我们只介绍【从模型空间】创建二维基础视图。

打开【基点】命令有如下几种方法。

⊙ 选项板：【常用】选项板→【视图】选项卡→【基点】按钮。

⊙ 命令行：输入【Viewbase】命令后按【Enter】键。

【操作简述】：打开如图 7-76(a) 所示三维模型的 dwg 文件，鼠标左键单击【基点】按钮或在命令行输入【Viewbase】命令，执行【基点】操作，如图 7-76(b) 所示。

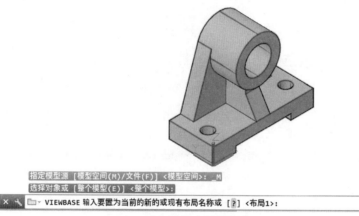

（a）设置布局及名称

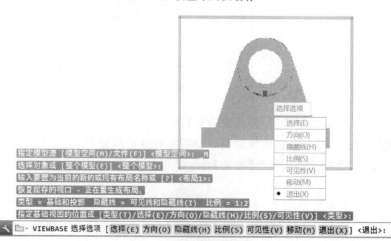

（b）指定基础视图位置

图 7-76　【基点】

各选项含义如下。

【选择对象】:在模型空间中所有可用的实体和曲面中选择需要创建基础视图的三维对象。

【整个模型】:为模型空间中所有可用的实体和曲面中创建基础视图。

【输入要置为当前的新的或现有布局名称或[?]＜布局 1＞】:在布局空间中生成基础视图,为布局空间输入新的名称或使用现有布局,默认布局 1。

【类型】:指定在创建基础视图后是退出命令还是继续创建投影视图。

【选择】:指定要添加或删除的对象

【方向】:指定要用于基础视图的方向。可以选择当前选项,从图 7 - 77 所示除"后视图"外的预设方向选择。

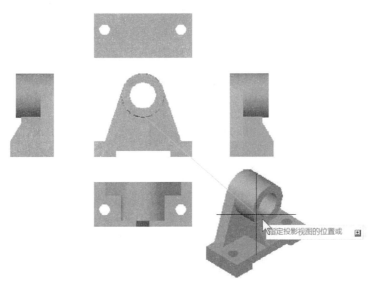

图 7 - 77 预设视图方向

若要创建"后视图"可以选择【方向】选项,创建后视图。并调整后视图与主视图高平齐配置,如图 7 -78 所示。

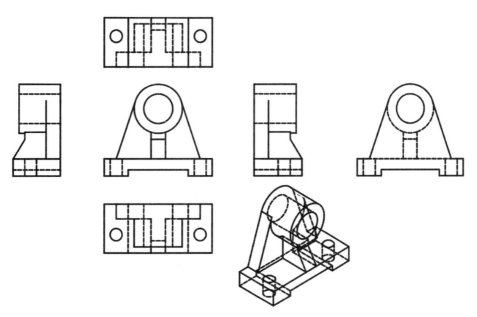

图 7 - 78 基础视图

【隐藏线】：指定要用于基础视图的显示样式，如图7-79所示。

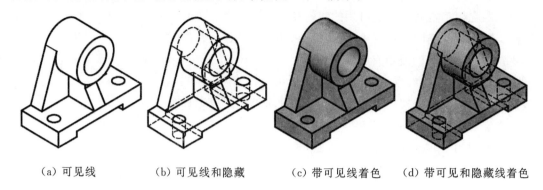

（a）可见线　　　（b）可见线和隐藏　　　（c）带可见线着色　　（d）带可见和隐藏线着色

图7-79　隐藏线

【比例】：指定要用于基础视图的绝对比例。从此视图自动导出的投影视图继承指定的比例。

【可见性】：显示要为基础视图设置的可见性选项。对象可见性选项是特定于模型的，某些选项在选定的模型中可能不可用。

【移动】：将其放置在绘图区域中后，可以移动基础视图，而无需强制退出该命令。

7.5.2　创建剖视图

当机件的内部形状比较复杂时，在视图中就会出现许多虚线，视图中的各种图线纵横交错在一起，造成层次不清，影响视图的清晰，且不便于绘图、标注尺寸和读图。为了解决机件内部形状的表达问题，减少虚线，国家标准规定采用假想切开机件的方法将内部结构由不可见变为可见，从而将虚线变为实线，即剖视图。

AutoCAD提供【截面】命令可创建全剖视图、半剖视图等，如图7-80所示。

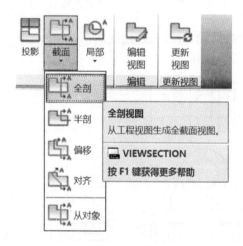

图7-80　【截面】

以【全剖】视图为例，执行【布局】选项板→【创建视图】选项卡→【截面】→【全剖】命令，指定截面起点与端点，如图7-81（a）、（b）所示，高平齐指定截面视图的位置，创建全剖截面视图，如图7-81（c）、（d）所示。

默认情况下，截面标签将排除标签I、O、Q、S、X和Z，但可以手动覆盖这些标签。

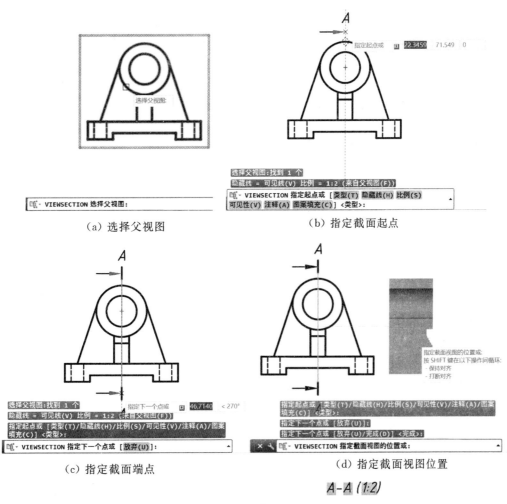

（a）选择父视图　　　　　　　　　　（b）指定截面起点

（c）指定截面端点　　　　　　　　　　（d）指定截面视图位置

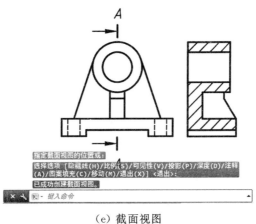

（e）截面视图

图 7 - 81 【全剖】截面视图

第8章 设计中心、网络功能和图形输出

8.1 设计中心

AutoCAD 2018 设计中心具有强大的图形管理功能，可以非常方便地在本机、局域网或 Internet 上共享图形资源，浏览查找和组织图形数据。

8.1.1 设计中心的功能

1. 概述

设计中心的主要功能有：

重用和共享，提高图形项目管理效率；设计中心可以在本机、任何一网络驱动器以及 Internet 网上浏览，使 AutoCAD 2018 成为连接全球的设计平台；创建指向常用图形、文件夹和 Internet 网址的快捷方式；设计中心可以深入到图形文件内部，对内容进行操作、无需打开图形文件就可以快速地查找、浏览和提取以及重用特定的组件；向图形中添加内容，如外部参照、块和填充；在新窗口中打开图形文件；将图形、块和填充拖到工具选项板上方便访问。

2.【设计中心】命令启动

启动【设计中心】命令有如下三种方式。

⊙ 菜单栏：【工具】→【选项板】→【设计中心】。

⊙ 选项板：单击默认【标准工具栏】→【设计中心】按钮 ▦ 。

⊙ 命令行： 输入【AdcEnter/AD】命令。

3. 操作简述

执行【设计中心】命令后，【设计中心选项板】弹出，如图 8-1 所示。

图 8-1 【设计中心选项板】

8.1.2 通过设计中心查看图形及相应内容

AutoCAD 2018 设计中心选项板包括一组工具按钮和选项卡，使用它们可以方便地浏览各类资源中的项目。

①【树状视图】

如图 8 - 2 所示,【树状视图】中的项目在【项目列表】区域中显示出相应的内容。

②【项目列表】

项目列表中包含了设计中心可以访问的信息网络、计算机、磁盘、文件夹、文件或网址。如果需要查看某一图形文件中在项目列表中罗列的项目,只需要双击项目列表中的图标,就可以看到具体的内容。如双击【标注样式】图标,在项目列表中就可以看到图形文件中建立的所有【标注样式】。

③【工具栏】按钮功能,如图 8 - 2 所示。

图 8 - 2 【工具栏】按钮

【树状图切换】按钮:单击该按钮,可以显示或隐藏树状。

【收藏夹】按钮:单击该按钮,可以在"文件夹列表"中显示 Favorites/Autodesk 文件夹中的内容,同时在树状视图中反向显示该文件夹。用户可以通过收藏夹标记存放在本地硬盘、网络驱动器或 Internet 网页上常用的文件。

【预览】按钮:单击该按钮,可以打开或关闭预览窗格,以确定是否显示预览图像。打开预览窗格后,单击控制板中的图形文件,若该图形文件包含预览图像,则在预览窗口中显示该图像。若该图形文件不包含预览图像,则预览窗口为空。

【说明】按钮:单击该按钮,可以打开或关闭窗格,以确定是否显示说明内容。

【视图】按钮:用于确定控制板所显示内容的显示格式。单击该按钮,AutoCAD 2018 将弹出快捷菜单,可以从中选择显示内容的显示格式。

【搜索】按钮:用于快速查找对象。单击该按钮,将打开【搜索】对话框,如图 8 - 3 所示。利用该对话框,用户可以快速查找图形、块、图形、尺寸样式和文本样式等各种内容并进行定位。

图 8 - 3 【搜索】对话框

【搜索】对话框提供多种条件来缩小搜索范围,包括最后修改的时间,块定义描述和在【图形属性】对话框制定的任一字段。当在【搜索】列表中选择的对象不同时,对话框中显示的选项卡也不同。如选择【图形】选项时,【搜索】对话框中出现三个选项卡【图形】【修改日期】和【高级】来定义搜索条件,如图 8 - 3 所示。【图形】选项卡可以按照【文件名】【标题】【主题】【作者】或【关键词】查找图形文件;【修改日期】选项卡可以按照图形文件创建或上一次修改的日期或指定日期范围和不指定日期查找图形文件;【高级】选项卡可以通过该选项定义更多的搜索条件。

如忘记某一个块是保存在一个图形文件中,还是作为单独的图形文件保存时,可以在【搜索】选择类型中选择【图形和块】,搜索图形文件和块,相应的选项卡改为【图形和块】如图8-4所示。

图8-4 搜索【图形和块】

④【选项卡】组,如图8-5所示。

【文件夹】选项卡:显示本地或网络驱动器列表,所选驱动器的文件夹和文件层次结构。

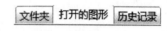

图8-5 【选项卡】

【打开的图形】选项卡:显示当前环境中打开的所有图形,包括最小化的图形。此时单机某个文件图标,就可以看到该图形的有关设置。如图层、线型、文字样式、块及尺寸样式等。

【历史记录】选项卡:显示最近在设计中心打开的文件列表。

8.1.3 使用设计中心向图形文件插入图形

利用设计中心,可以将选定的图形文件以块或外部参照的形式插入到当前的图形中,也可以使用选定的图形文件中的图层、块和标准样式。

1. 插入外部文件中的块

当将块插入到图形中时,块定义也被复制到该图形数据库中。如果后面需要在图中插入该块,则都需要引用这个块的定义。所以可以将与本专业图形相关的图形定义成块,分类建立块图形库文件,供需要的时候调用。

操作简述

使用【设计中心选项板】中的功能,将图形文件名为"土木工程制图"中的块,名称为"C-1"的图块插入到图形文件名为"举例"图形中。

执行【设计中心】命令,从【设计中心选项板】的【树状视图】或【搜索】对话框中找到要插入的块"C-1",如图8-6(a)所示。

打开"举例"图形文件,单击该C-1块并拖入打开的"举例"图形中。此时,块被自动比例显示,随着十字光标指针的移动而移动。在准备放置块的位置松开鼠标键,块以默认的比例和旋转角被插入到图形中。如图8-6(b)所示。

或者右击"C-1"图块,此时会弹出一个菜单,在菜单中选择【插入块】,如图8-6(c)所示;【插入块】对话框被打开,如图8-6(d)所示。对【插入块】对话框进行各种设置,就可以将图块插入,具体参见第6

章中的具体内容。

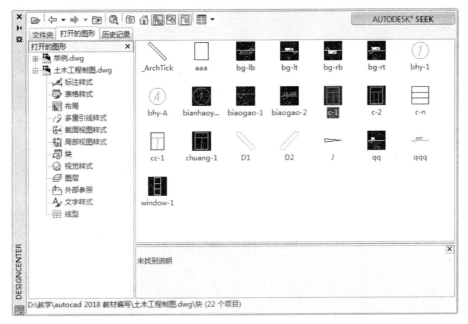

（a）在"土木工程制图"图形文件中找到名称为"C-1"图块

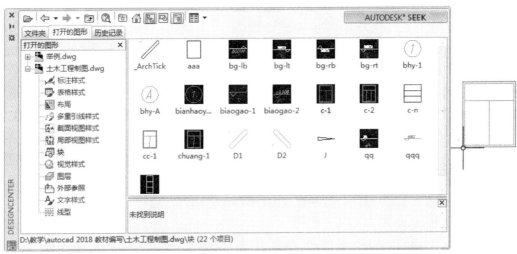

（b）左键单击图块拖入图形文件中

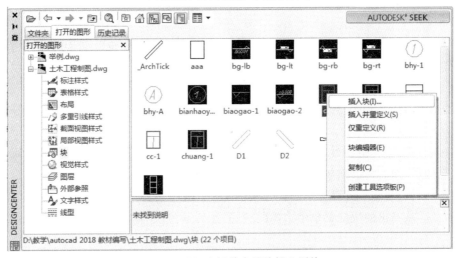

（c）右键单击图块插入图块

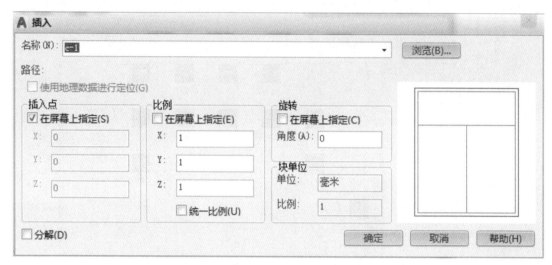

（d）【插入块】对话框

图 8－6　使用【设计中心选项板插入图块】

2．引用外部参照

使用【设计中心】引用外部参照的方法与块的插入方法相类似。

操作简述

从【设计中心选项板】的【树状视图】或【搜索】对话框中将图形文件名为"土木工程制图"中的外部参照，名称为"花格墙详图"的外部参照插入到文件名为"举例"图形中，如图 8－7(a)所示。

执行【设计中心】命令，在"土木工程制图"文件中找到要引用的外部参照"花格墙详图"图形文件，使之出现在【设计中心】的【项目列表】中。打开"举例"图形文件，单击外部参照拖入打开的"举例"图形中，如图 8－7(b)所示。

或者在【项目列表】中，用鼠标右键将外部参照拖入打开的图形后，松开鼠标右键，然后会弹出一个菜单，从菜单中选择【附着为外部参照】，如图 8－7(c)所示；AutoCAD 2018 将打开【外部参照】对话框，如图8－7(d)所示；对【外部参照】对话框进行各种设置，具体参见【外部参照】的有关内容。

3．在图形之间复制图形

使用设计中心浏览或定位要复制的图形，右击该图形，从弹出的快捷菜单中选择"复制"命令，将复制到剪贴板，然后通过"粘贴"命令完成从剪贴板到目标图形的图形复制。

4．复制内容

如图块和图形，可以从项目列表中将线型、尺寸样式、文本样式、布局以及其他定制内容拖放到 AutoCAD 2018 的图形区，将它们添加到打开的图形中。

5．在图形之间复制【图层】

使用设计中心可将图层定义从任一图形复制到另一图形。利用此特性，可建立包含一个项目所需要的所有标准图层的图形。

可以通过拖放将图层复制到当前的图形。在【设计中心】的【项目列表】或【搜索】对话框中找到一个或多个准备复制的层，然后将层拖放到当前图形，并松开鼠标左键。

或者采用【剪贴板】复制，在【设计中心】的【项目列表】或【搜索】对话框中找到一个或多个准备复制的层。单击鼠标右键，从弹出的快捷菜单中选择【复制】，然后通过【粘贴】命令完成从【剪贴板】到目标图形的层复制。

(a)找到"花格墙详图"外部参照图形文件

(b)左键单击外部参照拖入图形文件中

(c)右键单击"花格墙"外部参照进行附着外部参照

图 8 - 7 使用【设计中心选项板】插入外部参照

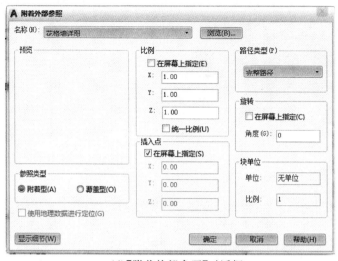

(d)【附着外部参照】对话框

图 8-7　使用【设计中心选项板】插入外部参照

8.2　网络功能

8.2.1　在 Internet 上使用图形文件

1.概述

使用 AutoCAD 2018 的设计者可以利用 Internet 进行对普通信息进行交换，还可以对设计图形信息进行网上发布，供异地使用者进行浏览和修改。DWF 格式的图形文件是只读的可视化图形文件，如此就可以避免图形文件中的设计数据和相关信息在 Internet 上被他人获取或修改，使图形文件的传输和发布更加安全可靠。

在将图形文件发布到 Internet 上之前，需要将 AutoCAD 2018 图形文件的 DWF 格式转换成 DWF 格式的图形文件。

2.创建 DWF 图形文件

将 DWG 图形文件格式转换成 DWF 格式的图形文件有如下两种方式。

①菜单栏：【文件】→【Export】→【Exportdata】对话框，在【另存的文件类型】中选择"＊.DWF"，同时输入文件名称，然后单击【确认】按钮，即可生成 DWF 图形文件。如图 8-8 所示。

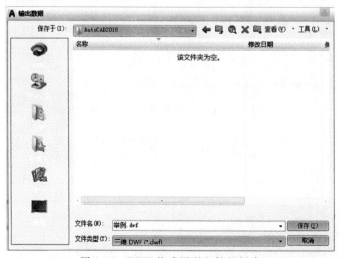

图 8-8　DWF 格式图形文件的创建

②AutoCAD 2018 系统还提供一种称为 ePlot,ElectronicPlotting(电子格式输出)的方法来打印输出 DWF 格式的图形文件。

⊙ 菜单栏:【文件】→【打印】。

⊙ 选项板:单击输出【选项卡面板】→【打印】按钮🖶。

⊙ 工具栏:【标准工具栏】→【打印】按钮🖶。

⊙ 命令行:输入【Plot/PL】命令。

调用打印命令后,会弹出【打印】对话框,如图 8-9(a)所示。

需要在【打印机/绘图仪】区域中的【名称】下拉列表中选择【DWF6.ePlot.pc3】;选择 ePlot 的打印配置文件后,在【DWF6.ePlot.pc3】【打印到文件】已经自动选中,如图 8-9(a)所示;设置 DWF 文件的特性,点击如图 8-9(a)所示的【特性】按钮;弹出【绘图仪配置编辑器】对话框,如图 8-9(b)所示。

点击【自定义特性】按钮,用户可对 DWF 文件的特性进行设置,如图 8-9(c)所示。

(a)【打印】对话框

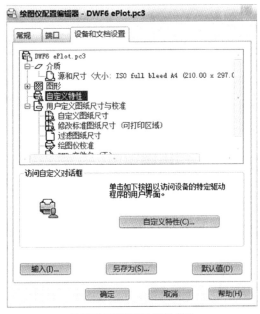

(b)【绘图仪配置编辑器】

图 8-9 通过【电子格式输出】创建 DWF 文件

283

(c)【特性】对话框

图 8-9　通过【电子格式输出】创建 DWF 文件

　　【分辨率】：与基于实数的 DWG 文件不同，DWF 文件使用整数存储，并可设置其精度。除了特殊要求外，一般的简单图形，对 DWF 文件设置较低的精度可以大大减少文件的大小，从而能够以更快的速度在 Internet 上传输。复杂图形可以设置为较高的精度，但是精度过高会导致文件过大，网上传输速度慢，所以应根据实际需求选取合适的精度。

　　【DWF 格式】：【压缩二进制】可以进一步减小 DWF 文件的大小，一般建议用户选择该选项；用户也可根据需要选择【压缩的 ASCII 编码二维流】来创建 DWF 文件。

　　【在查看器中显示的背景颜色】：用户可以选择颜色设置对话框中的任何一种作为 DWF 文件的背景颜色，也可指定为图形文件的背景颜色。

　　【包含图层信息】：打开该选项，则用户在浏览器中浏览 DWF 文件时可以切换图层。

　　3. WHIP 插件

　　在 AutoCAD 2018 中不能浏览 DWF 文件，WHIP 是 Autodesk 公司推出的 DWF 插件，用户可以使用具有这种插件的网络浏览器浏览 DWF 文件。Autodesk 大约每年更新两次 DWF 插件，用户可从 Autodesk 站点 http://autodesk.com/whip 免费下载该插件。

　　DWF 插件的主要功能有：在浏览器中浏览 DWF 文件；在 DWF 图像上右击鼠标可显示快捷菜单；可使用实时平移和缩放功能；使用嵌入的超级链接显示其他文档和文件；可以单独打印 DWF 文件，或者和整个网页一起打印；将 DWG 文件从网站“拖放”到 AutoCAD 2018 中作为一个新的图形或者块；查看存储在 DWF 文件中的已命名的视图；使用 X、Y 坐标指定视图；在图层之间进行切换。

　　不同的浏览器，需要不同的 DWF 插件。对于 IE 浏览器用户，DWF 插件是 ActiveX 控件，当启动 AutoCAD 系统时，DWF 插件被自动装入 IE 浏览器中。

8.2.2　超链接管理

　　1. 概述

　　超链接提供了一种简单而有效的方式，可以快速地将各种文档与图形相关联。超链接可以指向存储在本地、网络驱动器或 Internet 上的文件，也可以指向图形中命名位置。

　　2.【超链接管理】命令启动

　　启动【超链接管理】命令的方式有如下几种。

⊙ 菜单栏:在菜单栏中选择【插入】→【超链接】菜单命令。

⊙ 命令行:输入【Hyperlink】命令。

3.选项含义

在执行【超链接管理】命令之后,命令行中各选项含义如下:

【HYPERLINK 选择对象】:选择要插入超链接的对象。

选择要插入超链接的对象后,会弹出插入超链接对话框,如图 8－10 所示。该对话框包含 3 个选项卡:【现有文件或 Web 页】、【此图形的视图】和【电子邮件地址】。

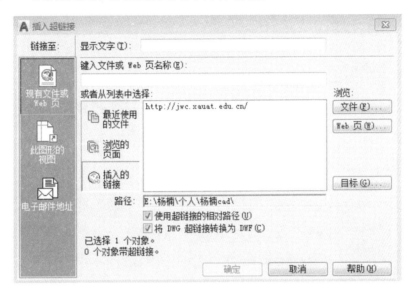

图 8－10　插入超链接对话框

①【现有文件或 Web 页】:该选项的作用是创建现有文件或 Web 页的超链接,该选项卡中各选项的含义如下。

【显示文字】:指定超链接的说明。文档文件名或 URL 对识别所链接文件的内容不是很有帮助时,此说明很有用。

【键入文件或 Web 页名称】:指定要与超链接关联的文件或 Web 页。该文件可存储在本地、网络驱动器或者 Internet 或 Intranet 上。

【最近使用的文件】:显示最近链接的文件列表,可以从中选择一个进行链接。

【浏览的页面】:显示最近浏览过的 Web 页列表,可以从中选择一个进行链接。

【插入的链接】:显示最近插入的超链接列表,可以从中选择一个进行链接。

【文件】:弹出【浏览 Web-选择超链接】对话框,可以从中选择链接到图形中的命名位置。

【Web 页】:打开浏览器,可以从中导航到要与超链接关联的 Web 页。

【目标】:弹出【选择文档中的位置】对话框,可以从中选择链接到图形中的命名位置。

【超链接使用相对路径】:为超链接设置相对路径。选择此项,链接文件的完整路径不和超链接一起存储。

【将 DWG 超链接转换为 DWF】:指定将图形发布或打印到 DWF 文件时,DWG 超链接将转换为 DWF 文件超链接。

②【此图形的视图】:该选项的作用是指定当前图形中链接目标命名视图。如图 8－11 所示。在列表框中,显示当前图形中命名视图的可扩展树状图,选择一个视图进行链接。

③【电子邮件地址】:该选项的作用是指定链接目标电子邮件地址。执行超链接时,将使用默认的系统邮件程序创建新邮件。如图 8－12 所示。

图 8-11 此图形中的视图选项

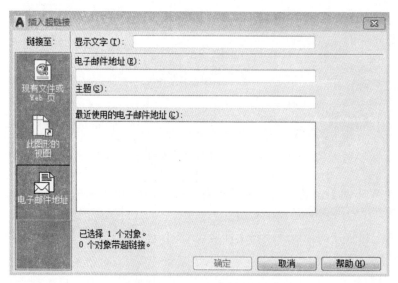

图 8-12 电子邮件地址选项

8.2.3 电子传递设置

1.概述

在协同设计过程中,可能会与异地工程师进行交流。以往,是将绘制好的图形文件用 Email 的方式发给对方,当对方在自己的计算机上打开图形时经常会发现,找不到字体或插入的外部参照图片等。这是由于在发送文件时,只传递了.dwg 文件,忽略了 AutoCAD 2018 关联文件的支持,从而导致对方打开文件时出现问题。为此,需要利用 AutoCAD 2018 电子传递技术,将.dwg 文件连同其关联的全部支持文件一起打包成一个压缩文件,或者是自解压的.exe 文件,或者是保存为一个文件夹。传递时还可以包含一个.txt 格式的文本报告,保留传递集中的所有文件的目录结构。还可以既用电子邮件的形式传递文件集,也可以生成一个含有传递集链接的 Web 页面上传到 Internet 上。

2.【电子传递设置】命令启动

启动【电子传递设置】命令的方式有如下几种。

⊙ 菜单栏:在菜单栏中选择【应用程序菜单】→【发布】→【电子传递】菜单命令。

⊙ 命令行:输入【Etransmit】命令。

3.选项含义

在执行【电子传递设置】命令之后,弹出如图 8-13 所示对话框,其中各选项含义如下:

【输入要包含在此传递包中的说明】:用户可在此输入与传递包相关的说明。这些说明被包括在传递报告中。通过创建 ASCII 文件,可以指定要包含在所有传递包中的默认注解样板,ASCII 文件的名为 etransmit.txt,此文件必须保存到由【选项】对话框中【文件】选项卡上的【支持文件搜索路径】选项所指定的位置。

【选择传递设置】:列出之前保存的传递设置。默认传递设置命名为【STANDARD】。要创建一个新的传递设置或修改列表中现有的传递设置,请单击【传递设置】。

【传递设置】:显示【传递设置】对话框,从中可以创建、修改和删除传递设置。

【查看报告】:显示包含在传递包中的报告信息。包括用户输入的所有传递说明,以及自动生成的分发说明,详细介绍了使传递包正常工作所需采取的步骤。例如,如果在一个传递图形中检测到 SHX 字体,系统将说明将这些文件复制到什么位置才能在安装传递软件包的系统上检测到它们。如果创建了默认说明的文本文件,则说明也将包含在报告中。

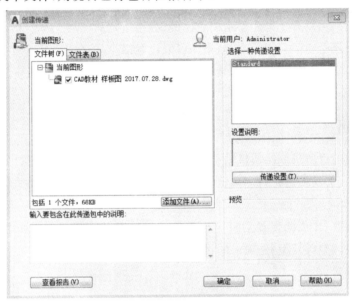

图 8-13　创建电子传递对话框

8.3　图形输出

8.3.1　模型空间、图纸空间和布局概念

在 AutoCAD 2018 中有两个工作空间,分别是模型空间和图纸空间,大部分设计和绘图工作都是在模型空间中完成的,而图纸空间是模拟手工绘图的空间,它是为绘制平面图而准备的一张虚拟图纸,是一个二维空间的工作环境。从某种意义上来说,图纸空间就是为布局图面、打印出图而设计的,还可以在其中添加如边框、注释、尺寸标注等内容。在绘图区域底部有模型选项和绘图选项,如图 8-14 所示。单击这些选项,可以在空间之间切换。

1.模型空间

模型空间是建立模型时所处的 AutoCAD 2018 环境,可以按照物体的实际尺寸绘制、编辑二维或三维图形,也可以进行三维实体造型,还可以全方位地显示图形对象,它是一个三维环境。因此一般都是在模型空间完成绘图工作。

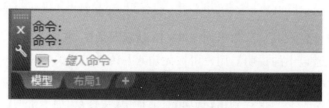

图 8-14　模型选项布局选项

2. 图纸空间

图纸空间是设置、管理视图的 AutoCAD 2018 环境。在图纸空间可以按模型对象不同方位显示视图,按合适的比例在"图纸"上显示出来,还可以定义图纸的大小、生成图框和标题栏。模型空间的三维对象在图纸空间是用二维平面上的投影来表示的,因此它是一个二维环境。

3. 布局

布局相当于图纸空间概念,一个布局就是一张图纸,并提供预置的打印页面设置。在布局中,可以创建和定位视口,并生成图框、标题栏等。利用布局可以在图纸空间方便快捷地创建多个视口来显示不同的视图。而且每个视图都可以有不同的显示缩放比例、冻结指定的图层。

在一个图形文件中模型空间只有一个,而布局可以设置多个。这样就可以用多张图纸反映同一个实体或图形对象。例如,将在模型空间绘制的装配图拆成多张零件图,或者将某一工程的总图拆成多张不同专业的图纸。

8.3.2　打印输出

打印是指将图形通过打印机或绘图仪输出到图纸上,这个过程就是打印输出。一般情况下,在设置完各项参数进行打印前,都需要进行打印预览,另外,也可以设置打印输出的格式。

1. 页面设置

正确的设置页面参数,才能确保最后打印出来的图形结果的正确性和规范性。在页面设置管理器中,可以进行【布局】的控制和【模型】选项卡的设置。而在创建打印布局时,需要指定打印机或绘图仪并设置图纸尺寸和打印方向。

(1)新建页面设置

选择【文件】→【页面设置管理器】,打开【页面设置管理器】对话框,如图 8-15 所示。单击对话框中

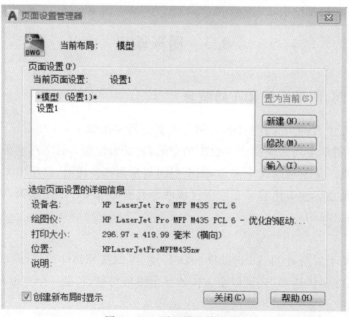

图 8-15　页面设置管理器

的【新建】按钮,在打开的【新建页面设置】对话框输入新页面设置名,然后单击【确定】按钮,即可新建一个页面设置,如图 8－16 所示。

图 8－16 新建页面设置

(2)修改页面设置

选择【文件】→【页面设置管理器】,打开【页面设置管理器】对话框,可以选择要修改的页面设置,然后单击对话框中的【修改】按钮,可以打开【页面设置】对话框,在其中可以对选择的页面设置进行修改,如图 8－17 所示。

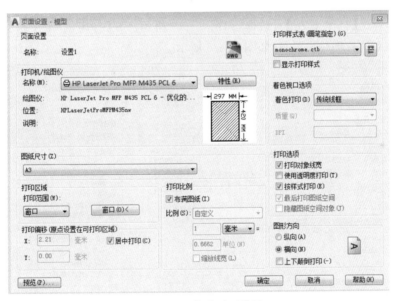

图 8－17 修改页面设置

(3)导入页面设置

选择【文件】→【页面设置管理器】,打开【页面设置管理器】对话框,单击对话框中的【输入】按钮,可以打开【从文件选择页面设置】对话框。选择并打开需要的页面设置文件,如图 8－18 所示。在打开的【输入页面设置】对话框中单击【确定】按钮,即可将选择的页面设置导入当前图形文件中。

2.打印图形

在打印图形时,可以先选择设置好的页面打印样式,然后直接对图形进行打印。如果之前没有进行页面设置,则需要先选择相应的打印机或绘图仪等打印设备,然后设置打印参数。在设置完这些内容之后,可以进行打印预览,查看打印出来的效果,如果预览效果满意,即可将图形打印出来。

启动【打印】命令的方式有如下几种。

⊙ 系统栏:单击【快速访问工具栏】按钮,然后单击【打印】命令。

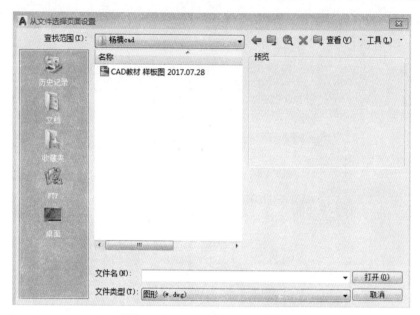

图 8-18　选择要导入的页面设置

⊙ 菜单栏:在菜单栏中选择【文件】→【打印】菜单命令。

⊙ 命令行:输入【Print】或【Plot】命令。

(1)选择打印设备

执行打印命令,弹出【打印-模型】对话框,如图 8-19 所示。在【打印机/绘图仪】选项的【名称】下拉列表中,可以选择需要的打印输出设备,如图 8-20 所示。

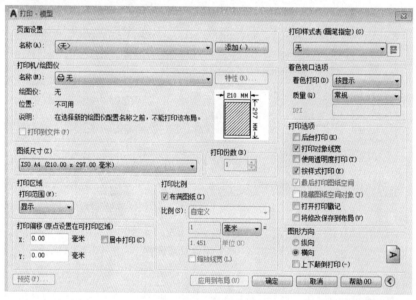

图 8-19　【打印-模型】对话框

(2)设置打印尺寸

在【打印-模型】对话框的【图纸尺寸】选项组,可以根据需要选择不同尺寸打印图纸,如图 8-21 所示。

(3)设置打印比例

在打印图形文件时,需要在【打印-模型】对话框中的【打印比例】区域中设置打印出图的比例,如图 8-22 所示。

(4)设置打印区域

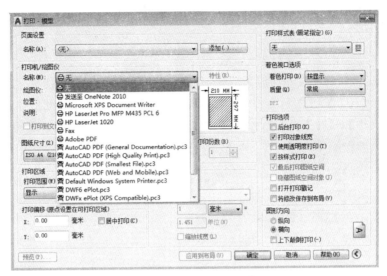

图 8-20　选择打印设备

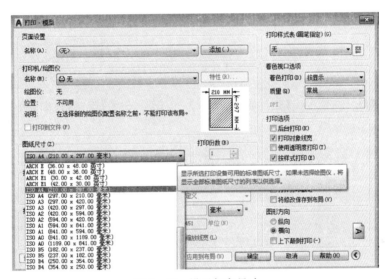

图 8-21　设置打印尺寸

　　设置好打印参数后,在【打印区域】下拉列表中选择以何种方式选择打印图形的区域,如图 8-23 所示。【窗口】选项表示打印指定的图形部分。如果选择【窗口】;【窗口】按钮将成为可用按钮。单击【窗口】按钮以使用定点设备指定要打印区域的两个角点,或输入坐标值。【范围】选项表示打印包含对象的图形的部分当前空间。当前空间内的所有几何图形都将被打印。打印之前,可能会重新生成图形以重新计算范围。【图形界限】选项表示将打印指定图纸尺寸的可打印区域内的所有内容,其原点从布局中的 0,0 点计算得出。【显示】选项表示打印选定的【模型】选项卡当前视口中的视图或布局中的当前图纸空间视图。

图 8-22　设置打印比例

图 8-23　设置打印区域

8.3.3 发布图形

(1)网上发布

AutoCAD 2018 提供的网上发布功能可以将图形发布到 Internet 上,方便更多人查看。利用网上发布向导可以创建 AutoCAD 2018 图形文件中的 DWF、JPEG、PNG 等格式的图形样式。

在菜单栏执行【文件】→【网上发布】,弹出【网上发布开始】对话框,如图 8 - 24 所示。

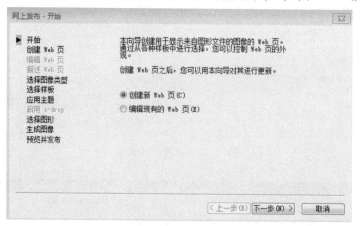

图 8 - 24 【网上发布-开始】对话框

在【网上发布-开始】对话框单击【创建新 Web 页】,单击【下一步】按钮,弹出【网上发布-创建 Web 页】对话框,如图 8 - 25 所示。

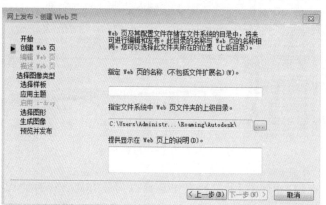

图 8 - 25 【网上发布-创建 Web 页】对话框

在【网上发布-创建 Web 页】对话框中输入 Web 页名称,单击【下一步】按钮,弹出【网上发布－选择图像类型】对话框,如图 8 - 26 所示。

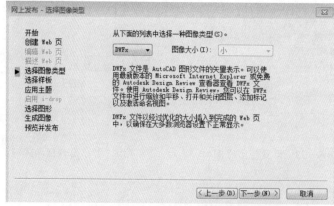

图 8 - 26 【网上发布-选择图像类型】对话框

在【网上发布-选择图像类型】对话框设置图像类型和图像的大小，并单击【下一步】按钮，弹出【网上发布-选择样板】对话框，如图 8－27 所示。

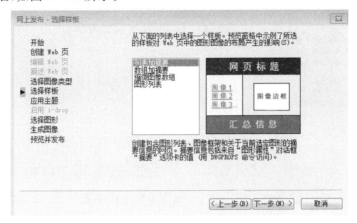

图 8－27　【网上发布-选择样板】对话框

在【网上发布-选择样板】对话框中选择一个样板，单击【下一步】按钮，弹出【网上发布-应用主题】对话框，如图 8－28 所示。

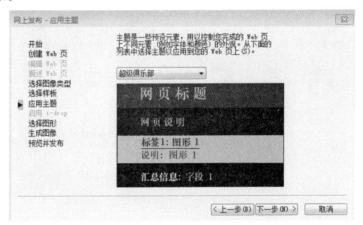

图 8－28　【网上发布-应用主题】对话框

在【网上发布-应用主题】对话框中选择一个主题模式，单击【下一步】按钮，弹出【网上发布-选择图形】对话框，如图 8－29 所示。

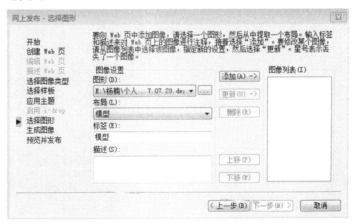

图 8－29　【网上发布-选择图形】对话框

在【网上发布-选择图形】对话框中单击【添加】按钮，程序自动将模型添加到【图像列表】中，单击【下一步】按钮，弹出【网上发布-生成图像】对话框，如图 8－30 所示。

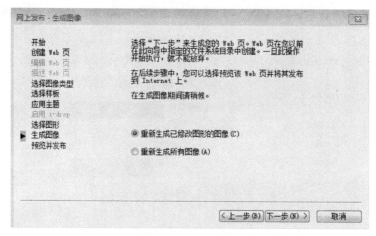

图 8-30 【网上发布-生成图像】对话框

在【网上发布-生成图像】对话框中选择【重新生成已修改图形的图像】或【重新生成所有图像】，单击【下一步】按钮，弹出【网上发布-预览并发布】对话框，如图 8-31 所示。单击【完成】按钮，程序自动完成网上发布。

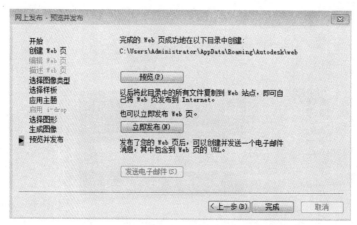

图 8-31 【网上发布-预览并发布】对话框

2. PDF 发布

可以将图形文件发布为 PDF 格式的电子档文件以方便查看。执行【快速访问工具栏】→【输出】→【PDF】，在弹出的【另存为 PDF】对话框中输入文件名和文件的路径，单击【保存】按钮完成操作，如图 8-32 所示。

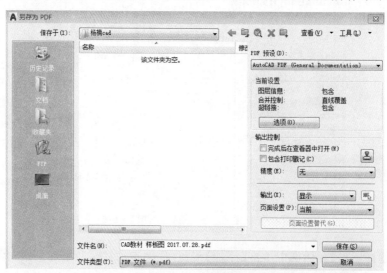

图 8-32 【另存为 PDF】对话框

3. 三维 DWF 发布

三维实体可以发布为三维 DWF 或 DWFx 文件，并可使用 Autodesk Design Review 查看这些文件。点击菜单栏执行【文件】→【发布】，弹出【发布】对话框，单击【发布】按钮，在下拉列表中选择 DWF，如图 8 - 33 所示。

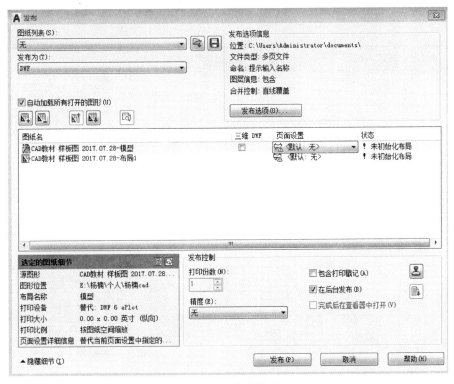

图 8 - 33　发布类型

单击【发布】按钮，在弹出的【指定 DWF 文件】对话框中输入文件名，如图 8 - 34 所示。单击【选择】按钮，程序将自动进行发布。

图 8 - 34　【指定 DWF 文件】对话框

附录 1　AutoCAD 命令集

序号	CAD 命令	简写	用途
1	3D		创建三维实体
2	3DARRAY	3A	三维阵列
3	3DCLIP		设置剪切平面位置
4	3DCORBLT		继续执行 3DORBIT 命令
5	3DDISTANCE		距离调整
6	3DFACE	3F	绘制三维曲面
7	3DMESH		绘制三维自由多边形网格
8	3DORBLT	3DO	三维动态旋转
9	3DPAN		三维视图平移
10	3DPLOY	3P	绘制三维多段线
11	3DSIN		插入一个 3DS 文件
12	3DSOUT		输出图形数据到一个 3DS 文件
13	3DSWIVEL		旋转相机
14	3DZOOM		三维视窗下视窗缩放
15	ABOUT		显示 AutoCAD 的版本信息
16	ACISIN		插入一个 ACIS 文件
17	ACISOUT		将 AutoCAD 三维实体目标输出到 ACIS 文件
18	ADCCLOSE		关闭 AutoCAD 设计中心
19	ADCENTER	ADC	启动 AutoCAD 设计中心
20	ADCNAVIGATE	ADC	启动 AutoCAD 设计中心并直接访问用户所设置的文件名、路径或网上目录
21	ALIGN	AL	图形对齐
22	AMECONVERT		将 AME 实体转换成 AutoCAD 实体
23	APERTURE		控制目标捕捉框的大小
24	APPLOAD	AP	装载 AutoLISP、ADS 或 ARX 程序
25	ARC	A	绘制圆弧
26	AREA	AA	计算所选择区域的周长和面积
27	ARRAY	AR	图形阵列
28	ARX		加载、卸载 Object ARX 程序
29	ATTDEF	ATT、DDATTDEF	创建属性定义

序号	CAD 命令	简写	用途
30	ATTDISP		控制属性的可见性
31	ATTEDIT	ATE	编辑图块属性值
32	ATTEXT	DDATTEXT	摘录属性定义数据
33	ATTREDEF		重定义一个图块及其属性
34	AUDIT		检查并修复图形文件的错误
35	BACKGROUND		设置渲染背景
36	BASE		设置当前图形文件的插入点
37	BHATCH	BH 或 H	区域图样填充
38	BLIPMODE		点记模式控制
39	BLOCK	B 或 - B	将所选的实体图形定义为一个图块
40	BLOCKICON		为 AutoCAD R14 或更早版本所创建的图块生成预览图像
41	BMPOUT		将所选实体以 BMP 文件格式输出
42	BOUNDARY	BO 或 - BO	创建区域
43	BOX		绘制三维长方体实体
44	BRDAK	BR	折断图形
45	BROWSER		网络游览
46	CAL		AutoCAD 计算功能
47	CAMERA		相机操作
48	CHAMFER	CHA	倒直角
49	CHANGE	- CH	属性修改
50	CH PROP		修改基本属性
51	CIRCLE	C	绘制圆
52	CLOSE		关闭当前图形文件
53	COLOR	COL	设置实体颜色
54	COMPILE		编译(Shape)文件和 PostScript 文件
55	CONE		绘制三维圆锥实体
56	CONVERT		将由 AutoCAD R14 或更低版本所作的二维多段线(或关联性区域图样填充)转换成 AutoCAD2000 格式
57	COPY	CO 或 CP	复制实体
58	COPYBASE		固定基点以复制实体
59	COPYCLIP		复制实体到 WINDOWS 剪贴板
60	COPYHIST		复制命令窗口历史信息到 WINDOWS 剪贴板
61	COPYLINK		复制当前视窗至 WINDOWS 剪贴板
62	CUTCLIP		剪切实体至 WINDOWS 剪贴板
63	CYLINDER		绘制一个三维圆柱实体
64	DBCCLOSE		关闭数据库连接管理

序号	CAD 命令	简写	用途
65	DBCONNECT	DBC	启动数据库连接管理
66	DBLIST		列表显示当前图形文件中每个实体的信息
67	DDEDIT	ED	以对话框方式编辑文本或属性定义
68	DDPTYPE		设置点的形状及大小
69	DDVPOINT	VP	通过对话框选择三维视点
70	DELAY		设置演示(Script)延时时间
71	DIM AND DIM1		进入尺寸标注状态
72	DIMALIGNED	CAL 或 DIMALI	标注平齐尺寸
73	DIMANGULAR	DAN 或 DIMANG	标注角度
74	DIMBASELINE	DBA 或 DIMBASE	基线标注
75	DIMCENTER	DCE	标注圆心
76	DIMCONTINUE	DCO 或 DIMCONT	连续标注
77	DIMDIAMETER	DDI 或 DIMDLA	标注直径
78	DIMEDIT	DED 或 DIMED	编辑尺寸标注
79	DIMLINEAR	DLI 或 DIMLIN	标注长度尺寸
80	DIMORDINATE	DOR 或 DIMROD	标注坐标值
81	DIMOVERRIDE	DOR 或 DIMOVER	临时覆盖系统尺寸变量设置
82	DIMRADIUS	DRA 或 DIMRAD	标注半径
83	DIMSTYLE	DST 或 DIMSTY	创建或修改标注样式
84	DIMTEDIT	DIMTED	编辑尺寸文本
85	DIST	DI	测量两点之间的距离
86	DIVIDE	DIV	等分实体
87	DONUT	DO	绘制圆环
88	DRAGMODE		控制是否显示拖动对象的过程
89	DRAWORDER	DR	控制两重叠(或有部分重叠)图象的显示次序
90	DSETTINGS	DS,SE	设置栅格和捕捉、角度和目标捕捉点 自动　跟踪以及自动目标捕捉选项功能
91	DSVIEWER	AV	鹰眼功能
92	DVIEW	DV	视点动态设置
93	DWGPROPS		设置和显示当前图形文件的属性
94	DXBIN		将 DXB 文件插入到当前文件中
95	EDGE		控制三维曲面边的可见性
96	EDGESURF		绘制四边定界曲面
97	ELEV		设置绘图平面的高度
98	ELLIPSE	EL	绘制椭圆或椭圆弧
99	ERASE	E	删除实体
100	EXPLODE	X	分解实体

序号	CAD 命令	简写	用途
101	EXPORT	EXP	文件格式输出
102	EXPRESSTOOLS		如果当前 AutoCAD 环境中无[快捷工具]这一工具,可启动该命令以安装 AutoCAD 快捷工具
103	EXTEND	EX	延长实体
104	EXETRUDE	EXT	将二维图形拉伸成三维实体
105	FILL	F	控制实体的填充状态
106	FILLET		倒圆角
107	FILTER	FI	过滤选择实体
108	FIND		查找与替换文件
109	FOG		三维渲染的雾度配置
110	GRAPHSCR		在图形窗口和文本窗口间切换
111	GRID		显示栅格
112	GROUP	G 或 -G	创建一个指定各称的目标选择组
113	HATCH	- H	通过命令行进行区域填充图样
114	HATCHEDIT	HE	编辑区域填充图样
115	HELP		显示 AutoCAD 在线帮助信息
116	HIDE		消隐
117	HYPERLINK		插入超级链接
118	HYPERLINKOPTION	HI	控制是否显示超级链接标签
119	ID		显示点的坐标
120	IMAGE	I	将图像文件插入到当前图形文件中
121	IMAGEADJUST	LAD	调整所选图像的明亮度、对比度和灰度
122	IMAGEATTACH	LAT	附贴一个图像至当前图形文件
123	IMAGECLIP	ICL	调整所选图像的边框大小
124	IMAGFRAME		控制是否显示图像的边框
125	IMAGEQUALITY		控制图像的显示质量
126	IMPORT	TMP	插入其他格式文件
127	INSERT	I	把图块(或文件)插入到当前图形文件
128	INSERTOBJ	IO	插入 OLE 对象
129	INTERFERE	INF	将两个或两个以上的三维实体的相交部分创建为一个单独的实体
130	INTERSECT	IN	对三维实体求交
131	ISOPLANE		定义基准面
132	LAYER	LA 或 - LA	图层控制
133	LAYOUT	LO	创建新布局或对已存在的布局进行更名、复制、保存或删除等操作
134	LAYOUTWIZARD		布局向导

序号	CAD 命令	简写	用途
135	LEADER	LE 或 LEAD	指引标注
136	LENGTHEN	LEN	改变实体长度
137	LIGHT		光源设置
138	LIMTS		设置图形界限
139	LINS	L	绘制直线
140	LINETYPE	LT 或 - LTLTYPE	创建、装载或设置线型
141	LIST	LS	列表显示实体信息
142	LOAD		装入已编译过的形文件
143	LOGFILEOFF		关闭登录文件
144	LOGFILEON		将文本窗口的内容写到一个记录文件中
145	LSEDIT		场景编辑
146	LSLIB		场景库管理
147	LSNEW		添加场景
148	LTSCALE	LTS	设置线型比例系数
149	LWEIGHT	LW	设置线宽
150	MASSPROP		查询实体特性
151	MATCHPROP	MI	属性匹配
152	MATLIB		材质库管理
153	MEASURE	ME	定长等分实体
154	MENU		加载菜单文件
155	MENULOAD		加载部份主菜单
156	MENUUNLOAD		卸载部份主菜单
157	MINSERT		按矩形阵列方式插入图块
158	MIRROR	MI	镜像实体
159	MIRROR3D		三维镜像
160	MLEDIT		编辑平行线
161	MLINE	ML	绘制平行线
162	MLSTYLE		定义平行线样式
163	MODEL		从图纸空间切换到模型空间
164	MOVE	M	移动实体
165	MSLIDE		创建幻灯片
166	MSPACE	MS	从图纸空间切换到模型空间
167	MTEXT	MT 或 T	多行文本标注
168	MULTIPLE		反复多次执行上一次命令直到执行别的命令或按 Esc 键
169	MVIEW	MV	创建多视窗
170	MVSETUP		控制视口

序号	CAD 命令	简写	用途
171	NEW		新建图形文件
172	OFFSET	O	偏移复制实体
173	OLELINKS		更新、编辑或取消已存在的 OLE 链接
174	OLESCALE		显示 OLE 属性管理器
175	OOPS		恢复最后一次被删除的实体
176	OPEN		打开图形文件
177	OPTIONS	OP、PR	设置 AutoCAD 系统配置
178	ORTHO		切换正交状态
179	OSNAP	OS 或 - OS	设置目标捕捉方式及捕捉框大小
180	PAGESETUP		页面设置
181	PAN	P 或 - P	视图平移
182	PARTIALOAD		部分装入
183	PARTIALOPEN		部分打开
184	PASTEBLOCK		将已复制的实体目标粘贴成图块
185	PASTECLIP		将剪贴板上的数据粘贴 至当前图形文件中
186	PASTEORLG		固定点粘贴
187	PASTESPEC	PA	将剪贴板上的数据粘贴至当前图形文件中 并控制其数据格式
188	PCINWINEARD		导入 PCP 或 PC2 配置文件的向导
189	PEDIT	PE	编辑多段线和三维多边形网格
190	PFACE		绘制任意形状的三维曲面
191	PLAN		设置 UCS 平面视图
192	PLINE	PL	绘制多段线
193	PLOT	PRINT	图形输出
194	PLOTSTYLE		设置打印样式
195	PLOTTERMANAGER		打印机管理器
196	POINT	PO	绘制点
197	POLYGON	POL	绘制正多边形
198	PREVIEW	PRE	
199	PROPERTLES	CH、MO、PRO、PS、 DDMODI、FX、 DDCHPR OR	打印预览 目标属性管理器
200	PROPERTLESCLOSE	PRCLOSE	关闭属性管理器
201	PSDRAG		控制 PostScript 图像显示
202	PSETUPIN		导入自定义页面设置
203	PSFILL		用 PostScript 图案填充二维多段线
204	PSIN		输入 PostScript 文件

序号	CAD 命令	简写	用途
205	PSOUT		输出 PostScript 文件
206	PSPACE	PS	从模型空间切换到图纸空间
207	PURGE	PU	消除图形中无用的对象,如图块、尺寸标注样式、图层、线型、形和文本标注样式等
208	QDIM		尺寸快速标注
209	QLEADER	LE	快速标注指引线
210	QSAVE		保存当前图形文件
211	QSELECT		快速选择实体
212	QTEXT		控制文本显示方式
213	QUIT	EXIT	退出 AutoCAD
214	RAY		绘制射线
215	RECOVER		修复损坏的图形文件
216	RECTANG	REC	绘制矩形
217	REDEFINE		恢复一条已被取消的命令
218	REDO		恢复由 Undo(或 U)命令取消的最后一条命令
219	REDRAW	R	重新显示当前视窗中的图形
220	REDRAWALL	RA	重新显示所有视窗中的图形
221	REFCLOSE		外部引用在位编辑时保存退出
222	REFEDIT		外部引用在位编辑
223	REFSET		添加或删除外部引用中的项目
224	REGEN	RE	重新生成当前视窗中的图形
225	REGENALL	REA	重新刷新生成所有视窗中的图形
226	REGGNAUTO		自动刷新生成图形
227	REGION	REG	创建区域
228	REINIT		重新初始化 AutoCAD 的通信端口
229	RENAME	REN	更改实体对象的名称
230	RENDER	RR	渲染
231	RENDSCK		重新显示渲染图片
232	REPLAY		显示 BMP、TGA 或 TIEF 图像文件
233	RESUME		继续已暂停或中断的脚本文件
234	REVOLVE	REV	将二维图形旋转成三维实体
235	REVSURF		绘制旋转曲面
236	RMAT		材质设置
237	ROTATE	RO	旋转实体
238	ROTATE3D		三维旋转
239	RPREF	RPR	设置渲染参数
240	RSCRIPT		创建连续的脚本文件

序号	CAD命令	简写	用途
241	RULESURF		绘制直纹面
242	SAVE		保存图形文件
243	SAVE AS		将当前图形另存为一个新文件
244	SAVEIMG		保存渲染文件
245	SCALE	SC	比例缩放实体
246	SCENE		场景管理
247	SCRIPT	SCR	自动批处理 AutoCAD 命令
248	SECTION	SEC	生成剖面
249	SELECT		选择实体
250	SETUV		设置渲染实体几何特性
251	SETVAR	SET	设置 AutoCAD 系统变量
252	SHADE	SHA	着色处理
253	SHAPE		插入形文件
254	SHELL	SH	切换到 DOS 环境下
255	SHOWMAT		显示实体材质类型
256	SKETCH		徒手画线
257	SLICE	SL	将三维实体切开
258	SNAP	SN	设置目标捕捉功能
259	SOLDRAW		生成三维实体的轮廓图形
260	SOLID	SO	绘制实心多边形
261	SOLIDEIDT		三维实体编辑
262	SOLPROF		绘制三维实体的轮廓图像
263	SOLVIEW		创建三维实体的平面视窗
264	SPELL	SP	检查文体对象的拼写
265	SPHERE		绘制球体
266	SPLINE	SPL	绘制一条光华曲线
267	SPLINEDIT	SPE	编制一条光华曲线
268	STATS		显示渲染实体的系统信息
269	STATUS		查询当前图形文件的状态信息
270	STLOUT		将三维实体以 STL 格式保存
271	STRETCH	S	拉伸实体
272	STYLE	ST	创建文体标注样式
273	STYLESMANAGER		显示打印样式管理器
274	SUBTRACT	SU	布尔求差
275	SYSWINDOWS		控制 AutoCAD 文体窗口
276	TABLET	TA	设置数字化仪
277	TABSURF		绘制拉伸曲面

序号	CAD 命令	简写	用途
278	TEXT		标注单行文体
279	TEXTSCR		切换到 AutoCAD 文体窗口
280	TIME		时间查询
281	TOLERANCE	TOL	创建尺寸公差
282	TOOLBAR	TO	增减工具栏
283	TORUS	TOR	创建圆环实体
284	TRACE		绘制轨迹线
285	TRANSPARENCY		透水波设置
286	TREESTAT		显示当前图形文体件路径信息
287	TRIM	TR	剪切
288	U		撤消上一操作
289	UCS		建立用户坐标系统
290	UCSICON		控制坐标图形显示
291	UCSMAN		UCS 管理器
292	UNDEFINE		允许用户将自定义命令覆盖 AutoCAD 内部命令
293	UNDO		撤消上一组操作
294	UNION	UNI	布　尔求并
295	UNITS	-UN 或 UN	设置长度及角度的单位格式和精度等级
296	VBAIDE		VBA 集成开发环境
297	VBALOAD		加载 VBA 项目
298	VBAMAN		VBA 管理器
299	VBARUN		运行 VBA 宏
300	VBASTMT		运行 VBA 语句
301	VBAUNLOAD		卸载 VBA 工程
302	VIEW	- V	视窗管理
303	VIEWRES		设置当前视窗中目标重新生成的分辨率
304	VLISP	VLIDE	打开 Visual LISP 集成开发环境
305	VPCLIP		复制视图实体
306	VPLAYER		设置视窗中层的可见性
307	VPOINT	- VP 或 VP	设置三维视点
308	VPORTS		视窗分割
309	VSLIDE		显示幻灯文件
310	WBLOCK	W	图块存盘
311	WEDGE	WE	绘制楔形体
312	WHOHAS		显示已打开的图形文件的所属信息
313	WMFIN		输入 Windows 应用软件格式的文件
314	WMFOPTS		设置 WMFIN 命令选项

序号	CAD 命令	简写	用途
315	WMFOUT		WMF 格式输出
316	XATTACH	XA	粘贴外部文件至当前图形
317	XBIND	- XB 或 XB	将一个外部引用的依赖符永久地溶入 当前图形文件中
318	XCLIP	XC	设置图块或处理引用边界
319	XLINE	XL	绘制无限长直线
320	XPLODE		分解图块并设置属性参数
321	XREF	XR 或 - XR	外部引用
322	ZOOM	Z	视图缩放透明命令

附录 2　AutoCAD 系统变量大全

系统变量	类型	作用	说明
ACADLSPASDOC	整型	控制 AutoCAD 是将 acad. lsp 文件加载到所有图形中,还是仅加载到在 AutoCAD 任务中打开的第一个文件中 ACADPREFIX 字符型存储由 ACAD 环境变量指定的目录路径(如果有的话),如果需要则添加路径分隔符。0 仅将 acad. lsp 加载到 AutoCAD 任务打开的第一个图形中;1 将 acad. lsp 加载到每一个打开的图形中	只读
ACADPREFIX	字符型	存储由 ACAD 环境变量指定的目录路径(如果有的话),如果需要则附加路径分隔符	
ACADVER	字符型	存储 AutoCAD 的版本号。这个变量与 DXF 文件标题变量 $ ACADVER 不同," $ ACADVER"包含图形数据库的级别号	只读
ACISOUTVER	整型	控制 ACISOUT 命令创建的 SAT 文件的 ACIS 版本。ACISOUT 支持值 15 到 18、20、21、30、40、50、60 和 70	
AFLAGS	整型	设置 ATTDEF 位码的属性标志:0 无选定的属性模式;1 不可见 2.固定 4.验证.8.预置	
ANGBASE	实型	类型:实数;保存位置:图形初始值:0.0000 相对于当前 UCS 将基准角设置为 0 度	
ANGDIR	整型	设置正角度的方向初始值:0;从相对于当前 UCS 方向的 0 角度测量角度值。0 逆时针 1 顺时针	
APBOX	整型	打开或关闭 AutoSnap 靶框。当捕捉对象时,靶框显示在十字光标的中心。0 不显示靶框 1 显示靶框	
APERTURE	整型	以像素为单位设置靶框显示尺寸。靶框是绘图命令中使用的选择工具。初始值:10	
AREA	实型	既是命令又是系统变量。存储由 AREA 计算的最后一个面积值	只读
ATTDIA	整型	控制 INSERT 命令是否使用对话框用于属性值的输入:0. 给出命令行提示 1.使用对话框	
ATTMODE	整型	控制属性的显示:0 关,使所有属性不可见;1.普通,保持每个属性当前的可见性;2.开,使全部属性可见	
ATTREQ	整型	确定 INSERT 命令在插入块时默认属性设置。0.所有属性均采用各自的默认值;1.使用对话框获取属性值	
AUDITCTL	整型	控制 AUDIT 命令是否创建核查报告(ADT)文件:0.禁止写 ADT 文件 1.写 ADT 文件	

系统变量	类型	作用	说明
AUNITS	整型	设置角度单位:0.十进制度数 1.度/分/秒 2.百分度 3.弧度 4.勘测单位	
AUPREC	整型	设置所有只读角度单位(显示在状态行上)和可编辑角度单位(其精度小于或等于当前 AUPREC 的值)的小数位数	
AUTOSNAP	整型	0.关(自动捕捉);1.开 2.开提示 4.开磁吸 8.开极轴追踪 16 开捕捉追踪 32 开极轴追踪和捕捉追踪提示	
BACKZ	实型	以绘图单位存储当前视口后向剪裁平面到目标平面的偏移值。VIEW-MODE 系统变量中的后向剪裁位打开时才有效	只读
BINDTYPE	整型	控制绑定或在位编辑外部参照时外部参照名称的处理方式:0.传统的绑定方式 1.类似"插入"方式	
BLIPMODE	整型	控制点标记是否可见。BLIPMODE 既是命令又是系统变量。使用 SET-VAR 命令访问此变量:0.关闭 1.打开	
CDATE	实型	设置日历的日期和时间,不被保存	只读
CECOLOR	字符型	设置新对象的颜色。有效值包括 BYLAYER、BYBLOCK 以及从 1 到 255 的整数	
CELTSCALE	整型	设置当前对象的线型比例因子	
CELTYPE	字符型	设置新对象的线型。初始值:"BYLAYER"	
CELWEIGHT	整型	设置新对象的线宽:1.线宽为"BYLAYER";2.线宽为"BYBLOCK";3.线宽为"DEFAULT"	
CHAMFERA	实型	设置第一个倒角距离。初始值:0.0000	
CHAMFERB	实型	设置第二个倒角距离。初始值:0.0000	
CHAMFERC	实型	设置倒角长度。初始值:0.0000	
CHAMFERD	实型	设置倒角角度。初始值:0.0000	
CHAMMODE	整型	设置 AutoCAD 创建倒角的输入方法:0.需要两个倒角距离 1.需要一个倒角距离和一个角度	
CIRCLERAD	实型	设置默认的圆半径:0.表示无默认半径。初始值:0.0000	
CLAYER	字符型	设置当前图层。初始值:0	
CMDACTIVE	整型	存储位码值,此位码值指示激活的是普通命令、透明命令、脚本还是对话框	只读
CMDDIA	整型	输入方式的切换:0.命令行输入 1.对话框输入	
CMDECHO	整型	控制在 AutoLISP 的 command 函数运行时 AutoCAD 是否回显提示和输入:0.关闭回显 1.打开回显	
CMDNAMES	字符型	显示当前活动命令和透明命令的名称。例如 LINE'ZOOM 指示 ZOOM 命令在 LINE 命令执行期间被透明使用	只读
CMLJUST	整型	指定多线对正方式:0.上 1.中间 2.下。初始值:0	
CMLSCALE	实型	初始值:1.0000(英制)或 20.0000(公制)控制多线的全局宽度	
CMLSTYLE	字符型	设置 AutoCAD 绘制多线的样式。初始值:"STANDARD"	

系统变量	类型	作用	说明
COMPASS	整型	控制当前视口中三维指南针的开关状态:0.关闭三维指南针 1.打开三维指南针	
COORDS	整型	0.用定点设备指定点时更新坐标显示 1.不断地更新绝对坐标的显示 2.不断地更新绝对坐标的显示	
CPLOTSTYLE	字符型	控制新对象的当前打印样式	
CPROFILE	字符型	显示当前配置的名称	只读
CTAB	字符型	返回图形中当前(模型或布局)选项卡的名称。通过本系统变量,用户可以确定当前的活动选项卡	
CURSORSIZE	整型	按屏幕大小的百分比确定十字光标的大小。初始值:5	
CVPORT	整型	设置当前视口的标识码	
DATE	实型	存储当前日期和时间	只读
DBMOD	整型	用位码指示图形的修改状态:1.对象数据库被修改 4.数据库变量被修改 8.窗口被修改 16.视图被修改	只读
DCTCUST	字符型	显示当前自定义拼写词典的路径和文件名	
DCTMAIN	字符型	显示当前的主拼写词典的文件名	
DEFLPLSTYLE	字符型	指定图层 0 的默认打印样式	
DEFPLSTYLE	字符型	为新对象指定默认打印样式	只读
DELOBJ	整型	控制创建其他对象的对象将从图形数据库中删除还是保留在图形数据库中:0.保留对象 1.删除对象	
DEMANDLOAD	整型	当图形包含由第三方应用程序创建的自定义对象时,指定 AutoCAD 是否以及何时按需加载此应用程序	只读
DIASTAT	整型	存储最近一次使用的对话框的退出方式:0.取消 1.确定	
DIMADEC	整型	1.使用 DIMDEC 设置的小数位数绘制角度标注;0-8 使用 DIMADEC 设置的小数位数绘制角度标注	
DIMALT	开关	控制标注中换算单位的显示:关.禁用换算单位 开.启用换算单位	
DIMALTD	整型	控制换算单位中小数位的位数	
DIMALTF	实型	控制换算单位乘数	
DIMALTRND	实型	舍入换算标注单位	
DIMALTTD	整型	设置标注换算单位公差值小数位的位数	
DIMALTTZ	整型	控制是否对公差值作消零处理	
DIMALTU	整型	为所有标注样式族(角度标注除外)换算单位设置单位格式	
DIMALTZ	整型	控制是否对换算单位标注值作消零处理。DIMALTZ 值为 0-3 时只影响英尺-英寸标注	
DIMAPOST	字符型	为所有标注类型(角度标注除外)的换算标注测量值指定文字前缀或后缀(或两者都指定)	
DIMASO	开关	控制标注对象的关联性	
DIMASSOC	整型	控制标注对象的关联性	
DIMASZ	实型	控制尺寸线、引线箭头的大小。并控制钩线的大小	

系统变量	类型	作用	说明
DIMATFIT	整型	当尺寸界线的空间不足以同时放下标注文字和箭头时,本系统变量将确定这两者的排列方式	
DIMAUNIT	整型	设置角度标注的单位格式:0.十进制度数 1.度/分/秒 2.百分度 3.弧度	
DIMAZIN	整型	对角度标注作消零处理	
DIMBLK	字符型	设置尺寸线或引线末端显示的箭头块	
DIMBLK1	字符型	当 DIMSAH 系统变量打开时,设置尺寸线第一个端点的箭头	
DIMBLK2	字符型	当 DIMSAH 系统变量打开时,设置尺寸线第二个端点的箭头	
DIMCEN	实型	控制由 DIMCENTER、DIMDIAMETER 和 DIMRADIUS 命令绘制的圆或圆弧的圆心标记和中心线图形	
DIMCLRD	整型	为尺寸线、箭头和标注引线指定颜色。同时控制由 LEADER 命令创建的引线颜色	
DIMCLRE	整型	为尺寸界线指定颜色	
DIMCLRT	整型	为标注文字指定颜色	
DIMDEC	整型	设置标注主单位显示的小数位位数。精度基于选定的单位或角度格式	
DIMDLE	实型	当使用小斜线代替箭头进行标注时,设置尺寸线超出尺寸界线的距离	
DIMDLI	实型	控制基线标注中尺寸线的间距	
DIMDSEP	字符型	指定一个单字符作为创建十进制标注时使用的小数分隔符	
DIMEXE	实型	指定尺寸界线偏移原点的距离	
DIMFIT	整型	旧式,除用于保留脚本的完整性外没有任何影响。DIMFIT 被 DIMATFIT 系统变量和 DIMTMOVE 系统变量代替	
DIMFRAC	整型	在 DIMLUNIT 系统变量设置为:4(建筑)或5(分数)时设置分数格式,0.水平 1.斜 2.不堆叠	
DIMGAP	实型	当尺寸线分成段以在两段之间放置标注文字时,设置标注文字周围的距离	
DIMJUST	整型	控制标注文字的水平位置	
DIMLDRBLK	字符型	指定引线箭头的类型。要返回默认值(实心闭合箭头显示),请输入单个句点(.)	
DIMLFAC	实型	设置线性标注测量值的比例因子	
DIMLIM	开关	将极限尺寸生成为默认文字	
DIMLUNIT	整型	为所有标注类型(除角度标注外)设置单位制	
DIMLWD		指定尺寸线的线宽。其值是标准线宽。-3.BYLAYER-2.BYBLOCK 整数代表百分之一毫米的倍数	
DIMLWE		指定尺寸界线的线宽。其值是标准线宽。-3BYLAYER-2BYBLOCK 整数代表百分之一毫米的倍数	
DIMPOST	字符型	指定标注测量值的文字前缀或后缀(或者两者都指定)	
DIMRND	实型	将所有标注距离舍入到指定值	
DIMSAH	开关	控制尺寸线箭头块的显示	
DIMSCALE	实型	为标注变量(指定尺寸、距离或偏移量)设置全局比例因子。同时还影响 LEADER 命令创建的引线对象的比例	

系统变量	类型	作用	说明
DIMSD1	开关	控制是否禁止显示第一条尺寸线。	
DIMSD2	开关	控制是否禁止显示第二条尺寸线	
DIMSE1	开关	控制是否禁止显示第一条尺寸界线:关.不禁止显示尺寸界线开.禁止显示尺寸界线	
DIMSE2	开关	控制是否禁止显示第二条尺寸界线:关.不禁止显示尺寸界线开.禁止显示尺寸界线	
DIMSHO	开关	旧式,除用于保留脚本的完整性外没有任何影响	
DIMSOXD	开关	控制是否允许尺寸线绘制到尺寸界线之外:关.不消除尺寸线开.消除尺寸线	
DIMSTYLE	字符型	既是命令又是系统变量。作为系统变量,DIMSTYLE 将显示当前标注样式	只读
DIMTAD	整型	控制文字相对尺寸线的垂直位置	
DIMTDEC	整型	为标注主单位的公差值设置显示的小数位位数	
DIMTFAC	整型	按照 DIMTXT 系统变量的设置,相对于标注文字高度给分数值和公差值的文字高度指定比例因子	
DIMTIH	开关	控制所有标注类型(坐标标注除外)的标注文字在尺寸界线内的位置	
DIMTIX	开关	在尺寸界线之间绘制文字	
DIMTM	实型	在 DIMTOL 系统变量或 DIMLIM 系统变量为开的情况下,为标注文字设置最小(下)偏差	
DIMTMOVE	整型	设置标注文字的移动规则	
DIMTOFL	开关	控制是否将尺寸线绘制在尺寸界线之间(即使文字放置在尺寸界线之外)	
DIMTOH	开关	控制标注文字在尺寸界线外的位置:0 或关.将文字与尺寸线对齐 1 或开.水平绘制文字	
DIMTOL	开关	将公差附在标注文字之后。将 DIMTOL 设置为"开",将关闭 DIMLIM 系统变量	
DIMTOLJ	整型	设置公差值相对名词性标注文字的垂直对正方式:0.下 1.中间 2.上	
DIMTP	整型	在 DIMTOL 或 DIMLIM 系统变量设置为开的情况下,为标注文字设置最大(上)偏差。DIMTP 接受带符号的值	
DIMTSZ	整型	指定线性标注、半径标注以及直径标注中替代箭头的小斜线尺寸	
DIMTVP	实型	控制尺寸线上方或下方标注文字的垂直位置。当 DIMTAD 设置为关时,AutoCAD 将使用 DIMTVP 的值	
DIMTXSTY	字符型	指定标注的文字样式	
DIMTXT	实型	指定标注文字的高度,除非当前文字样式具有固定的高度	
DIMTZIN	整型	控制是否对公差值作消零处理	
DIMUNIT	整型	旧式,除用于保留脚本的完整性外没有任何影响。DIMUNIT 被 DIMLUNIT 和 DIMFRAC 系统变量代替	
DIMUPT	开关	控制用户定位文字的选项。0 光标仅控制尺寸线的位置 1 或开光标控制文字以及尺寸线的位置	
DIMZIN	整型	控制是否对主单位值作消零处理	

系统变量	类型	作用	说明
DISPSILH	整型	控制"线框"模式下实体对象轮廓曲线的显示。并控制在实体对象被消隐时是否绘制网格。0.关 1.开	
DISTANCE	实型	存储 DIST 命令计算的距离	只读
DONUTID	实型	设置圆环的默认内直径	
DONUTOD	实型	设置圆环的默认外直径。此值不能为零	
DRAGMODE	整型	控制拖动对象的显示	
DRAGP1	整型	设置重生成拖动模式下的输入采样率	
DRAGP2	整型	设置快速拖动模式下的输入采样率	
DWGCHECK	整型	在打开图形时检查图形中的潜在问题	
DWGCODEPAGE	字符型	存储与 SYSCODEPAGE 系统变量相同的值(出于兼容性的原因)	只读
DWGNAME	字符型	存储用户输入的图形名	只读
DWGPREFIX	字符型	存储图形文件的驱动器/目录前缀	只读
DWGTITLED	整型	指出当前图形是否已命名:0.图形未命名 1.图形已命名	只读
EDGEMODE	整型	控制 TRIM 和 EXTEND 命令确定边界的边和剪切边的方式	
ELEVATION	整型	存储当前空间当前视口中相对当前 UCS 的当前标高值	
EXPERT	整型	控制是否显示某些特定提示	
EXPLMODE	整型	控制 EXPLODE 命令是否支持比例不一致(NUS)的块	
EXTMAX	三维点	存储图形范围右上角点的值	只读
EXTMIN	三维点	存储图形范围左下角点的值	只读
EXTNAMES	整型	为存储于定义表中的命名对象名称(例如线型和图层)设置参数	
FACETRATIO	整型	控制圆柱或圆锥 ShapeManager 实体镶嵌面的宽高比。设置为 1 将增加网格密度以改善渲染模型和着色模型的质量	
FACETRES	实型	调整着色对象和渲染对象的平滑度,对象的隐藏线被删除。有效值为 0.01 到 10.0	
FILEDIA	整型	控制与读写文件命令一起使用的对话框的显示	
FILLETRAD	实型	存储当前的圆角半径	
FILLMODE	整型	指定图案填充(包括实体填充和渐变填充)、二维实体和宽多段线是否被填充	
FONTALT	字符型	在找不到指定的字体文件时指定替换字体	
FONTMAP	字符型	指定要用到的字体映射文件	
FRONTZ	实型	按图形单位存储当前视口中前向剪裁平面到目标平面的偏移量	只读
FULLOPEN	整型	指示当前图形是否被局部打开	只读
GFANG	整型	指定渐变填充的角度。有效值为 0 到 360 度	
GFCLR1	整型	为单色渐变填充或双色渐变填充的第一种颜色指定颜色。有效值为"RGB000,000,000"到"RGB255,255,255"	
GFCLR2	整型	为双色渐变填充的第二种颜色指定颜色。有效值为"RGB000,000,000"到"RGB255,255,255"	
GFCLRLUM	整型	在单色渐变填充中使颜色变淡(与白色混合)或变深(与黑色混合)。有效值为 0.0(最暗)到 1.0(最亮)	

系统变量	类型	作用	说明
GFCLRSTATE	整型	指定是否在渐变填充中使用单色或者双色.0.双色渐变填充 1.单色渐变填充	
GFNAME	整型	指定一个渐变填充图案。有效值为 1 到 9	
GFSHIFT	整型	指定在渐变填充中的图案是否是居中或是向左变换移位.0.居中 1.向左上方移动	
GRIDMODE	整型	指定打开或关闭栅格。0.关闭栅格 1.打开栅格	
GRIDUNIT	二维点	指定当前视口的栅格间距(X 和 Y 方向)	
GRIPBLOCK	整型	控制块中夹点的指定。0.只为块的插入点指定夹点 1.为块中的对象指定夹点	
GRIPCOLOR	整型	控制未选定夹点的颜色。有效取值范围为 1 到 255	
GRIPHOT	整型	控制选定夹点的颜色。有效取值范围为 1 到 255	
GRIPHOVER	整型	控制当光标停在夹点上时其夹点的填充颜色。有效取值范围为 1 到 255	
GRIPOBJLIMIT	整型	抑制当初始选择集包含的对象超过特定的数量时夹点的显示	
GRIPS	整型	控制"拉伸"、"移动"、"旋转"、"缩放"和"镜像夹点"模式中选择集夹点的使用	
GRIPSIZE	整型	以像素为单位设置夹点方框的大小。有效的取值范围为 1 到 255	
GRIPTIPS	整型	控制当光标在支持夹点提示的自定义对象上面悬停时,其夹点提示的显示.	
HALOGAP	整型	指定当一个对象被另一个对象遮挡时,显示一个间隙	
HANDLES	整型	报告应用程序是否可以访问对象句柄。因为句柄不能再被关闭,所以只用于保留脚本的完整性,没有其他影响	只读
HIDEPRECISION	整型	控制消隐和着色的精度	
HIDETEXT	开关	指定在执行 HIDE 命令的过程中是否处理由 TEXT、DTEXT 或 MTEXT 命令创建的文字对象	
HIGHLIGHT	整型	控制对象的亮显。它并不影响使用夹点选定的对象	
HPANG	实型	指定填充图案的角度	
HPASSOC	整型	控制图案填充和渐变填充是否关联.	
HPBOUND	整型	控制 BHATCH 和 BOUNDARY 命令创建的对象类型	
HPDOUBLE	整型	指定用户定义图案的双向填充图案。双向将指定与原始直线成 90 度角绘制的第二组直线	
HPNAME	字符型	设置默认填充图案,其名称最多可包含 34 个字符,其中不能有空格	
HPSCALE	实型	指定填充图案的比例因子,其值不能为零	
HPSPACE	实型	为用户定义的简单图案指定填充图案的线间隔,其值不能为零	
HYPERLINKBASE	字符型	指定图形中用于所有相对超链接的路径。如果未指定值,图形路径将用于所有相对超链接	
IMAGEHLT	整型	控制亮显整个光栅图像还是光栅图像边框	
INDEXCTL	整型	控制是否创建图层和空间索引并保存到图形文件中	
INETLOCATION	字符型	存储 BROWSER 命令和"浏览 Web"对话框使用的 Internet 网址	
INSBASE	三维点	存储 BASE 命令设置的插入基点,以当前空间的 UCS 坐标表示	
INSNAME	字符型	为 INSERT 命令设置默认块名。此名称必须符合符号命名惯例	
INSUNITS	整型	为从设计中心拖动并插入到图形中的块或图像的自动缩放指定图形单位值	

系统变量	类型	作用	说明
INSUNITSDEFSOURCE	整型	设置源内容的单位值。有效范围是从 0 到 20	
INSUNITSDEFTARGET	整型	设置目标图形的单位值有效范围是从 0 到 20	
INTERSECTIONCOLOR	整型	指定相交多段线的颜色	
INTERSECTIONDISPLA	整型	指定相交多段线的显示	
ISAVEBAK	整型	提高增量保存速度,特别是对于大的图形。ISAVEBAK 控制备份文件(BAK)的创建	
ISAVEPERCENT	整型	确定图形文件中所能允许的耗损空间的总量	
ISOLINES	整型	指定对象上每个面的轮廓线的数目。有效整数值为 0 到 2047	
LASTANGLE	实型	存储相对当前空间当前 UCS 的 XY 平面输入的上一圆弧端点角度	只读
LASTPOINT	三维点	存储上一次输入的点,用当前空间的 UCS 坐标值表示;如果通过键盘来输入,则应添加(@)符号	
LASTPROMPT	字符型	存储回显在命令行的上一个字符串	只读
LAYOUTREGENCTL	整型	指定"模型"选项卡和布局选项卡上的显示列表如何更新	
LENSLENGTH	实型	存储当前视口透视图中的镜头焦距长度(单位为毫米)	只读
LIMCHECK	整型	控制在图形界限之外是否可以创建对象	
LIMMAX	二维点	存储当前空间的右上方图形界限,用世界坐标系坐标表示	
LIMMIN	二维点	存储当前空间的左下方图形界限,用世界坐标系坐标表示	
LISPINIT	整型	指定打开新图形时是否保留 AutoLISP 定义的函数和变量,或者这些函数和变量是否只在当前绘图任务中有效	
LOCALE	字符型	显示用户运行的当前 AutoCAD 版本的国际标准化组织(ISO)语言代码	只读
LOCALROOTPREFIX	整型	保存完整路径至安装本地可自定义文件的根文件夹	
LOGFILEMODE	整型	指定是否将文本窗口的内容写入日志文件	
LOGFILENAME	字符型	为当前图形指定日志文件的路径和名称	只读
LOGFILEPATH	字符型	为同一任务中的所有图形指定日志文件的路径	
LOGINNAME	字符型	显示加载 AutoCAD 时配置或输入的用户名。登录名最多可以包含 30 个字符	只读
LTSCALE	实型	设置全局线型比例因子。线型比例因子不能为零	
LUNITS	整型	设置线性单位。1 科学 2 小数 3 工程 4 建筑 5 分数	
LUPREC	整型	设置所有只读线性单位和可编辑线性单位(其精度小于或等于当前 LUPREC 的值)的小数位位数	
LWDEFAULT	整型	设置默认线宽的值。默认线宽可以以毫米的百分之一为单位设置为任何有效线宽	
LWDISPLAY	开关	控制是否显示线宽。设置随每个选项卡保存在图形中。0 不显示线宽 1 显示线宽	
LWUNITS	整型	控制线宽单位以英寸还是毫米显示。0 英寸 1 毫米	
MAXACTVP	整型	设置布局中一次最多可以激活多少视口。MAXACTVP 不影响打印视口的数目	

系统变量	类型	作用	说明
MAXSORT	整型	设置列表命令可以排序的符号名或块名的最大数目。如果项目总数超过了本系统变量的值,将不进行排序	
MBUTTONPAN	整型	控制定点设备第三按钮或滑轮的动作响应	
MEASUREINIT	整型	设置初始图形单位(英制或公制)	
MEASUREMENT	整型	仅设置当前图形的图形单位(英制或公制)	
MENUCTL	整型	控制屏幕菜单中的页切换	
MENUECHO	整型	设置菜单回显和提示控制位	
MENUNAME	字符型	存储菜单文件名,包括文件名路径	只读
MIRRTEXT	整型	控制 MIRROR 命令影响文字的方式。0 保持文字方向 1 镜像显示文字	
MODEMACRO	字符型	在状态行显示字符串,诸如当前图形文件名、时间/日期戳记或指定的模式	
MTEXTED	字符型	设置应用程序的名称用于编辑多行文字对象	
MTEXTFIXED	整型	控制多行文字编辑器的外观.	
MTJIGSTRING	整型	设置当 MTEXT 命令使用后,在光标位置处显示样例文字的内容	
MYDOCUM ENTSPREFIX	整型	保存完整路径至当前登录用户的"我的文档"文件夹	
NOMUTT	整型	禁止显示信息,即不进行信息反馈(如果通常情况下并不禁止显示这些信息)	
OBSCUREDCOLOR	整型	指定遮掩行的颜色	
OBSCUREDLTYPE	整型	指定遮掩行的线型	
OFFSETDIST	整型	设置默认的偏移距离	
OFFSETGAPTYPE	整型	当偏移多段线时,控制如何处理线段之间的潜在间隙	
OLEHIDE	整型	控制 AutoCAD 中 OLE 对象的显示	
OLEQUALITY	整型	控制嵌入 OLE 对象的默认质量级别	
OLESTARTUP	整型	控制打印嵌入 OLE 对象时是否加载其源应用程序。加载 OLE 源应用程序可以提高打印质量	
ORTHOMODE	整型	限制光标在正交方向移动	
OSMODE	整型	使用位码设置"对象捕捉"的运行模式	
OSNAPCOORD	整型	控制是否从命令行输入坐标替代对象捕捉	
PALETTEOPAQUE	整型	控制窗口透明性	
PAPERUPDATE	整型	控制 AutoCADR14 或更早版本中创建的没有用 AutoCAD2000 或更高版本格式保存的图形的默认打印设置	
PDMODE	整型	控制如何显示点对象	
PDSIZE	实型	设置显示的点对象大小	只读
PEDITACCEPT	整型	抑制在使用 PEDIT 时,显示"选取的对象不是多段线"的提示	
PELLIPSE	整型	控制由 ELLIPSE 命令创建的椭圆类型	
PERIMETER	实型	存储由 AREA、DBLIST 或 LIST 命令计算的最后一个周长值	只读
PFACEVMAX	整型	设置每个面顶点的最大数目	只读
PICKADD	整型	控制后续选定对象是替换还是添加到当前选择集	
PICKAUTO	整型	控制"选择对象"提示下是否自动显示选择窗口	

系统变量	类型	作用	说明
PICKBOX	整型	以像素为单位设置对象选择目标的高度	
PICKDRAG	整型	控制绘制选择窗口的方式	
PICKFIRST	整型	控制在发出命令之前(先选择后执行)还是之后选择对象	
PICKSTYLE	整型	控制编组选择和关联填充选择的使用	
PLATFORM	字符型	指示 AutoCAD 工作的操作系统平台	只读
PLINEGEN	整型	设置如何围绕二维多段线的顶点生成线型图案	
PLINETYPE	整型	指定 AutoCAD 是否使用优化的二维多段线	
PLINEWID	整型	存储多段线的默认宽度	
PLOTROTMODE	整型	控制打印方向	
PLQUIET	整型	控制显示可选对话框以及脚本和批处理打印的非致命错误	
POLARADDANG	实型	包含用户定义的极轴角	
POLARANG	实型	设置极轴角增量。值可设置为 90、45、30、22.5、18、15、10 和 5	
POLARDIST	实型	当 SNAPTYPE 系统变量设置为 1(极轴捕捉)时,设置捕捉增量	
POLARMODE	整型	控制极轴和对象捕捉追踪设置	
POLYSIDES	整型	为 POLYGON 命令设置默认边数。取值范围为 3 到 1024	
POPUPS	整型	显示当前配置的显示驱动程序状态	只读
PRODUCT	字符型	返回产品名称	只读
PROGRAM	字符型	返回程序名称	只读
PROJECTNAME	字符型	为当前图形指定工程名称	
PROJMODE	整型	设置修剪和延伸的当前"投影"模式	
PROXYGRAPHICS	整型	指定是否将代理对象的图像保存在图形中	
PROXYNOTICE	整型	在创建代理时显示通知。0 不显示代理警告 1 显示代理警告	
PROXYSHOW	整型	控制图形中代理对象的显示	
PROXYWEBSEARCH	整型	指定 AutoCAD 是否检查 ObjectEnabler	
PSLTSCALE	整型	控制图纸空间的线型比例	
PSTYLEMODE	整型	指示当前图形处于"颜色相关打印样式"还是"命名打印样式"模式	只读
PSTYLEPOLICY	整型	控制对象的颜色特性是否与其打印样式相关联	
PSVPSCALE	实型	为所有新创建的视口设置视图比例因子	
PUCSBASE	字符型	存储定义正交 UCS 设置(仅用于图纸空间)的原点和方向的 UCS 名称	
QTEXTMODE	整型	控制文字如何显示	
RASTERPREVIEW	整型	控制 BMP 预览图像是否随图形一起保存	
REFEDITNAME	字符型	显示正进行编辑的参照名称	只读
REGENMODE	整型	控制图形的自动重生成	
RE-INIT	整型	初始化数字化仪、数字化仪端口和 acad.pgp 文件	
REMEMBER FOLDERS	整型	控制标准的文件选择对话框中的"查找"或"保存"选项的默认路径	
REPORTERROR	整型	控制如果 AutoCAD 异常结束时是否可以寄出一个错误报告到 Autodesk.	

系统变量	类型	作用	说明
ROAMABLE ROOTPREFIX	整型	保存完整路径至安装可移动自定义文件的根文件夹	
RTDISPLAY	整型	控制实时 ZOOM 或 PAN 时光栅图像的显示。存储当前用于自动保存的文件名	
SAVEFILE	字符型	存储当前用于自动保存的文件名	只读
SAVEFILEPATH	字符型	指定 AutoCAD 任务的所有自动保存文件目录的路径	
SAVENAME	字符型	在保存当前图形之后存储图形的文件名和目录路径	只读
SAVETIME	整型	以分钟为单位设置自动保存的时间间隔	
SCREENBOXES	整型	存储绘图区域的屏幕菜单区显示的框数	只读
SCREENMODE	整型	存储指示 AutoCAD 显示模式的图形/文本状态的位码值	只读
SCREENSIZE	二维点	以像素为单位存储当前视口的大小(X 和 Y 值)	只读
SDI	整型	控制 AutoCAD 运行于单文档还是多文档界面	
SHADEDGE	整型	控制着色时边缘的着色	
SHADEDIF	整型	以漫反射光的百分比表示,设置漫反射光与环境光的比率(如果 SHADEDGE 设置为 0 或 1)	
SHORTCUTMENU	整型	控制"默认"、"编辑"和"命令"模式的快捷菜单在绘图区域是否可用	
SHPNAME	实型	设置默认的形名称(必须遵循符号命名惯例)	
SIGWARN	整型	控制打开带有数字签名的文件时是否发出警告	
SKETCHINC	实型	设置 SKETCH 命令使用的记录增量	
SKPOLY	整型	确定 SKETCH 命令生成直线还是多段线	
SNAPANG	实型	为当前视口设置捕捉和栅格的旋转角。旋转角相对当前 UCS 指定	
SNAPBASE	二维点	相对于当前 UCS 为当前视口设置捕捉和栅格的原点	
SNAPISOPAIR	整型	控制当前视口的等轴测平面。0 左 1 上 2 右	
SNAPMODE	整型	打开或关闭"捕捉"模式	
SNAPSTYL	整型	设置当前视口的捕捉样式	
SNAPTYPE	整型	设置当前视口的捕捉类型	
SNAPUNIT	二维点	设置当前视口的捕捉间距.	
SOLIDCHECK	整型	打开或关闭当前 AutoCAD 任务中的实体校验	
SORTENTS	整型	控制 OPTIONS 命令的对象排序操作(从"用户系统配置"选项卡中执行)	
SPLFRAME	整型	控制样条曲线和样条拟合多段线的显示	
SPLINESEGS	整型	设置每条样条拟合多段线(此多段线通过 PEDIT 命令的"样条曲线"选项生成)的线段数目	
SPLINETYPE	整型	设置 PEDIT 命令的"样条曲线"选项生成的曲线类型	
STANDARDS VIOLATION	整型	指定当创建或修改非标准对象时,是否通知用户当前图形中存在标准违规	
STARTUP	整型	控制当使用 NEW 和 QNEW 命令创建新图形时是否显示"创建新图形"对话框	
SURFTAB1	整型	为 RULESURF 和 TABSURF 命令设置生成的列表数目	

系统变量	类型	作用	说明
SURFTAB2	整型	为 REVSURF 和 EDGESURF 命令设置在 N 方向上的网格密度	
SURFTYPE	整型	控制 PEDIT 命令的"平滑"选项生成的拟合曲面类型	
SURFU	整型	为 PEDIT 命令的"平滑"选项设置在 M 方向的表面密度	
SURFV	整型	为 PEDIT 命令的"平滑"选项设置在 N 方向的表面密度。	
SYSCODEPAGE	字符型	指示由操作系统确定的系统代码页	只读
TABMODE	整型	控制数字化仪的使用。关于使用和配置数字化仪的详细信息,请参见 TAB-LET 命令。	
TARGET	三维点	存储当前视口中目标点的位置(以 UCS 坐标表示)	只读
TDCREATE	实型	存储创建图形的当地时间和日期	只读
TDINDWG	实型	存储所有的编辑时间,即在保存当前图形之间占用的总时间	只读
TDUCREATE	实型	存储创建图形的通用时间和日期	只读
TDUPDATE	实型	存储最后一次更新/保存图形的当地时间和日期	只读
TDUSRTIMER	实型	存储用户消耗的时间计时器	只读
TDUUPDATE	实型	存储最后一次更新/保存图形的通用时间和日期	只读
TEMPPREFIX	字符型	包含用于放置临时文件的目录名(如果有的话),带路径分隔符	只读
TEXTEVAL	整型	控制处理使用 TEXT 或－TEXT 命令输入的字符串的方法	
TEXTFILL	整型	控制打印和渲染时 TrueType 字体的填充方式	
TEXTQLTY	整型	设置打印和渲染时 TrueType 字体文字轮廓的镶嵌精度	
TEXTSIZE	实型	设置以当前文本样式绘制的新文字对象的默认高度(当前文本样式具有固定高度时此设置无效)	
TEXTSTYLE	字符型	设置当前文本样式的名称	
THICKNESS	实型	设置当前的三维厚度	
TILEMODE	整型	将"模型"选项卡或最后一个布局选项卡置为当前	
TOOLTIPS	整型	控制工具栏提示的显示:0 不显示工具栏提示 1 显示工具栏提示	
TRACEWID	实型	设置宽线的默认宽度	
TRACKPATH	整型	控制显示极轴和对象捕捉追踪的对齐路径	
TRAYICONS	整型	控制是否在状态栏上显示系统托盘.	
TRAYNOTIFY	整型	控制是否在状态栏系统托盘上显示服务通知.	
TRAYTIMEOUT	整型	控制服务通知显示的时间长短(用秒)。有效值范围为 0 到 10	
TREEDEPTH	整型	指定最大深度,即树状结构的空间索引可以分出分支的最大数目	
TREEMAX	整型	通过限制空间索引(八叉树)中的节点数目,从而限制重生成图形时占用的内存	
TRIMMODE	整型	控制 AutoCAD 是否修剪倒角和圆角的选定边	
TSPACEFAC	实型	控制多行文字的行间距(按文字高度的比例因子测量)。有效值为 0.25 到 4.0	
TSPACETYPE	整型	控制多行文字中使用的行间距类型	
TSTACKALIGN	整型	控制堆叠文字的垂直对齐方式	

系统变量	类型	作用	说明
TSTACKSIZE	整型	控制堆叠文字分数的高度相对于选定文字的当前高度的百分比。有效值为 25 到 125	
UCSAXISANG	整型	存储使用 UCS 命令的 X、Y 或 Z 选项绕轴旋转 UCS 时的默认角度值	
UCSBASE	字符型	存储定义正交 UCS 设置的原点和方向的 UCS 名称。有效值可以是任何命名 UCS	
UCSFOLLOW	整型	用于从一个 UCS 转换到另一个 UCS 时生成平面视图	
UCSICON	整型	使用位码显示当前视口的 UCS 图标	
UCSNAME	字符型	存储当前空间当前视口的当前坐标系名称。如果当前 UCS 尚未命名,则返回一个空字符串	只读
UCSORG	三维点	存储当前空间当前视口的当前坐标系原点。该值总是以世界坐标形式保存	只读
UCSORTHO	整型	确定恢复正交视图时是否同时自动恢复相关的正交 UCS 设置	
UCSVIEW	整型	确定当前 UCS 是否随命名视图一起保存	
UCSVP	整型	确定视口的 UCS 保持不变还是作相应改变以反映当前视口的 UCS 状态	
UCSXDIR	三维点	存储当前空间当前视口中当前 UCS 的 X 方向	只读
UCSYDIR	三维点	存储当前空间当前视口中当前 UCS 的 Y 方向	只读
UNDOCTL	整型	存储指示 UNDO 命令"自动"和"控制"选项状态的位码值	只读
UNDOMARKS	整型	存储"标记"选项放置在 UNDO 控制流中的标记数目。	只读
UNITMODE	整型	控制单位的显示格式	
VIEWCTR	三维点	存储当前视口中视图的中心点。该值用 UCS 坐标表示	只读
VIEWDIR	三维点	存储当前视口的观察方向。用 UCS 坐标表示。它将相机点描述为到目标点的三维偏移量	只读
VIEWMODE	整型	使用位码值存储控制当前视口的"查看"模式	只读
VIEWSIZE	实型	按图形单位存储当前视口的高度	只读
VIEWTWIST	实型	存储当前视口的视图扭转角	只读
VISRETAIN	整型	控制依赖外部参照的图层的可见性、颜色、线型、线宽和打印样式(如果 PSTYLEPOLICY 设置为 0)	
VSMAX	三维点	存储当前视口虚屏的右上角。该值用 UCS 坐标表示	只读
VSMIN	三维点	存储当前视口虚屏的左下角。该值用 UCS 坐标表示	只读
WHIPARC	整型	控制圆和圆弧是否平滑显示	
WMFBKGND	开关	控制 AutoCAD 对象在其他应用程序中的背景显示是否透明	
WMFFOREGND	开关	控制 AutoCAD 对象在其他应用程序中的前景色指定	
WORLDUCS	整型	指示 UCS 是否与 WCS 相同。0. UCS 与 WCS 不同 1. UCS 与 WCS 相同	只读
WORLDVIEW	整型	确定响应 3DORBIT、DVIEW 和 VPOINT 命令的输入是相对于 WCS(默认)还是相对于当前 UCS	
WRITESTAT	整型	指示图形文件是只读的还是可写的。开发人员需要通过 AutoLISP 确定文件的读写状态	
XCLIPFRAME	整型	控制外部参照剪裁边界的可见性。0 剪裁边界不可见 1 剪裁边界可见	

系统变量	类型	作用	说明
XEDIT	整型	控制当前图形被其他图形参照时是否可以在位编辑。0 不能在位编辑参照 1 可以在位编辑参照	
XFADECTL	整型	控制正被在位编辑的参照的褪色度百分比。有效值从 0 到 90	
XLOADCTL	整型	打开/关闭外部参照的按需加载,并控制是打开参照图形文件还是打开参照图形文件的副本	
XLOADPATH	字符型	创建一个路径用于存储按需加载的外部参照文件临时副本	
XREFCTL	整型	控制 AutoCAD 是否写入外部参照日志(XLG)文件。0 不写入记录文件 1 写入记录文件	
XREFNOTIFY	整型	控制更新或缺少外部参照时的通知	
ZOOMFACTOR	整型	接受一个整数,有效值为 0 到 100。数字越大,鼠标滑轮每次前后移动引起改变的增量就越多	

参考文献

[1] ACAA 教育主编,胡仁喜,刘昌丽.AutoCAD 2016 中文版实操实练[M].北京:电子工业出版社, 2016.

[2] 凤凰高新教育.中文版 AutoCAD 2016 机械制图基础教程[M].北京:北京大学出版社,2016.

[3] 赵罘,赵楠,张剑锋.AutoCAD 2017 机械制图从基础到实训[M].北京:机械工业出版社,2017.

[4] 王征,陕华.AutoCAD 2017 实用教程(中文版)[M].北京:清华大学出版社,2016.

[5] 姜勇,王辉辉.AutoCAD 2010 基础教程(中文版)[M].北京:人民邮电出版社,2010.

[6] 邹玉堂,路慧彪,王跃辉,等.AutoCAD 2008 实用教程(第 3 版)[M].北京:机械工业出版,2009.

[7] 董祥国.AutoCAD 2014 应用教程[M].南京:东南大学出版社,2014.

[8] 鲁娟.AUTOCAD 2012 中文版室内设计项目教程[M].武汉:华中科技大学出版社,2013.

[9] 徐红,汪勇.AutoCAD 2000 设计中心的使用技巧[J].四川工业学院学报,2000,19(3):73-75.

[10] 游玉桃,申其军.AUTOCAD 中图形打印输出方法与技巧[J].宜春学院学报,2011,33(8):57-58.

[11] 程绪琦,王建华,刘志峰,等.AutoCAD 2016 中文版标准教程[M].北京:电子工业出版社,2016.

[12] 郑伟,林晓娟,李锦.中文版 AutoCAD 2016 完全实战技术手册[M].北京:清华大学出版社,2015.

[13] 郭静.AutoCAD 2017 基础教程[M].北京:清华大学出版社,2017.

[14] 李杰臣.AutoCAD 2015 从入门到精通[M].北京:机械工业出版社,2015.

[15] 天工在线.中文版 AutoCAD 2018 从入门到精通(实战案例版)[M].北京:中国水利水电出版社,2017.

[16] 天工在线.AUTOCAD 2018 机械设计从入门到精通 CAD 教程(实战案例视频版)[M].北京:中国水利水电出版社,2018.

[17] CAD/CAM/CAE 技术联盟.AutoCAD 2014 中文版机械设计从入门到精通[M].北京:清华大学出版社,2014.